DAIZHE YEXIN SHANG DAXUE

带着野心上大学

不做蚁族，野心也是上大学的行李之一

杨成钢◎著

南方日报出版社
NANFANG DAILY PRESS

图书在版编目（CIP）数据

带着野心上大学 / 杨成钢著. -- 广州 : 南方日报出版社，2010.1
ISBN 978-7-80652-840-2

Ⅰ. ①带… Ⅱ. ①杨… Ⅲ. ①大学生－成功心理学 Ⅳ. ①B848.4

中国版本图书馆 CIP 数据核字(2010)第 005797 号

带着野心上大学 杨成钢 著

出版发行：南方日报出版社
地　　址：广州市广州大道中 289 号
电　　话：（020）87373998-8502
经　　销：全国新华书店
印　　刷：广州市怡升印刷有限公司
开　　本：787mm×1092mm 1/16
印　　张：18.75
字　　数：300 千字
版　　次：2010 年 1 月第 1 版
印　　次：2010 年 1 月第 1 次印刷
定　　价：32.00 元

投稿热线：（020）87373998-8503　读者热线：（020）87373998-8502

网址：http://www.nanfangdaily.com.cn/press　http://www.southcn.com/ebook

谨以此诗献给新时代不甘平庸的青年学子

黑走马

杨成钢

烈日之下任何影子都黑不过你黑走马
四蹄划不出沙海你是船黑走马
黄沙很厚我们都不流泪黑走马
大漠一万年只发表一副面孔黑走马
其实没有路的地方路最宽黑走马
漠风似尖厉的刀锥扎我们耳鼓黑走马
一群黑色鹰瞄准我乱扔羽毛黑走马
啸啸嘶鸣就是你远征的宣言黑走马
扬起双蹄就是你不屈的拳头黑走马
一切险恶都不是你的敌手黑走马
一切灾难都被你踩在脚下黑走马
路途依然遥远我们无语并肩黑走马
拍拍你瘦弱的背你就加快步子黑走马
沉默无疑是一种深奥的语言黑走马
凝视无疑是一种永恒的信念黑走马
黑走马黑走马
亮色泉在前方甘美得诱人啊黑走马
地平线在前方新鲜得诱人啊黑走马

二〇〇九年十月于北京紫竹园

序：

给青年大学生推荐一本好书

湖南理工学院党委副书记、教授　余三定

杨成钢同志送来书稿要我修正和写序，我立即被书名和书的内容吸引住了。《带着野心上大学》一书显然触及到当代大学生精神建构、信念建立、心理建设的重大课题，这是一本专为大学生量身定做的普及成功规律、介绍成功方法的成功素质教育励志教科书。它的目的只有一个，为大学生求学、修身、就职、创业，突破人生逆境，追求成功人生提供可借鉴的方法和范例，为他们早日成人成才提供宝贵的精神食粮，是大学毕业生求学修身的成长向导，是大学毕业生就职创业的行动方略，是大学生突破人生逆境的方法指南。很值得大学生一读。

一

作为一名高校教育工作者，我深深地知道，我们的教育、我们的大学教育还存在一些突出的问题。据凤凰网载，2009年3月广州一毕业不久的女大学生因为读大学时背了债务又找不到工作，在就业的巨大压力面前，丧失生活的勇气和信心，结果留下10多万字的日记跳楼自杀了。这件事很明显地告诉我们，我们的教育可能出了问题。长期以来，我们的教育体制、教育思想仍然自觉不自觉地在应试教育的怪圈中徘徊，素质教育并没有得到真正的落实。学生因找不到工作而走上轻生之路，责任可能主要在我们的教育机制。长期以来，我们的老师过分注重单纯的"知识"灌输，对学生的操作能力、实验能力、创新能力较少关注。大学教育存在结构性弊端，一些学校专业设置陈旧，不适应市场经济的新要求，没教给学生闯荡社会的本事和技能。我们的教育缺少对学生独立人格的教育、健康心理素质的教育，更缺乏成功素质、成功方法的教育，也缺少职业规划和自主创业的职业技能教育和创业教育。我们的课本从小学到大学，空口号喊得多，真正教学生成人成才、谋生糊口、成家创业的东西说得少。“跳楼”事件同样告诉我们，我们一些大学毕业生心智不成熟，心态出了问题，精神状态出了问题。

实话实说，当代中国的许多大学生似乎更柔弱了，缺少理想和抱负、缺少终极关怀，眼光迷茫，心无定则，缺少血性和胆气。在困难面前，在就业谋生的压力面前，许多学生意志薄弱，精神萎靡，缺乏自信，悲观丧志，没有战胜困难的信心和勇气，缺少耐挫力和抗压性。在一次学术研讨会上，大家谈论一个话题：与领袖人物相比，与创业英雄相比，当今大学生最缺少的是什么？答案形形色色。有人说当今大学生是温室的花朵，缺少艰苦的锻炼；有人说当今大学生高分低能，缺少的是谋生的能力；有人说当今大学生机会不好，国家不包分配，缺少一只“铁饭碗”，缺少就业机会；有人说当今大学生没有政治背景和财富背景，缺少创业的条件；等等。我们认为这些答案都不完全对。当代大学生真正缺失的正是报效国家、创造事业的积极心态，真正缺少的是豪情与壮志、血气与胆魄、责任与担当，真正缺少的是在逆境中求生存求发展、反败为胜的奋斗精神，真正缺少的是成就事业、建造财富帝国的野心与激情，真正缺少的是气概与胸怀、精神和信仰。

二

当今大学生中不少人缺“野心”，缺理想，缺抱负，缺意志和毅力，也缺做人成事的方法。人的一生不可能一帆风顺，总会触到暗礁遇到暗流，总会碰到惊涛裂岸，浊浪排空。人的一生很大部分时间总在逆境、挫折、失败、不如意、不快乐、不成功、不满意、不荣耀、不富有之中度过。我们许许多多的人饱受了生活的酸甜苦辣，有的学业难修，升学受挫，没考上大学或没考上理想中的大学；有的爱情受挫，被人横刀夺爱；有的婚姻破裂，夫妻劳燕分飞；有的工作不顺，领导给小鞋穿，又遭同事嫉妒；有的工厂倒闭，下岗歇业；有的创业失败，血本无归，甚至债台高筑；有的病痛缠身，遭受折磨，甚至落下终身残疾；有的大学生才毕业就失业，茫然不知所措；

有的年幼无助，慈父见背；有的好人难做，遭人陷害；有的交友不慎，一时失足，入了牢狱。什么是逆境？这些就是逆境。逆境就是人生道路上所经历的困难、险恶和遭受的重大挫折与失败所带来的阻挡或妨碍个人成长发展的不利环境。人生道路遭遇逆境，如遇急流险滩，逆水行舟；如遇坎坷道路，步履维艰。

逆境面前有三种人。第一种人是意志坚强者，把逆境当成磨砺自己的熔炉，在逆境中成才，在逆境中成事业。第二种人是意志薄弱者，他们被逆境压垮。第三种人是在逆境面前茫然不得法者。这第三种人有追求成功、追求事业、追求爱情、追求幸福、追求财富的梦想和目标，然而他们苦闷、沮丧、无奈，在人生逆境面前，他们经受挫折的耐受力还不够，突破逆境的方法还没找到。他们在徘徊和观望，他们渴望方法的指点。

对于当代大学生来说，就业的巨大压力，竞争的日趋残酷，是他们人生道路必须经过的一道坎。《带着野心上大学》借鉴古今中外成功人士的宝贵经验，根据成钢先生及周围朋友的亲身经历和体验，总结阐述了成功人物的成功经验与成功方法，向青年学生诚恳地提出了“八十”建议，分别是：积极心态培养的十大心法、准确定位人生的十大要旨、成功人生必须思考的十大问题、叩开成功大门的行动“十要”、大学读书的十大法则、成功人生的十大方法、人际关系的十大奥秘、就职创业的十大心机。这些有益的建议，针对大学生群体进行一次系统的积极心态的教育和方法论教育，同时在大学生求职、就业、创业方面给予一些实实在在的指导。本书力倡讲真话讲实话，不做假大空的说教，力求用事实说话，把道理说得明白易懂，努力做到让读者能够开卷有所得、有所悟，受到启发、教育和鼓舞。这些“心法”、“要旨”、“奥秘”、“心机”，都是成功者智慧的结晶。我有幸先睹为快，每每为之感动而叫好，并久久回味。

三

关注当代大学生的精神成长，关注当代大学生的生存状态，向当代大学生传播先进文化，帮助大学生正确认识自我，帮助大学生自觉实践成功规律，激发他们的创业潜能，让他们早日踏上成功大道，实现成功人生、幸福人生，是成钢先生最感兴趣最为执著的事业目标。

成钢先生也曾经是一名优秀的大学毕业生，也曾经有令人羡慕的工作和美好前程。他当过教师、公务员，很年轻就当过区政府常务秘书、乡镇副镇长，但是他对这种“按部就班式”的、“圈养式”的工作和生活不感兴趣，在经过长时间的深刻的反思后，于2000年4月义无反顾地向区委组织部门递交了“留职停薪”的报告书，走上了自主创业，实现自己人生梦想的漫漫征途。这之后，他办过学，打过工，做过推销，做过企业，创办过文化书社，最后选定做帮助人成功的励志演讲事业。

作为一名大学教育工作者，我对我们的教师，有一点小小的看法，那就是有一些教师没有成教育家的梦想，他们更多的是教书匠，教的是“知识”，教的是“技巧”，而不注重人的教育、观念的教育、精神的教育、心态的教育、素质的教育、思维能力的教育，往往把书教死了，把学生教呆了。当然责任不全在教师，这与我们顽固不化的应试教育体制有关，与我们的教育思想和教育结构存在不合理有关。

但成钢先生则不同，他有着当教育家的伟大梦想，他更多地关注人的潜能的激发和开发，他把成功学的观念、方法传授给学员，他更注重人的成熟和成长，他努力传播先进文化，开启人们智慧，努力去做学生“人类灵魂的导师，”努力去做学生的良师益友。他深深地热爱上了帮助人成功的演讲事业。2001年以来，成钢先生出版了成功素质教育普及读物《名人少年时》、《教师魅力的培养及影响力策略》、《每个学生都能成功》，并先后被北京人人成功培训中心聘为成功素质教育首席讲师，被湖南安普瑞商务会所连锁有限公司聘为文化产业开发部总经理，安普瑞文化培训成功素质教育首席讲师，为各大企业、广大家长、中小学生、大学生做了近100场精彩的成功励志演讲，内容涉及积极心态、观念转变、成功创业、企业营销、家庭教育等方面，受到广大家长和学生的充分肯定和赞扬。特别是他在全国各高等院校中免费开展的1000场带有公益性质的成功素质教育义务巡回演讲，得到了各级政府、各大院校、广大学生的热烈响应和热情追捧。

四

我为成钢先生的“野心”高声叫好。成钢先生有一句座右铭：气概只许英雄有，平庸不与半分毫。他就是一位从不安于现状，从不满足已有成就的思想者、实践者。作为我所见过的富有激情的成功素质教育演说家，他的演讲真诚、深刻、热忱而有亲和力。他首先是一名学者，作为一名有着丰富人生阅历的青年教育工作者，他的爱好只有两个，一是思考，二是读书。其次，最值得称道的，还是他的特立独行敢作敢为的实干精神。他很不乐意在官场上“混日子”，认为最大的损失是浪费了青春，他决心实践“知识经济”和“市场经济”，决心成为一位教育实业家和实业教育家。他自信地说，做一名成功励志的演说家、做中国的卡耐基、做中国的拿破仑·希尔、做一名青年学生的良师益友，提振中国青年学生的奋斗精神和创业信心，就是他今生的崇高使命和责任所在。

事情不会一帆风顺。但成钢先生有云：一个人想做成事业，就必须首先抛开颜面，埋头苦干，要有一点“打落牙齿和血吞”的不屈精神。成钢先生也曾经是一位内向、胆小的学生，在创业的道路上，也曾遭遇过“五连败”，正是这种生活的沉淀，使成钢先生的意志更坚强、思想更睿智，历经社会的磨砺和打造之后，再次登坛执教，摇唇鼓舌，其思想更成熟，其方法更老到，给人的启迪更深刻。

我郑重地向各位读者、特别是大学生朋友们推荐成钢先生的成功励志扛鼎之作《带着野心上大学》这本书，更向广大家长和广大教育工作者推荐杨成钢先生这位难得的成功素质教育演说家。最后，预祝他的全国高校成功素质教育义务巡回演讲活动取得圆满成功！

2009年11月29日　于长沙

第一篇 心态：用积极心态向成功启航

小时候，父母、老师经常教我们练字、练琴、练唱、练舞、练球等等，上大学了，我们要增加一项重要的课程练习，那就是要“练心”，要培养积极的心态。我们要培养绝对的自信心，我们要有战胜一切艰难险阻的决心和勇气。我们要做到心态积极向上，心志坚不可摧。

一、成功在于觉醒，心态决定命运

具有积极心态的人只有成功没有失败，他们可以穷困潦倒一时，他们可以暂时落后，他们可以暂时被打倒，但他们永远不会失败。这样的人从牢房里看到窗外的，是暗夜里朦胧的月色和云缝里点点的星光。而具有消极心态的人则总认为自己不行，总认为没有成功的条件，他们还未战斗就已经从精神上垮下来了。这样的人从牢房里看到窗外的，是一团漆黑和满天乌云。

1. 成功者与平庸者差异性到底源自何处

亲爱的大学生朋友们，你们如愿进入高等学府继续升造学习，实在可喜可贺。进入高等学府了，当然要“高人一等”了，怎么高人一等呢？当然是要到大学来增长见识，通达事理，比人“高明”了。高明的一个重要方面，就是会深入思考问题了。但有一问题，大学生朋友们不一定会去深入思考，那就是：成功者与平庸者，成功者与失败者差异性到底源自何处？为什么这个世界上有那么多的成功者，有那么多的政治强人、科学巨匠、学术精英、影视明星、财富大亨，他们光芒四射，利在当代，功在千秋，名留千古？为什么这个世界上有那么多的平庸者、失败者，他们老死林泉，默默无闻，庸庸碌碌，虚度年华，毫无作为，甚至悲观厌世？

还有一个惊人的、奇怪的现象：即使人在相同的环境里成长、生活、工作，从同一条水平线上起步走上人生的旅程，有的人干出一番大的有成就的事业，而有的人终生平庸无为；即使是从同一个穷乡僻壤的环境里长大的青年人也会有不同的命运；即使是同一个名牌大学毕业的本科生或研究生也会有不同的前途；即使是同一个家庭的同胞兄弟或孪生姐妹也会有不同的性格和作为……就算听同一个演讲，看同一本书，他们也有不同的情感体验和生活领悟——读同一本《世界英雄豪杰传》，毛泽东读了会说“中国也要有华盛顿、拿破仑这样的人物，青年要改造中国和世界”，而平庸者看了，只会把它作为传奇的故事来欣赏。许多情况下，他们环境相同，聪明程度相当，受教育的程度相当，甚至成绩也相差不远，但一走向社会，他们的行为却相差很大：有的惊世骇俗，获得大的成功；有的平平顺顺，小有成就；有的则非常失败，碌碌无为。

为什么翻天覆地，建立共和国的是毛泽东，而不是毛泽东的老师黎锦熙，不是他的同学萧子升、萧三兄弟？为什么只有马云、张朝阳等成了当今时代的网络英雄，潘石屹等成了当今中国的地产大亨，各自建立了庞大的财富帝国，而大部分人却平庸度日，与成功无缘，许多人谋生都困难，极个别大学毕业后找不到工作，自暴自弃者甚至走上了轻生之路？

成功的人与平庸的人最根本的差异到底在哪里呢？区别在哪里呢？分歧从哪里产生的？成功的奥秘到底何在？

2. 气概只许英雄有，平庸不与半分毫

2000年我应一位朋友之邀到北京参加了一次陈安之老师的演讲报告会。陈安之老师是我国最早进行个人潜能开发，推广营销技巧、成功方法的成功励志教练，他的演讲令我很受震动。那天他真诚而令人信服地告诉我们“成功一定有方法，失败一定有原因”、“成功在于选择”。课后，我就上面差异性的问题当面请教了陈安之老师。陈老师告诉我十二个字：成功在于觉醒，心态决定命运。他说人有两种心态，一种叫

做积极心态，一种叫做消极心态。拥有积极心态的人走向成功，拥有消极心态的人走向失败。揭开这个谜底的是美国著名成功学家拿破仑·希尔，他对世界500个政治强人、财富大亨、政商成功人士的心态和大量普通人的心态进行深入研究后，发现人与人的差异性在于他们拥有不同的心灵，拥有不同的心态。成功者具有积极心态，永远自信、乐观、向前，敢于创新，不惧怕失败；平庸者则心态消极，总是自卑、悲观、退缩，因循守旧，害怕失败。

成就毛泽东传奇人生的奥秘，就在于他拥有高贵的心灵，无与伦比的自信，大无畏的英雄气概，伟大的胸怀和宏伟的抱负，这是常人难以具有的积极心态。

有人说时势造英雄，毛泽东生逢其时。不错，毛泽东所处年代正是中国遭遇千年未有之变故，国家山河破碎，被帝国列强瓜分，民生凋敝，正是一个渴望英雄需要英雄的时代。毛泽东汇入革命大潮，顺应历史潮流，高举马列主义、共产主义大旗，带领中国人民建立了中华人民共和国。但时势造英雄，生逢其时的何止毛泽东一人，为什么开天辟地，创建共和国的是毛泽东和他的同志们？

有人说，毛泽东书读得好，是天才的思想家、军事家、战略家。我看也不对。论读书，毛泽东毕业于湖南第一师范学校，也不是各科全优，专业也只是普通的小学师范专业。据记载，毛泽东读书时有偏科思想，对国文、写作、伦理、历史、地理非常喜爱，成绩也很优秀，但对数、理、化、美术则接受较慢，也不感兴趣，成绩较差，综合各科成绩，应该比萧子升、萧三兄弟差。

那是不是毛泽东有什么特殊的政治背景和财富背景呢？这就更不是理由了。毛泽东出生于湖南湘潭县一个非常偏僻的小村庄韶山村。父亲毛贻昌顶多算一个小富农，也没读什么书。一家五口要吃饭，他父亲供不起学费，多次断毛泽东的粮，要毛泽东停学去银田寺粮店当卖米的学徒，毛泽东后来只好读湖南公立第一师范学校，那是培养小学教员的学校，一切费用都不要。

毛泽东的人生之路并不是一帆风顺，家里并不富裕，穷到连一本书都买不起，毛泽东说自己"身无分文，胸怀天下"是大实话。秋收起义，出师不利，井冈山苏区，又遭到王明"左倾"冒险主义路线的排挤，长征途中又遇到党内强人张国焘分裂主义的严重威胁，被毛泽东称之为前途最为黑暗的时期。

那么毛泽东到底凭借什么东西成为一个开国领袖的呢？这就要求我们深入他的

内心世界来找原因。言为心声。其实只要我们留心毛泽东求学、革命各个时期的诗词、文章，就能发现毛泽东与众不同的地方在于他具有高贵的心灵。他的伦理学老师也即是后来的岳父杨昌济，评价毛泽东的文章是八个字："豪气冲天，胆识惊人"。文如其人，毛泽东与众不同之处，正在于他的"壮志"与"豪情"、"气概"与"胸怀"。第一，他有伟大的志向和济世的抱负。有诗为证："孩儿立志出乡关，学不成名誓不还。埋骨何须桑梓地，人生何处不青山。"第二，他有舍我其谁的英雄气概和自信精神。有诗词为证："自信人生二百年，会当击水三千里"、"到中流击水，浪遏飞舟"。第三，他的钢铁意志坚不可摧。有诗为证："红军不怕远征难，万水千山只等闲"、"不到长城非好汉，屈指行程二万"。第四，他有不怕失败、不怕挫折，与天奋斗与地奋斗与人奋斗、敢于牺牲的大无畏精神。有诗为证："为有牺牲多壮志，敢教日月换新天"。第五，他有指点江山、激扬文字、气吞山河的胸怀和气魄。有词为证："问苍茫大地，谁主沉浮"、"俱往矣，数风流人物，还看今朝"。

正是上述各种积极心态成就了毛泽东的传奇人生。历史不可假设，历史也不可重复。成功者的历史足迹不可重复和复制，但成功者的精神激励千千万万的人，成功者的方法可以学习，成功者的事业可以发扬光大。

在一次学术研讨会上，大家谈论一个话题，与领袖人物相比，与创业英雄相比，当今大学生最缺少的是什么？答案形形色色。有人说当今大学生是温室的花朵，缺少艰苦的锻炼；有人说当今大学生高分低能，缺少的是谋生的能力；有人说当今大学生机会不好，国家不包分配，缺少一只"铁饭碗"，缺少就业机会；有人说当今大学生没有政治背景和财富背景，缺少创业的条件；等等。我说这些答案都不完全对。当代大学生真正缺失的正是报效国家、创造事业的积极心态，真正缺少的是豪情与壮志，血气与胆魄，责任与担当，真正缺少的是在逆境中求生存、求发展，反败为胜的奋斗精神，真正缺少的是成就事业、建造财富帝国的野心与激情，真正缺少的是气概与胸怀、精神和信仰。

3. 消极：大学生群体中的瘟疫

积极心态就是走向成功的心态，积极心理就是走向成功的心理。积极的心态具有无穷的力量，这力量是蕴藏在人的心灵里的一个重要法宝，只要多多地运用它，你就会无往而不胜。对照拿破仑·希尔的"心态论"，深刻地反思我的"成功"与"失败”、“光荣”与“屈辱”的历史，我发现什么时候心态积极，我的学业、工作就进步，什么时候心态消极，我做人做事就不如人意，就非常失败。我成了“心态论”的拥护者、宣传者、追随者，并由此走上了成功励志的演讲事业。

我的工作中有非常重要的一项，是做心理咨询和教育咨询，有机会与大学生做很多的沟通。在与大学生的电话沟通、网上沟通和当面沟通的过程中，我发现许多学生存在严重的消极心态，如自我设限心理、混日子心理、恐惧心理、悲观心理、自毁心理等。这些消极心态如果不除掉，对他们大学四年甚至更长时间的学习将会大大的不利，并且它将长期潜伏到以后的工作和生活之中，后果将非常严重。

学生一：杨老师，不怕您笑话，我这个人很聪明，喜欢争强好胜，但却是一个相貌平平的姑娘。我恨上天不公，为什么不给我天生丽质？那些漂亮的女生，才能平平，有的甚至就是个花瓶，但老师总是把关注的眼光投向她们，英俊的男生总是自觉不自觉地亲近她们。对于漂亮女生来说，一张好脸蛋，一副好身材，一双媚眼，似乎就是她们天生的，取之不尽、用之不竭的资本，永远是她们的通行证。我本来和一男生你情我愿谈情说爱好好的，可有一次一美眉给他抛个媚眼，他就掉了魂似的移情别恋了，我的心在哭泣啊！据说，我们毕业后的招聘会上，那些应聘主试官大都是些色鬼，他们往往不是以才取人，而是以貌取人。一想到这残酷的社会，我觉得没有美丽的容颜是多么的可悲，因此我找不到心目中的王子，也因此可能找不到我想要的理想工作，天呀！杨老师，你说对一个女孩来说，没有美丽的容颜，不自卑不绝望，还能怎么样？我觉得生活因之一切失去颜色，我因之对读书、对成家、对立业全然丧失信心。杨老师，希望您讲真话，我们这类女生还有救吗？

学生二：杨老师，不瞒您说，我真的有点自卑，没别的，就因为我个头矮。我只有一米六左右，人又长得很瘦削，模样清秀得不像个男子汉，看到那些身材高大、肌肉健壮的男生，我打心眼里真羡慕，就不用说女生喜欢高大健壮的男生了。进大学三年来我除了三四个女性朋友，没有一个成女朋友的，理由就一个：我不像个男子汉。我怀疑那些跟我交往的女生是逗我玩的，拿我开心，骗取我对她们生活上的关心和物质上的帮助。来了客人叫我埋单，腰酸背痛了让我捶背。哎，也难怪她们。就是我，我也不会找我这种柔弱的“袖珍男人”做男朋友的。杨老师，我自惭形秽呀，我能自信吗？

学生三：杨老师，我是一位大四即将毕业的学生了。我实在有些恐惧和悲观，四年过去了，我学到了什么呢？都是些枯燥无味的书本知识，没有一项真正可以派上用场的专业的职业技术和技能。上外企，我英语水平不行，计算机技术只懂一点皮毛，会玩游戏会聊天会看电影而已，没学文本制作、简单编程，这四年都干什么去了，为什么不考证，不学点真功夫！听说，北大才子陆步轩毕业找不到工作，只能上街卖猪肉，又听说另一位北大才子陈生找不到工作就去养猪。真的是这样吗？一想到这些，我作为一个一般院校的普通毕业生对前途真是充满了恐惧和悲观。大学毕业了，我将干什么？我能干什么呢？

学生四：杨老师，我真的相信我已经无药可救了，因为我已经大三了，就快要毕业了。刚进大学时新鲜，读书还有点激情，但不到一年就已经厌倦。高中三年本来就读烦了读厌了，这大学的课程，还是那么繁琐无趣，枯燥无味，老师吸引不了我，书本吸引不了我，网络、美女、美酒却引起我无穷兴趣。不知从什么时候起，大一期末、大二期初吧，我恋上了互联网，不是说，电脑对男生来说是游戏机，对女生来说是电影机嘛，我是又玩游戏又看色情影视，又到网上泡美眉，到学校泡美女，几年下来，真本领没学到一点儿，倒学了一套“自毁”的本事：嗜酒如命、网瘾成癖、赌博成性、暴饮暴食、消费超前，还纵情声色，沉醉于药物。现在我背了一身的债，学校学费还欠几千，欠同学的借款上万元。老师和父母说我是玩物丧志、少廉寡耻、破罐破摔，是典型的自毁心理，自我毁灭，父母都不想管我了。杨老师，我为什么会这样，我真的很痛苦，我还有救吗？我知道，除了求得一时的感官刺激和快乐，我一无所有，内心孤独寂寞，同学也疏远我，大学三四年了，我没有一个真心的女性朋友，也没有一个铁杆的男性朋友，有时我想到了生命的无趣和无奈。我想到了人生的终结：去死、自杀。

学生五：杨老师，我是一名女生。我发现有一个现象：高中读书时男生在最后一学期冲劲足，爆发力强，许多平时成绩排在后面的男生高考时都冲上来了，许多还考上了较理想的大学，可许多以前成绩较优秀的女生往往发挥不正常，名落孙山了。以前家长称赞男生怎么怎么的，我还很不服气，但进大学了，这高等数学硬是只有几个男生中的“人尖儿”弄得懂，我们许多女生大都迷迷糊糊，似懂非懂，这女生智力真不如男生呀。到理发店去坐一趟，这洗头的是洗发妹，这剪头做发型的可都是年轻的小帅哥，可没看见几个女理发师；据说这大饭店里，洗菜的都是女服务员，这厨子师傅可都是老少爷们，女服务员累死累活千把元一个月，大厨师们的月薪都是七八千、上万，少的也有五六千，这学校招的厨师也都是男的，可没几个女的。看来，女人是半边天，谁说女子不如男，都是女英雄们的事，女英雄就是女人中的男人了。这女人就是比男人差多了。

大学生当然不是只有这五位存在消极心态，也不是只存在这几种消极心态。大学四年，你若都是带着这些消极心态来读书，书还怎么读下去？这些消极心理如果不根除，积极心态若不建立，那不是叫危险，那是叫危险到了极点！

4. 积极心态从练心开始

什么是积极心态？积极心态是人的心理状态的一种，它主要表现为乐观、上进、自信、主动、开放、勇敢、坚毅、顽强、开朗、豁达、宽容、大气、豪放等方面的心理状态和情感体验。

要突破生活的逆境，创造成功人生，关键是要有“积极的心态”，无论困难多么大，无论环境多险恶，我们都要藐视一切困难，豪情满怀地去迎接挑战。我们要有压倒一切敌人的决心，而决不能被敌人所压倒。概括地说：积极心态就是心态积极向上，心志坚不可摧。

积极的心态就是志存高远，克服一切艰难险阻，实现人生抱负；积极的心态就是用舍我其谁的自信、乐观主义的精神去战胜一切困难，达成心中理想；积极的心态就是利用自己的一切优势去创造自己辉煌的人生；积极的心态就是用大无畏的英雄气概和坚定意志去获取成功人生；积极的心态就是不怕挫折、不怕失败，蔑视困难、勇敢向前，创造自己的伟大事业。

人皆可成尧舜，每个人都可以成英雄。亲爱的大学生朋友们，你们想创造伟大的事业吗？你们想追求成功的人生吗？那就刻苦“练心”吧，只有积极的心态、钢铁般的意志、无与伦比的自信、永不言败的精神，才能帮助你斩获成功人生。

我们从小时起，父母、老师就要我们练字、练琴、练曲艺、练舞蹈、练武术、练声、练球等，可就是没听说过“练心”。其实，练心最重要。我们平时不是说要成才先要成人，学生不光要成绩好，还得心理健康、身体健康吗？其实我们早就有“练心”的课程，我国古代的儒家经典，古今中外的格言、童话、寓言之中都有许许多多的育心、练心的故事和典故。如“王侯将相宁有种乎？”“燕雀安知鸿鹄之志哉！”是教我们要有志向、有抱负。又如“愚公移山”“精卫填海”“铁杵磨针”是教我们练“决心”、“恒心”。只可惜的是我们没有一部系统阐述“育心”、“练心”的教科书。

近代以来，许多成功学家如美国的卡耐基、拿破仑·希尔等成功教育家在大量研究成功人士成功的经验和方法的时候，对成功人物的“心态”“信心”“意志”等作了深入的研究，终于发现，成功人物之所以成功，在于成功人物具有“我一定行”“我一定会成功”“我一定会成为百万富翁”的积极心态和坚强信念，并为此提出了一系列“育心”“练心”的方法，一曰激发，二曰强化，三曰模仿（内化），四曰暗示，五曰运用。

二、激发你心中的野心，燃烧你心中的欲望

野心，是所有人间奇迹的萌发点、加速器，是永恒的特效药。某些人之所以贫穷，大多是因为他们有一种无可救药的弱点——缺乏野心，没有想要成功的强大愿望，没有远大崇高的事业目标，没有准确的向上的人生定位和人生选择。因此，他们错过了改变人生的机会。强大野心和强烈的欲望可以使人施展全部的力量，尽力而为就是自我超越，那比做得好还重要。当你有足够强烈的欲望去改变自己命运的时候，所有的困难、挫折、阻挠都会被你克服。你完全可以挖掘生命中巨大的能量，激发成功的欲望，把欲望变成你成功的力量。

1. 要有野心——亿万富翁的成功奥秘

巴拉昂是一位年轻的媒体大亨，以推销装饰肖像画起家，在不到十年的时间里迅速跻身于法国五十大富翁之列，1998年因前列腺癌在法国博比尼医院去世。临终前，他留下遗嘱，把他4.4亿法郎的股份捐献给博比尼医院用于前列腺癌的研究，另外100

万法郎作为奖金，奖给揭开贫穷之谜的人。

巴拉昂去世后，法国《科西嘉人报》刊登了他的遗嘱。他说："我曾是一个穷人，去世时却是以一个富人的身份走进天堂的。在跨入天堂的门槛之前，我不想把我成为富人的秘诀带走，现在秘诀就锁在法兰西中央银行我的一个私人保险箱内，保险箱的三把钥匙在我的律师和两位代理人手中。谁若能通过回答穷人最缺少的是什么而猜中我的秘诀，他将能得到我的祝贺。当然，那时我已无法从墓穴中伸出双手为他的睿智而欢呼，但是他可以从那只保险箱里荣幸地拿走100万法郎，那就是我给予他的掌声。"

遗嘱刊出之后，《科西嘉人报》收到大量的信件，有的骂巴拉昂疯了，有的说《科西嘉人报》为提升发行量在炒作，但是多数人还是寄来了自己的答案。绝大部分人认为，穷人最缺少的是金钱，穷人还能缺什么？当然是钱了，有了钱，就不再是穷人了。还有一部分人认为，穷人最缺少的是机会。一些人之所以穷，就是因为没遇到好时机，股票疯涨前没有买进，股票疯涨后没有抛出，总之，穷人都穷在背时上。另一部分人认为，穷人最缺少的就是技能。现在能迅速致富的都是有一技之长的人，一些人之所以成了穷人，就是因为学无所长。还有的人认为，穷人最缺少的是帮助和关爱。每个党派在上台前，都给失业者大量的许诺，然而上台后真正爱他们的又有几个？另外还有一些其他的答案，比如穷人最缺少的是漂亮，是皮尔·卡丹外套，是《科西嘉人报》，是总统的职位，等等，总之，五花八门，应有尽有。

巴拉昂逝世周年纪念日，律师和代理人按巴拉昂生前的交代，在公证部门的监督下打开了那个保险箱。在48541封来信中，有一位叫蒂勒的小姑娘，猜对了巴拉昂的秘诀。蒂勒和巴拉昂都认为穷人最缺少的就是野心，即成为富人的野心。在颁奖之日，《科西嘉人报》带着所有人的好奇，问年仅9岁的蒂勒，为什么想到是野心，而不是其他的。蒂勒说："每次，我姐姐把她11岁的男朋友带回家时，总是警告我说不要有野心！不要有野心！我想，也许野心可以让人得到自己想要得到的东西。"

野心，是所有人间奇迹的萌发点、加速器。巴拉昂的谜底和蒂勒的问答见报后，引起不小的震动，这种震动甚至超出了法国，波及到世界很多地方。后来，电台就此话题采访了一些好莱坞的新贵和其他行业几位年轻的富翁，他们都毫不掩饰地承认，野心是所有奇迹的萌发点，是永恒的特效药。

2.“我就是个有野心的人：我要做‘90后’首富”

丁仕源，19岁，大学一年级学生，深圳丁叮文化产业发展有限公司法人代表。风华正茂的少年郎，手上戴着朋克风格的指环，成熟、干练、谦逊的模样中带着天生优越感的自信和灿烂的笑容。他的酷、他的自信不会张扬在外表，丁仕源的叛逆是骨子里的。他天生排斥按部就班的日子，承认自己是个有野心的人，放言要做“90后”韩寒、郭敬明，发誓无论如何都要走和别人不一样的路，要创造更多的物质和精神的成果来。

17岁时，丁仕源就已经是国家文化产业示范基地之一——松雷文化集团娱乐部总经理、深圳互动文化传播公司的董事兼总经理以及多家股份公司的持股人，旗下有上千名签约模特，他前后策划了200多场模特及娱乐演唱活动。2009年3月，丁仕源终于拿到了自己作为法人代表的丁叮文化产业发展有限公司的营业执照。在他的文化产业链计划里，他更是野心勃勃，要用十年时间全力打造一个娱乐界的“丁叮”品牌，覆盖从服装、模特赛事到影视、房地产多个领域的文化商业巨舰。

做“90后”首富，打造文化娱乐商业巨舰的野心并不是源自今天。回头追溯丁仕源的创业史还得从他12岁说起。

12岁，小学毕业后的丁仕源没有选择与同龄人感兴趣的英语、奥数、作文、小提琴之类的补习班、培训班，而是成了深圳龙岗区成人培训中心最小的学生，学习了新闻学、市场营销学、心理学、策划管理、服装等课程。路边发的培训传单，有感兴趣的他就去报名。就这样，白天和同学一起上课，晚上和大人一起培训，生活持续了近三年。

接下来的事实也令人难以相信。14岁，还是初中二年级学生的丁仕源让《中国服饰报》主编破格同意他到杂志社实习，因为这个小家伙通过自己的努力，精心准备了一份囊括深圳300多家服装公司厂名、厂址、厂长联系电话和服装风格的资料，还有丁仕源对服饰、媒体的敏锐见解，不输“大人”的严谨思维，都令主编大人刮目相看。

2006—2007年，是丁仕源成长最快的阶段——第一次“触电”大型模特赛事，被世界模特大赛中国总决赛导演看中，加入组委会担任拓展部经理，负责赛事统筹、对外招商和媒体联络工作，并从此确定了在模特经纪领域的发展方向；成为《深圳特区报》的兼职记者、主编助理，多次到香港与港台娱乐同行交流切磋；以个人身份加盟，成功策划并参与组织了多个大型活动……

进入大学后，丁仕源以自己在娱乐业界的艺名“丁叮”作名字，成立了有独立法人资格的文化传播有限公司。为了将自己的创业效益辐射到更广阔的范围，同时带动同学早日实践、早日创业，丁仕源还发起成立了大学生创业联盟——“创亿”社团，取名“亿”，意指服务于尽可能多的有创业梦想之人、有创业野心之人，成就创业梦、财富梦。“亿”当然也包含有成为“亿万富翁”的野心和梦想。

谈及创业感言，丁仕源感慨良多：要正确定位，知道自己喜欢什么、想做什么、能做什么；要勤奋、要坚持、要合作、要付出、要诚信等等都很重要，但是早定志向，要有野心，敢于梦想，才是建立财富帝国，实现心中理想的内驱力和推进器。

“坐拥自己创造的七位数财富，开着奔驰跑车往来于公司和大学校园，这不是我对成功的定义！”“我是含着金汤匙出生的，但我明白那些东西不属于我，享受我亲手创造的才能带给我精神上的快乐！”“不错，我有很好的家庭背景，我的父亲、我的哥哥都是有成就的生意人，但是我坚信我一定凭借我自己的努力，超越他们，趁早立志，趁早实践，趁早创业，我要做‘90后’首富，做新时代的财富英雄。我一定要实现这个目标和梦想。”

3. 野心是激情，也是妄想

野心是一种强烈的想控制也控制不住的激情和妄想，一般的人、底层的人、平庸的人很难有这种意志和情感体验，只有极少数的人有，比如法国富商巴拉昂、日本的河野浅一郎（一个乞丐想成百万富翁）等都是有野心的人。中国古代像刘邦、朱元璋、李世民也是有野心的人。刘邦只是泗水亭长，相当于一个村官，响应陈胜、吴广起义，后来想当皇帝，竟然打败盖世英雄项羽，真的当了皇帝。朱元璋是一个无父无母的贫苦人家的儿子，一个放牛娃，一个穷和尚，没进过学堂门，结果他加入郭子兴的红巾军，入明教，仅用16年时间就推翻了元朝统治，又扫平群雄，最终建立大明王朝。李世民鼓动父亲李渊反隋，南征北战，终于协助父亲李渊建立大唐，并自己登上皇位。这种再上一层楼，到达权力的顶峰，并最终创下贞观之治的大唐盛世，这种做派，叫做有野心。

野心，一种叫政治野心，一种叫事业野心。一般的人没有野心，但一旦有了野心，那就不得了了，这个人不是流芳千古，就会遗臭万年，因为野心是一种强烈的不可抑制的激进心态，这种野心只要行动得法，顺应潮流，放在事业上如创造财富、科学发明那是野心越大越好。但是如果放在政治上，若是实力不够，操之过急，逆历史潮流，那就会粉身碎骨，不得善终。

有同学问，杨老师，你有野心吗？我当然有。我当过公务员，但我秉性上并不是那种胆识惊人、独断乾坤的人，也不是一个随波逐流、心狠手黑脸皮厚的人，生性耿直，仕途上要混，也就是一个科级干部的料，所以干到乡镇副镇长时，我主动放弃了仕途这一端，从来没有过在仕途上高升、光宗耀祖的野心。下海办企业呢，我也有先天的缺陷，没资金、没项目、没干劲，与人合办过企业，做油漆制造，但我下海创业时人到中年，锐气已减，暮气已生，在办企业、制造业方面也没兴趣、没野心，企业股份全转让给合伙人了。

十多年的磨炼打造，使我在教育培训、文化传播、教育出版等文化产业方面产生了浓厚兴趣和创业激情，我先后在北京、深圳、上海、长沙、西安、重庆等地作过上百场成功素质教育演讲，办过中小学英语、作文、奥数等方面的教育培训，在长沙与人合伙创办了文化发展有限公司，小有成就。在文化产业的打造中，我发现我深深地爱上了成功励志的演讲事业。我先后出版了《名人少年时》、《每个学生都能成功》、《突破逆境》等成功素质教育专著，受到广大家长、中小学生、大学生的充分肯定、高度赞扬。特别是我们即将在全国各高等院校中免费开展的1000场带有公益性质的成功素质教育义务巡讲，得到了各级政府、各大院校、广大学生的热烈响应和热情追捧。我们将组织全国最优秀的教育专家、学者、讲师给大家作免费的成功素质讲座、职业规划讲座，重新提振广大学生的精神和信仰，重新激发青年学生报效祖国、创造事业的豪情和壮志，让广大青年更有血气和胆魄，更有责任和担当，更有气概和胸怀，更有毅力和智慧，更有成就伟大事业、创造财富帝国的野心和激情。我觉得这个成功励志的演讲教育事业是一个伟大的事业。成为一名出色的成功励志演说家，成为一名出色的教育实业家或者实业教育家，成为中国的卡耐基，成为中国的拿破仑·希尔，就是我当下的一个梦想，也就是我的野心。

刚才我解释了什么叫野心，巴拉昂有野心，丁仕源有野心，我也回答了我的野心，现在该我问你们了：你有野心吗？是什么野心？

4. 带着野心上大学

有位家长向我请教：杨老师，我儿子读大学到底要准备些什么东西？

读大学，到底要带上什么东西去呢？带钱、带衣服、带日常用品、带笔记本电脑、带各种喜爱的书本，带上你喜爱的乐器，都对。但还有一样东西，决不能忘记——这就是一定要带着你的“野心”上大学。一个人若要想获得成功，首先就要有获得成功的野心和欲望。一个没有强烈欲望，不敢梦想的人，要想获得人生巨大的成功，无异于痴人说梦。

自己一穷二白，比乞丐好不到哪里去，但一旦拥有了发家致富创造财富帝国的梦想和野心，巴拉昂就能以一个富人的身份走进天堂。野心、雄心、理想、抱负、志向都是积极心态的代名词。不想当元帅的士兵不是好士兵。我们每一个人都要有出人头地、做人上人的野心。

我们许多大学生也有过“野心”，比如在考试中战胜同班同学的野心，在作文竞赛中战胜班上作文高手的“野心”，考上名牌大学的“野心”。不想当将军的士兵不是好兵。积极状态下的野心和欲望可以使一个人的力量发挥到极致，会使我们在追求成功的道路上不断进取，永不放弃，直至成功。

可是我们许多学生来上大学，却没带“野心”来，认为上大学了，“野心”实现了，现在该放松放松了，休息休息了，玩儿玩儿了，混张文凭，毕业后干什么毕业再说。他们带来的不是“野心”而是“放心”“玩心”，以为上了大学就万事大吉了，躺在过去的成绩簿上睡大觉，既不知新形势，又不知新危机，失去了学习的动力和激情。这样的学生真是太危险了。

读大学要有什么“野心”呢？深造深造再深造，考研、考博、出国留学，到英国剑桥、美国哈佛去读博，最后将专业知识转化为强大的生产力，这是野心。当政治领袖与政治明星，这是野心。当大学教授、当知名记者、当知名学者，像易中天、于丹、阎崇年一样上百家讲坛，这是野心。当科学家、文学家、影视明星、超级女声，这是野心。当企业家、超级富豪，这也是野心。总之，人生要有野心，野心其实就是“雄心”，就是“理想”，就是“梦想”，就是“人生追求”。人一定要有梦想，要有追求，一定要有积极的心态，否则一事无成。

三、一切都可以没有，就是不能没有梦想

梦想和野心是同胞兄弟，人们对难于达到的美好事物、美好未来的追求，称之为梦想。比如，飞机之于莱特兄弟，汽车之于福特，丑男要找美女，癞蛤蟆想吃天鹅肉，穷乞丐想当亿万富翁，这些看似不可能的事情对于一个还没有条件做到的人，就称之为梦想。然而人类因梦想而伟大。正是一些梦想狂，一些被人称之为疯子的人，经受了痛苦，打破了权威，变化了思维，才实现了梦想，创造了奇迹。我在鼓励年轻人创业时经常话的一句话是：一切都可以没有，就是不能没有梦想。

1. 成功之前，做个小丑又何妨？

生活总是那样精彩，时不时出现一些精彩的人物，一些精彩的故事，一些精彩的语言，打动人的心灵。2009年7月的某个晚上，我端坐在电视机前，被一个叫刘东立的河南汉子所深深地打动。

刘东立，46岁，一个非常普通的小人物，甚至有点龌龊，有点丑。他外表沧桑，蓬头垢面，小眼睛，塌鼻子，走起路来一抖一抖的，活像捡破烂版的周杰伦。他是一个民工，甚至没有多余的钱进行专业的训练，因为他是在工地上靠卖苦力搬运水泥、沙子为生的。但是他却靠着一个酒瓶和一个蛇皮袋子做道具，出现在河南电视台“你最有才”的舞台上。

实在地说，刘东立的舞姿着实难看不雅，有评委毫不留情地说：“刘东立你不是地球人在表演，很古怪，把迈克尔·杰克逊的原创舞蹈伤得体无完肤，一塌糊涂。”然而刘东立草根、原生态、像猩猩一样可笑的舞蹈动作，让现场观众HIGH翻了天，全场爆棚，没有人拒绝这样饱含激情的表演，强烈要求他那滑稽可笑、毫无美感的表演一次性通过。

表演结束，评委问：“你这个舞蹈平常什么时候会跳？”

刘东立傻傻地回答：“有精力的时候。”

“什么时候有精力？”

“就是我挣到钱以后，我可以休息了，可以不用糊口了，我可以不用养家了，我就有时间，我就可以有权利跳我的舞蹈了。”

无语，心酸，悲愤。录播现场出现一瞬间的凝重、寂静。紧接着刘东立又说了一句话，一句让我大吃一惊的话：“我可以挨饿，我可以穿很旧的衣服，但是我不能没有梦想！”

全场呆住了，爆发出雷鸣般的掌声。“过！过！过！”的喊声响彻云霄，刹那间，他的话语拨动了人们的心弦。

一个长得很欠揍，普通得不能再普通的民工，一节短得不能再短的视频，让我感动得落泪。这是一个用灵魂舞蹈的人，他很穷困，但他很充实，他很悲愤，但他并不悲观，因为他有自己热爱的舞蹈，因为他有自己的梦想。

真正的舞蹈是用心跳的，动作不好没关系，人的形象不好没关系，就算是没过关没得奖也没关系，这种热爱生命的精神状态本身就是令人肃然起敬的。“我可以挨饿，我可以穿很旧的衣服，但是我不能没有梦想！”这句话久久地在我耳边萦绕。是的，每个人都有梦，每个人都有梦开始的地方。刘东立仍然当他的民工、搬运工，他现在多了一项职业：业余舞蹈家、舞蹈教练，他被称为河南舞神。不错，刘东立这个“舞神”是个小丑，可是，谁在成功之前又不是小丑呢？

2.“除了梦想，我一无所有”——梦想往往从艰辛处生长

阿里巴巴主要创始人之一马云曾有一句名言：没有创业条件，就得有创业梦想。潘石屹，著名房地产企业家，SOHO中国有限公司董事长，这位身家37亿美元的西北汉子，也是一位财富的梦想家。潘石屹坦言，当年辞职闯商海源于一个简单的梦想：“赚钱！给妈妈治好病。”

甘肃天水，有穷甲天下之称。1963年，潘石屹就出生在这里的麦积区潘集寨。他爸爸是下放到农村的右派，妈妈虽然念过“国立高中”，却也只是个普通农妇。爸妈共生了五个孩子，他排行老二，有一个姐姐、一个弟弟和两个妹妹。妈妈毛昭琴给他

取名“石屹”，寓意是要他像家乡麦积山的巨石一样做一个有毅力的人。

小时候，家里很穷，每年家中口粮仅能支撑七八个月，青黄不接时，妈妈总要去邻村捡拾人家收完剩下的菜叶做酸菜充饥。

为了供潘石屹念书，妈妈每天要挑60多公斤的柴去集镇卖，翻山越岭，极度艰辛。32岁那年，妈妈因中风而瘫痪了。看着躺在床上的妈妈，潘石屹一遍遍地发誓：我一定要孝敬妈妈，以后一定要弥补她前半辈子所受的苦！

此后，妈妈不但不能再下地干活，甚至连生活都不能自理，每天呆呆地躺在床上流泪。只有听到潘石屹朗诵课文时，她才露出笑容。潘石屹小学毕业时，因是“四类”家庭，不能升初中。妈妈急了！她“蛮横”地对他爸爸说：“这关系到他的前途，你背我去学校求老师……”在妈妈的要求下，父亲背着母亲，带着潘石屹来到家乡东泉中学，终于感动了校长。就这样，妈妈为潘石屹争取到了上中学的机会，从而使潘石屹有幸于1981年考上了中国石油管道学院。

1984年，潘石屹大学毕业后，被分配到河北廊坊石油部管道局经济改革研究室工作。但他不甘于研究室按部就班的机关生活，考虑再三，于1987年毅然辞职，揣着80元钱前往广东打拼。

南下前，潘石屹回了一次老家。怕母亲担忧，他没有将辞职的消息告诉妈妈。可妈妈却发现了端倪，当他离家时，妈妈硬要父亲和弟弟抬着她送潘石屹，并给了他两条手工缝制的蓝色的棉裤。潘石屹的眼泪顿时夺眶而出：瘫痪在床的妈妈缝制这两条棉裤多不容易，要受多少罪呀！担架上的妈妈紧紧地拉着潘石屹的手，说：“孩子，不要哭，尽管去闯吧。不要担心我！”

快出村口了，背着布包的潘石屹回过头，只见妈妈还坐在担架上，远远地看着他。妈妈的背后是羊肠山路，是褐色灼目的座座大山。潘石屹含着眼泪对弟弟说：“哥哥会回来接妈妈的，别伤心。我一定要尽早赚钱，给妈妈治好病！”

1987年12月，潘石屹先后到广州和深圳闯荡，1989年3月又来到海南。回忆那段艰难的时间，潘石屹说：“除了梦想，我一无所有。”每天白天四处找工作，晚上就睡沙滩，直到1989年6月，潘石屹成功自荐到一家砖厂当厂长后，每月都能赚一两万块钱，境况才有所好转。可没想到，几个月后，由于种种原因，砖厂停了产，潘石屹把刚赚到的8万元钱全部赔了进去，亏得连回家的路费也没有了。此后，潘石屹又在

1991年和几个朋友合伙创建了海南农业高科技联合开发总公司，开始炒房，并赚了上百万元。谁知不久，海南房地产出现经济泡沫，潘石屹再次变得一无所有，甚至一蹶不振，万念俱灰……但一想到自己的妈妈，他咬着牙又坚持下来。第二年，经过慎重考虑，潘石屹和朋友合伙到北京发展，成立了万通公司……北京是潘石屹的福地，在北京，潘石屹否极泰来，事业、生活终于有了彻底的好转。1994年，潘石屹在而立之年和海归派张欣相识相恋并结婚了。1995年潘石屹和张欣共同创立了SOHO中国有限公司，正式向房地产事业进军。此后，公司飞速发展，进入“中国纳税百强榜”，并荣获“A级纳税信用企业”大奖。北京现代城也成为潘石屹房产建筑的代表之作。

梦想往往从艰辛处生长，从使命责任处成长。我的人生梦想和潘石屹一样，也是从梦想赚到钱为母亲治病开始的。

3. 给“梦想”装上加速器：一元变百万

梦想、理想、雄心、壮志也就是野心的别名。人类因梦想而伟大。下面，我再给大家分享一个“一元变百万”的故事，一个创富梦想家的故事。

日本江户末期，有一位著名的思想家兼兵法家佐久间象山。有一天，一位衣衫褴褛的年轻小伙子登门，请教他如何从一无所有的穷光蛋摇身一变而成为家财百万的富翁。

象山看了年轻人几眼后，没有多说什么，只从自己的怀里掏出一枚铜钱递给他，说：“你每天手捧铜钱，口里叨念，一元变百万，一元变百万，每天念十次就行了。”说完就把年轻人送出了大门。

这个年轻人就是后来日本大名鼎鼎的水泥大王，浅野水泥公司的创建者浅野总一郎。离开象山后，他天天念叨一元变百万，一元变百万，可一元铜板还是一元铜板，哪里会变成一百万元。这不是讽刺是什么，这不是打发他这个叫花子又是什么？多少次浅野总一郎想负气丢掉那一块铜钱，谁叫你把我当叫花子看，又有多少次浅野总一郎想把这一块铜钱买饭吃算了。然而，浅野总一郎终于没有这样做，他坚信伟大如象山这样的军事家、教育家、思想家，决然不会欺骗他。

盛夏7月的一天，浅野发现一个水泉，便捧起水来猛喝几口，权当充饥——饥饿的人都知道，喝饱肚子，可减少饥饿的感觉。他已经整整两天没有吃东西了，“好清凉可口的水哟！”他边喝边赞叹道。

这时一个奇迹出现了，一个奇思妙想突然从浅野的大脑中迸发出来：“这水一定能卖个好价钱，这水一定可以卖出铜币来。”他为他的这一灵感欢呼雀跃。水——钱，水能卖个好价钱。于是，浅野便利用捡来的储水器具，在路旁摆起了卖水摊，他的创业生涯，就是从路边卖水开始的。

这个最简单不过而又无须任何本钱的生意彻底改变了浅野总一郎的命运，他不必再受饥饿了，而且慢慢有了自己的积蓄。

浅野光依靠卖水两年，25岁时已赚得了一笔不少的钱。于是他转行，开始经营煤炭零售店。30岁时，当时的横滨市长听说浅野很会把无价值的东西产生价值，就召见他，说：“你以很会利用废物赚钱而闻名，但是人的排泄物，我想，你是没有办法利用的了。”

“只收集一两家粪便不会赚钱，但是收集数千人数万人的大小便就会赚钱。”浅野胸有成竹地回答道。

横滨市长问：“怎样收集呢？”

“做公共厕所。”浅野说。

根据市长的提议，浅野在横滨市设置了63处公共厕所。日本今日世界一流的精美的公厕，就来源于浅野当时的创举。

厕所做好以后，浅野就把掏取粪便的权利以每年4000元的价钱卖给别人。两年后他成立了日本最早的人造肥料公司，他要求把粪便统一收归公司。后来浅野转行建材业进一步发展，成为日本历史上最大的水泥大王。

浅野喝水时便想到了卖水创业，绝妙主意，真是有如神助。但这不是神助，而是军事家、教育家象山教给他的积极的自我暗示法在帮助他。象山给了浅野什么高明的指点呢？象山什么也没有说，只给了浅野总一郎一个铜钱，要他每日叨念“一元变百万”十遍。这“一元变百万”正是浅野总一郎百万富翁梦想的触发器，或者“加速器”，其目的就是要强化他的梦想，强化他的野心，磨炼他的意志，坚定他的信心。浅野已经有梦想，但是需要强化他的梦想，浅野已经有信念，但是一定要强化他的信念。“一万变百万”看以荒诞无聊，但念多了，想多了，在浅野的心目中，就会时时想一个问题：到底怎样才能由一元变百万元呢？一切赚钱的资源与信息就一直在浅野心里琢磨。一旦有了成百万富翁的理想，人就会想尽千方百计，踏遍千山万水，说尽千言万语，历尽千辛万苦，寻找创造财富的各种资源和条件，哪里能借到钱，哪里有好项目，谁可以合作，谁可以帮我，哪里在打仗，需要军粮，需要汽油，哪里发了地震，需要药品，需要建房子，等等，就会关注一切赚钱致富的资源和条件。可惜浅野一贫如洗得不到别的援手，但当喝上清甜可口的泉水时，浅野想到了他当时所能做的唯一的一件事：把泉水卖个好价钱。梦想可以成真。只要想富，就一定能富。

强烈的积极的自我暗示可以达成自己的致富心愿。这就是象山给出的致富法宝。

4. 野心—梦想—理想：做最好的自己

什么是梦想？梦想是针对现状来说的。进入理想的大学对于一名中学生来说是梦想，读博、出国留学对大学生来说是梦想，成为一位著名作家对一名文学青年来说是梦想，获得重大创新成为一名科学家、创造发明家对于科技工作者来说是梦想，晋升职务、成为统辖一方的封疆大吏对于一名公务员、中下层政务官员来说是梦想，成为一名将军统帅千军万马、成为一名舰长乘长风破万里浪是一名合格军人的梦想，成为一位财富大亨、商业巨子，对于一名创业青年来说是梦想。如果你的梦想与你的使命感、责任感、人生目标相一致，并且符合你的秉性，符合你的兴趣和爱好，符合你的优势和特长，则这种梦想就是你的理想了。

理想是引领船员通向彼岸的航标灯，理想是指引人一生前进的“罗盘”。只有让自己无比感动、愿意倾尽毕生精力为之奋斗的人生目标才是你真正的理想。真正的理想源于梦想，但更源自你心灵深处。弗洛伊德说：“当你做小的决定时，应当依靠你的大脑，把利弊罗列出来，分析并做出正确的决定；当你做大的决定，如寻找终身伴侣或寻找理想时，你就应该靠你的潜意识，因为这么重要的决定必须以你心灵深处的最大需要为依据。”

理想的第一个条件是，只有最适合你本人的符合你使命感、责任感、价值观、幸福观的人生目标才是你的理想。理想的第二个条件是只有符合你的个性（天生秉性）、兴趣、爱好、优势、长处的人生目标，才是你真正的理想。因此，我们不能单纯地追求所谓的“崇高”，或单纯地为了模仿他人而把理想定为当将军、当科学家、当作家等，而是要根据自身心灵的需要和特点来决定你的人生目标和人生理想。一句话，能让你做最好的自己的人生目标，就是你最好的人生理想。

梦想有权力的梦想、财富的梦想、科学创造的梦想，还有精神追求的梦想。

人什么都可以没有，就是不能没有梦想。穷则思变，所以最富有梦想的是底层的贫民、青年知识分子，他们渴望权力、财富、美好的爱情。有人说这些很世俗，我说世俗就是真实的生活。你如果有这些美好的梦想，我羡慕你，你一定会梦想成真。只怕想不到，不怕做不到。不错，梦想与成功之间还有很长一段距离，但如果你连梦想都不敢梦想，你怎么能成真？

你白天可以头枕黄粱，胡思乱想，你晚上可以在梦中痴心妄想。胡思乱想，梦话连篇，都不要紧，怕就怕你不敢想、不愿想、不屑想，有人在爸妈的张罗下分了个好单位，有的在家族企业的影响下，负责了某方面的工作，就按部就班，就因循守旧，什么也不想了，躺在已经得到的岗位上睡大觉，说这就是自己的梦想。这种人不想超越自己，不想挑战生活，是最没有出息的。

人的潜能是巨大的，只有梦想知道它到底有多大。在我幼小的心灵中，当一名解放军，当一名科学家，当一名作家，当一位英雄人物，是我的梦想；参加工作后，当一名优秀教师，当一名教育家，当一名乡镇负责人，是我的梦想；下海经商后，当一名企业家，当一名畅销书作家，当一名文化企业的总经理，当一名成功励志的演讲家，是我的梦想。梦想可以有很多，它们都在一定时期激励我努力工作，奋发进取。当你达到一个梦想后，新的梦想又会产生，当你历经生活的磨炼，找准了你的人生使命和责任，你的梦想就是你终生奋斗的人生目标。认准了，持之以恒，去追寻去打拼，你的梦想就会成真。

同学们，我的理想是什么？成为一名教育实业家、实业教育家，成为中国的卡耐基，成为中国的拿破仑·希尔，用我的努力帮助年轻的大学生去追求成功。这就是我的理想，这就是我最终的梦想。不错，我的野心，我的梦想，我的理想，我的人生目标是一致的，我今生决定只干这一件事了。

理想确定后，实现理想的途径，则可以多种多样。比如前面讲的，日本穷小子浅野总一郎，他的人生梦想、人生理想是一致的，就是成为百万富翁，因此围绕这个梦想他分别干了多件事情，卖水赚得第一桶金，后来又做煤炭零售、人造化肥厂，最后转行建材业，成为日本历史上最大的水泥大王，实现了他创造财富的梦想。

5. 美梦为什么能成真——积极暗示，魅力无穷

积极心态的心理学原理是积极的自我暗示。佐父间象山的思想在日本得到发扬光大。日本有一所鼓气学校，学员每天早晨要做的第一件事是对着富士山高声大叫：“我要成功，我要成伟人，我要发财，我要当世界上的大富翁。”他们每天必做的作业：给自己加油。毫无疑虑，学校教授给学员的正是“积极的自我暗示”的心理训练，借以形成“积极的心态”。

自我暗示果真是具有魔力的法宝吗？有些人表示怀疑。比如，我的口袋里只有一元钱，我整天在心里念叨：我一定要多挣钱，我一定要发大财……我就会发财吗？再比如，我是一个智商不高、缺少专长的人，我经常自我暗示：我一定要做成什么事情，我一定要取得成就……我就能有所作为吗？事情当然不会这么简单容易，“心想”毕竟不等于“事成”，但一切“事成”都是“心想”所启动的。你想发财致富或有所成就，当然不等于你已经发财致富或有所成就，但你经常这样在心理上自我暗示，就会形成一种一定要发财致富或有所成就的自我意识，这种意识又引导你积极行动，刻苦奋斗，敢于冒险，开拓新路。

自我暗示的魔力是在20世纪初由一位名叫古尔的药剂师发现的。有一天，一个顾客来到古尔的药房要买一种必须有医生的处方才能出售的药。这个客人顽固之极，他没有医生的处方，却非要买这种药不可。古尔拗他不过，但又不能违法出售那种药。为了应付这位不可理喻的顾客，他灵机一动，拿了几粒没有药性的糖衣片给这个客人，并把这种“药”的效力鼓吹了一番。

数天后，这个客人又来找古尔。古尔暗自吃惊，生怕闯了大祸。没想到，客人是来向他道谢的。他感谢古尔的“药”治好了他的顽疾，还称赞古尔不愧为药剂师，对这种药物的推荐十分有效。这可把古尔弄糊涂了：按说，糖衣片无法治愈这个人的疾病，但事实上，他又因为吃了这种“药”而痊愈。到底是什么治好了此人的病呢？唯一合理的解释是心理因素起了作用。其人本来就相信这种药的治愈能力，再加上古尔的一番鼓吹，糖衣片便起到了灵丹妙药的作用。这就是心理暗示的魔力。由此，古尔

对心理治疗产生了极大的兴趣，他开始钻研心理学，又向专家请教，经过几年努力，创立了一个以自我暗示为主的心理治疗学派。

古尔的学说流传很广，影响很大。在心理学方面，自我暗示一直都占有重要地位。富生特在《富豪的心理》一书中说："很多人因为古尔的方程式过于简单而怀疑它的可行性——千万不要这样——我研究富人虽然未必明显地采取这方程式，但实际上每当他们面对困难或新局面的时候，都会不自觉地运用类似的自我暗示去帮助自己闯难关、攀高峰。"

自我暗示其实就是运用语言去改变自己，当你喜欢的人对你说"你真能干"、"你真行"，这几个字会有巨大的推动力；当你喜欢的人对你说"你不行"、"你真没用"，这几个字就会有巨大的挫折力。

自我暗示，不论是自我贬低，还是自我激励，都会有一种魔力，并不是毫无作用的空话。人总是有某种惰性，很容易被多次重复的说法牵着鼻子走。凡是经常重复的自我描述，不论是心里想的，还是嘴上说的，次数多了，时间长了，就会形成一种自我感觉、自我期望，也就是自我意识，就会具有一种改变自己的魔力。

有这么一句流传已久的话："把一个人当作什么，他就会是什么。"同样，你把自己当作什么，你就会成为什么。这句话似乎纯粹是唯心论的梦呓。其实，这不是胡吹瞎说，而是实实在在的事物发展规律。从心理学的角度来看，这就是所谓的"皮格马利翁效应"，或者叫"预言的自我实现效应"。

皮格马利翁是希腊神话中的塞浦路斯王，因为他热衷于雕刻，为自己所雕刻的美女形象倾注全部心血，结果他热恋上自己雕刻的美女雕像而如醉如痴，不能自拔。爱神感其真诚，遂赋木雕女像以生命，二人终结良缘。

这是用神话来表述的积极的心理暗示。

人的本性就是追求目标，实现心愿。不论你的愿望是什么，只要你目标明确地想干成什么，想成为什么样的人，你的大脑和神经系统就会源源不断地提供你所需要的信息，驱使你自觉地甚至是无意识地向着追求目标实现的方向运动。所以，我们可以坚信，坚持心理上的积极的自我暗示，就会使自己变得自信主动，有生气、有活力、有创造性。

拿破仑·希尔有一句名言：一切的成就，一切的财富，都始于一个意念。

什么是意念？它就是人的意识里产生的念头或想法，也就是心理上的自我暗示。它是一种启示、提醒和指令，它会告诉你注意什么、追求什么、致力于什么和怎样行动，因而它能支配和影响你的行为。这是每个人都拥有的一个看不见的法宝。

自有人类以来，不知有多少思想家、传教士和教育家都一再强调信心与意志的重要性。他们都没有明确指出：信心与意志是一种心理状态，是一种可以用自我暗示诱导和修炼出来的积极的心理状态！成功始于觉醒，心态决定命运，这是现时代的伟大发现，是成功心理学的卓越贡献。成功心理，积极心态的核心就是自信主动意识，或者称作积极的自我暗示。而自信意识的来源就是经常在心理上进行的积极的自我暗示。反之也一样，消极心理、自卑意识，就是经常在心理上进行消极的自我暗示。就是说，不同的意识与心态，会有不同的心理暗示，而心理暗示的不同也是形成不同的意识与心态的根源。所以说心态决定命运(成与败)，正是以心理暗示决定行为这个事实为依据的。

四、积极主动，机会垂青于有准备的人

积极主动是积极心态中非常重要的成功心态，是进取心的重要组成部分。积极主动是相对于消极被动而言的。积极主动就是积极去做你应该做的事，努力尝试，主动展示，争取机会，创造机会，斩获成功。积极主动的心态，要求我们做到如下四个方面：

1. 积极思考问题，学会自己做决定

许多青年人都有惰性，不喜欢积极主动地思考问题，面对读什么专业、进什么学校、考研读博还是出国留学、毕业后到底干什么工作、将来找什么朋友这些人生重大的问题，习惯于“从上”、“从众”，喜欢让老师特别是喜欢让家长来越俎代庖，成了一个“心中无主见的人”，缺失自我，缺少积极主动的自我思考自我判断。因此我们要学会用自己的头脑积极思考问题，逐步学会自己做决定。我在这个方面就很有教训。在是不是下海创业这方面，我明明觉得一个现代青年应该看清时代趋势，主动投入市场经济改革大潮，下海自主创业，但碍于种种顾虑，竟失去自我意志，一再坐失良机。

2. 积极尝试，争取成功机会

在工作中我们每一个人都会遇到各种各样的困难，突破困境不能完全依赖别人、依赖外援，幻想别人帮你摆平一切，也不能因为困难大，自己就逃避找借口，就听天由命，而不积极尝试，争取成功机会。以大学毕业后寻找工作为例，其实无论什么时代，寻找一份令人满意的工作都需要花费很多的努力。

1988年我大学毕业的时候，虽然国家统一分配工作，但要找到自己喜欢的理想的工作也并非易事。我出生于一个偏僻的山村，对于找工作，亲朋戚友之中没有一个能帮得上忙的。学校内定我去湘西一所师范院校任教，我因为是长子，不愿离开父母太远，所以决定回到家乡岳阳的市县工作。没有人帮忙，怎么办呢？当时我们家乡的一位县委书记是教师出身，办事有魄力，礼贤下士，求才若渴，政声很好，我壮着胆子给这位书记写了一封救援信表示愿回家乡效力。想不到时隔不久，这位县委书记亲自回信，还把我的信转呈教育局分配办。结果我回到家乡，被分配到我的母校县三中任政治课教师并兼任团支部书记，直接进校行政，拿调遣单的时候，当时的县教育局长还亲自找我谈话，勉励我努力工作。

虽然后来由于种种原因我最终被改派分配原市郊区教育局工作，但当年我积极尝试，大胆自荐的行动，让我认识到，机会是自己主动争取来的，机会不会自己找上你。

3. 充分准备，把握成功机会

有一句大家耳熟能详的至理名言，“机会只垂青有准备的人”。在机会还没有出现之前就修学储能、主动工作、积极锻炼、增长才干的人，一定是能把握成功机会的人。

大学毕业初期我被分在郊区教育局机关工作。那时的我血气方刚，有一个简单的想法，要做教育就要深入基层、深入学校、深入课堂、深入学生，因此在机关工作三个月后我主动要下到基层去任教。教育局长亲自送我到教育组报到，组长又要留我在教育组工作，我谢绝了，说，“到一线教书，当班主任”。结果我到了一所初级中学教语文，当班主任。

教学期间，我做了三件事：一是积极探索班主任工作经验，引进民主治班的工作新理念；二是主动开展快速作文的教改工作，探索语文教学，特别是作文教改的新方法；三是研究提高教师自身素质，探索教师增强对学生影响力的新途径。在中学任教五年多，我积极主动，开展各项教育教研实践活动，积极争取教育主管部门的支持，也积极影响学校同事和其他志同道合的教育改革者共同策划、共同实施，主动探索教育教学的上述三项重要课题。那时我认为一名教师除了热爱教育、热爱学生之外，要敢于成名成家，教师一定要有学者修养、学者风度。

五年多的努力，工作颇有成效，我写的班主任工作经验的论文在当时创办的《湖南教育报》上多次连载，所写的论文在全区论文评选大赛中多次荣获一等奖，并受邀到湖南理工学院中文系给师生作班主任工作专题报告。作文教改也成效突出，个人被全国快速作文研究中心聘为全国快速作文研究员，并多次在学校举办作文教学观摩课。学生作品多次在市区作文大赛中获奖，并在国家、省、市报刊发表。教师自身建设方面，出版了素质教育专著《教师魅力的培养及影响力策略》。因为自身的努力，我23岁时任学校团支部书记、语文教研组长，五年后我再次被调入原郊区区教育局办公室工作，一年后又被调入区政府办公室工作，协助分管教育的副区长开展相关工作。

4. 主动展示，创造成功机会

在全球化和信息化的时代，那些能够积极主动展示自己、积极推销自我的人更容易脱颖而出。中国古代有“毛遂自荐”的故事，你有没有本事，你能不能成事，你能不能担当责任，很多情况下需要你自己把才能展示一下，让伯乐看到你，让同事、职员信服你。俗话说得好，是骡子是马，拿出来遛遛。怎么展示？

中国古代军中要提拔重用武人时，经常采用擂台比武的形势，为其立威。既然是设擂比武，机会就来了。平时修学储能、素有历练，有真功夫的主儿就不要谦虚了。传说中的薛仁贵正是由一火头军通过擂台比武，威震一时。南宋名将岳飞也是比武场上枪挑小梁王而声名大振。因此，要展示自己，就要勇于参加各级各类的大奖赛和造星运动。郭敬明、韩寒这两位作家财富榜排名数一数二的青年作家都是当年还在学生时代就参加“新概念作文大赛”获金奖而出道的。李宇春、张靓颖、周笔畅、尚雯婕、谭维维是参加超级女声出道的，阿宝、凤凰传奇、郝歌是参加星光大道出名的，小沈阳是参加春节联欢晚会这个造星晚会红遍全国的。要有野心参加各种国家级的或有全国影响的大赛，但大赛是从小赛开始的，因此，我们要抓住身边的每一次展示机会。

学者要让人家认识他了解他，宣传他的学术思想，当然要著书立说。学生也可以"立说"来宣传自己，扩大自己的知名度。刘晓庆就是我印象中第一个著书立说宣传炒作自己的影视明星。当年她写的《我的路》很是火了一把。自此以后，著书立说写自传宣传自己的人可多了。白岩松《痛并快乐着》、崔永元《不过如此》、冯小刚《我把青春献给你》、阿娇《天使在人间》、孙悦《飞悦人生》、陈鲁豫《心相约》、郎平《激情岁月》、刘翔《我是刘翔》、姚明《我的世界我的梦》，都是表扬与自我表扬相结合。还有许多个人写真集，如李冰冰《李冰冰：十年·映画》图文并茂，春意浓浓，宣传效果都不错。在这方面我建议学生多创作，多表达自己的意见，多渠道地表达自己的主张，在身边的人中充当意见领袖，培养核心意识。

五、永葆进取心，不要惧怕失败

拿破仑·希尔说："进取心是一种极为难得的美德和品质。"进取心能将你的潜能发挥到极致。进取心与成功有约。进取心的一个重要表现就是不要惧怕失败，要敢于迎难而上，反败为胜。永葆进取心，不惧怕失败是人不可或缺的成功心态。拿破仑说过："胜利在最后五分钟。"只要继续不断地努力，我们就会转危为安、反败为胜。只要不放弃，我们就永远不会失败。

1. 决不死心："进取心让我反败为胜"

我在北京作演讲的时候，一名学员跟我们分享了一个精彩的故事。

有两个好朋友21岁时，同时从北京一所名牌大学毕业，大学毕业后同时分在一家银行上班。由于失足赌博，命运多舛，赌运不济，两人亏空很大，于是两人联手在银行存款上做手脚，结果越陷越深，挪用公款数额越来越大。结果东窗事发，两人被重判入狱，要在牢房待上20年。

其中一个想，自己才二十六七岁，牢房中过20年再出来，将近50岁的人了，还有什么事可做，还能做什么呢？于是嚎啕大哭，埋怨另一个拉他下水，结果身陷囹圄，一辈子前途丧失殆尽。他终日以泪洗面，借酒消愁，在牢狱里破罐破摔，任谁劝说，就是不听。

可是另一个则不同。他对自己过去犯下的错误深深自责，对给国家带来的经济损失深深忏悔。他不像他的同伴那样消极无为，他从家里带来了大量的会计、审计、法律等书籍，还特别带来了自己喜爱的英语教材、日语教材，当然还有收音机。20年的时间什么也不干什么也不想，除了接受监狱的教育管制和劳动，他把其他时间都放在了学习上，自学了许多经济方面的专业知识，自学了英语和日语。

由于他的良好表现，他两次争取减刑，结果提前六年获释出狱。出狱后，到日资企业担任过高级翻译，后来又开办了自己的审计事务所，早就咸鱼翻身，成了北京的大款了。而他的那个朋友则仍然酒醉熏天，仍在蹲大牢，并且经常被弄得鼻青眼肿，人也老了，身体也垮了，已经完全丧失了生活的斗志和勇气。

俗话说：不到黄河心不死。我看还得加上一句："到了黄河也不死心。"犯大罪了，坐大牢了，就一定没作为了吗？就再也没有活路了吗？不一定。分享者告诉我们，那个提前释放出狱并且事业大获成功的人，正是他自己。我问他为什么他能持积极心态，在逆境中人倒志不倒，转祸为福，化不利为有利，在牢房中学了一身本事，出来后终于东山再起？

学员说，这得益于入狱前他父亲一个老朋友的开导。这位老人是国民党军队的一位高参，当年跟随傅作义投诚，参加北平和平解放，后来在一文史馆做文史研究工作。老人家向他指出，人生不可能一帆风顺，不可能一辈子不犯错误，不受挫折，但人不能自己打倒自己，人不能轻易屈服，要做到"天行健，君子以自强不息"，要转祸为福、化弊为利。我的命运我做主。无论你曾经多么的糊涂，无论你曾经犯下多么严重的错误，只要你浪子回头，真正悔过，从头再来，一切的一切仍然操之在我。只要你想改变，只要你想进步，你就一定能改变，你就一定能进步。老人特别强调，入狱服刑人身自由受到限制，但并不限制学习的自由，老人预见20年后市场经济，知识一定会更加得到尊重。因此叮嘱他加强学习，认真改造，力争减刑，早日回到社会，用自己的聪明才智回报社会。

这位国民党的老高参，教给他的正是要树立积极的心态，要不怕失败，永远进取。任何情况下都要做到不死心、心不死。要看到牢房外的黑暗中还有朦胧月光和点点星光。积极心态进取心理，终于让他重新振作起来。遗憾的是他的同伴没有高参指点，也可能经不起挫折，看到牢房外的只是一片漆黑和无底深渊，哪里还看到有什么光明和前途。

2. 不害怕失败比渴望成功更可贵

美国著名电视节目主持人莎莉·拉斐尔现在是自办电视节目主持人，曾经两度获奖。在美国、加拿大和英国，每天有800万观众收看她的节目。她深情地回忆她30年的职业生涯说："我遭人辞退了18次，本来大有可能被这些遭遇所吓退的，做不成我想做的事情。"她说，"结果相反，我让它们鞭策我勇往直前。"

失败并不可怕。失败是一笔宝贵的财富，失败是一种难得的历练，失败是成功的先导。除非你放弃，否则你决不会以失败告终。

许多人都对自己的生活、工作和发展前途有着美好的憧憬与设想，很想尝试新事物，攻克新课题，为自己开辟新的生活或事业。但他们往往是还没有开始干，或刚一开始碰到困难就预想到失败，害怕出丑，害怕批评，害怕风险，或是担忧白白耗费了自己的心血和精力，甚至"莫名其妙"地认为多一事不如少一事，终日安于现状，束手不干。

尝试新事物，攻克新课题会有遭到失败、被人笑话的危险，但任何事情要等到有十足的把握再去干，那就只有永远等下去了，这一天永远不会来到。世界上没有任何一样新事物、新课题不经实践就会有十足的把握，不经努力就会一举奏效的。怕这怕那，只会使自己过高估计客观的阻力和困难，而过低估计自己的潜在能力；只能使自己逃避挑战，放弃希望，停滞不前，缩手缩脚，永远把自己限制在无所作为、可怜巴巴的境地。所以说害怕风险就是没有出息，害怕失败就会彻底失败。

如当众演讲，你总担心讲不好，当众出丑，总觉得一站到大家面前，自我形象就受到某种威胁的损害。其实，真正的危险不在那么多人看着你，也不在于你讲得好与不好，关键在于你内心的恐惧与不肯开口讲。

有这样一则报道：美国一家公司招聘营销人员，应考者很多。发出录取通知许多天了，考试第一名的叫罗杰斯的青年却迟迟没来公司报到。原来他考试之后自己觉得毫无希望，竟然自杀了。

人生必有坎坷，失败并不可怕。不怕失败比渴望成功更可贵。

每一个成功的人几乎都经历过失败的历练。

以作家弄文学、爬格子为例，大凡写作新手大多患有不同程度的“退稿恐惧症”。如果你不怕退稿，坚持不懈，那就是走向成功了。世界上许多名家大师的传世或畅销之作，起初也难逃退稿的厄运，何况我们一些初学写作者呢？

赫尔曼·麦尔维尔，美国浪漫主义小说最重要的代表作家。其作品《白鲸》于1851年退稿。退稿信上讲：“十分遗憾，我等一致反对出版大作，因为此小说根本不可能赢得广大青少年读者的青睐。作品又臭又长，徒有其名而已。”

霍尔特·惠特曼，美国19世纪最杰出的大诗人，其作品《草叶集》于1855年退稿。退稿信上写：“窃以为出版大作当属不甚明智之举。”

福楼拜，法国著名小说家，其作品《包法利夫人》于1856年退稿。退稿信上写：“整部作品被一堆甚为精彩但过于繁复累赘的细节描写所淹没。”

约·罗·吉卜林，英国第一位荣获诺贝尔文学大奖的名作家。他的《无题》于1889年退稿。信上说：“很抱歉，吉卜林先生，你根本不知道怎样使用英语写作！”

杰克·伦敦，美国著名批判现实主义作家。他的《生活之法则》于1900年退稿。信上写：“令人生畏，使人沮丧。”

儒勒·凡尔纳，不仅是著名作家，而且是科幻小说之父。可他的第一部科幻小说《乘气球五周记》投稿后，竟被15次退稿，气得他差一点把稿子投进壁炉烧掉。

世界短篇小说大师莫泊桑在他的成名作《羊脂球》发表之前，已经写好了足有写字台那么高的稿子没处发表。

再看一个中国的现代的例子。就是现今小说创作和出版成就卓著的贾平凹吧，他起初寄往四面八方的小说稿一件又一件连接不断地退回的竟有127件之多。

所以说：成功者并没有超常的智能，也不是不曾失败过，而是自信能行，不怕失败而已，愈是失败愈是奋斗，终至成功。

不光写作这样，搞发明创造、学演讲术、创造财富都是这样。只要不服输，不放弃，你就总有胜利的一天。就人奋斗的一生来说，只要你不放弃，你就永远不会失败。

3. 愈挫愈奋，在失败中成长

我自己的人生经历告诉我，失败并不可怕，只要你不放弃，你永远不会失败，愈受挫愈奋斗，愈奋斗愈聪明，愈奋斗愈成熟，失败是成功之母，我在失败中成长。

两次高考的落败，是人生记忆中的第一次失败。

暗恋一位女生，因为胆小不敢表达，结果她成了别人的女朋友，是我人生记忆中的第二次失败。

参加工作后，为了解决家庭的困难，我要父亲在自己的单位上贷款3000元（二分四的利息，大约相当于现在五六万元钱）与姐夫在他所在的铁路中学防空洞中种植蘑菇。由于轻信姐夫，结果买到部分假菌种，加之技术不过关，一次性亏血本，债台高筑。三年后利滚利，被逼无奈，我要父亲卖掉了老家的祖业，才还清了贷款。这时一家五口的吃饭问题、弟弟妹妹读书问题全由我一个人每月50.50元的工资负担，这是记忆中第三次失败。

后来我在一同学那儿借贷2000元，带头组织父亲、弟弟妹妹走家串户收购啤酒瓶，送到啤酒厂赚点差价，一星期赚了1200多元（1991年，那时算不错了）。奈何弟弟在给我同学还钱的途中，钱被扒手“探囊取钱”一股脑儿全部拿走。弟弟吓得只打了一个电话报告情况，一星期不敢回家。当时，我正准备参加全区青年教师作文教学观摩大赛，伤心泄气之余，我只好停下这项收益可观的差事。这是我记忆中的第四次失败。

到教育局以后，我组织编写了一本青少年成功励志读物《名人少年时》，分得

10000多元的报酬，又在同事那儿借了几千元，凑在一起购买了一台投影机，让父亲和弟弟经营录像生意。开始情况还算好，奈何父亲选址在一个地下室，那是一处新修的房子，地下潮气较重，投影设备受潮被烧。这投影枪4217元一只，到广州才有货卖。几经折腾，这单生意也以失败而告终。这是我印象中的第五次失败。

2001年我所在的区政府出台了一项新政策，允许停薪留职三年下海创业，许诺创业不成可以重回原单位。这是个够开明的政策，我跟着一帮想自主创业的人一道，辞去原有职务，开始了下海创业的奋斗生涯。至今许多人已在北京、上海、深圳及本地干出了较大的事业，我也在文化书社、成功励志演讲和出版等文化产业的开发上获得较大成功。但我却出师不利，创业之初我借贷五十多万元与一大学同学在长沙高桥建厂制造、销售油漆，我只是一个小股东，工作上也只是负责营销，到全国各地去建立办事处和寻找合作销售代理商。但两年后，由于种种意外，生意以失败告终。这次损失对我来说是灾难性的。这是我人生中的第六次失败。

因为一再的创业失败，也因为心志的原因，我原引以为自豪的婚姻，在我最困难的时候，可悲地解体了。从此天涯孤旅，我尝尽了人生的悲欢与离合。我的心在泣血，泪水一度模糊了我前进的方向。这是我一生中第七次失败，也是最大的失败。

失败当然难过，特别是创业失败，债务压力，有时让你欲哭无泪，感慨万千。一文钱难倒英雄汉，只有真正遭受过创业失败的人才能体会这种艰辛和苦难。命运一次又一次嘲弄我，我一位好心朋友劝我，不要好高骛远，守着这只铁饭碗混日子，大家能过日子，你为什么硬要起风浪，搞得自己背一身的债，婚也离了，何苦呢？命里有时终须有，命里无时莫强求，命里只有八斗米，走遍天下不满升，知难而退，安心上班算了。这话与其说是在劝慰我，还不如说是在嘲弄我、打击我。对好朋友的劝告，我动粗了，冷峻地说："什么命里无时莫强求，什么走遍天下不满升，无稽之谈，比尔·盖茨从娘肚子里一生出来就注定是全球首富吗？李嘉诚一个穷小学教师的儿子，十一二岁随父亲避难流落香港，不到一年父亲就去世，一家五口要生活，他小学都没毕业，由街头一个卖塑料花的少年成为长江实业总裁、华人首富，难道是天生吗？人家都不是从娘肚子里一出来就穿金戴银的，这都是努力奋斗赚来的。你一辈子守着这份工资，天天看看报纸，打打麻将，吃吃喝喝，一辈子行尸走肉。活着干什么，死了多清静。今后我不愿听你这不三不四、阴阳怪气的话。”我那位朋友，当时吓了一大跳，连忙噤声了。

吃一堑长一智。失败的过程，其实就是一个总结提高的过程。

再到长沙准备创业的时候，我没有忘记图书这一充满商机的行业。我与朋友合作创办了一个文化书社。这是一个我较为熟悉的行业，因为我对书及相关的教育有相当的了解，我大学读的是教育学、心理学，我教过书，协管过教育，既了解学校的需求，又了解家长和学生的需要，又在政府机关、乡镇机关干过较长时间，对社会教育文化需求也比较知情，因此对图书市场的把握相对准确，经营起各类图书来掌握先机，能拓展新渠道。特别是对一些重要的教育类书籍的集团销售做得较好，取得了较好的经济效益和社会效益。我们书社多次被评为长沙市“信得过”明星单位、纳税先进单位。后来我由卖书到出版书籍，最终尝到了创作的快乐，也享受了经营的喜悦。特别是当我一脚踏进成功励志教育这一文化出版行当后，我觉得我的事业无比宽广而富有意义。此时我觉得文化产业的开发、成功励志的演讲事业、出版事业是我最感兴趣最愿意为之奋斗的事业。此时我觉得，关注青年学生的成长，传播先进文化，实现心中理想是主要的，赚钱只是附带的。

失败不可怕，只要你坚信你会成功。当你回过头来审视过去生活的时候，你会因为过去的失败而给你的人生增加传奇色彩，你的人生因为那一次又一次的失败而变得不平凡，而你也将因此真正享受你奋斗的过程。从这个意义上说，我要感谢曾经的失败。

六、建立自信心——山登绝顶我为峰

难事当前，一个自信的人，总是勇于任事，豪气冲天；职场面试，一个自信的人，总是沉着镇定，风度翩翩，语言得体，获得主考官青睐；客户面前，一个自信的人，总是散发人格的魅力，既推销了自己，又推销了产品。自信的人，总是更容易获得成功的人生。女人当然喜欢重情重义的男人，但更喜欢自信的男人。

1. 自信是成功的心理基石

什么是自信心？从字面来理解，就是自己相信自己，自己肯定自己的一种积极心态。我们许多学生都是“追星”族，“追星”就是崇拜、欣赏、相信明星。我们也有许多学生敬佩仰慕政治明星、财富大亨、学术权威，对一些成功人士顶礼膜拜，用一句话概括起来可以叫做“他信”，即崇拜、信服他人。那么与比相对应，一个人如果相信自己、接纳自己、肯定自己，甚至迷恋自己，干任何事情都说“我一定行”“我一定能干好”“舍我其谁”，在困难面前更是勇气十足，奋勇向前，有一种自我期许、自我信任的积极心态，就叫做有自信或有自信心。自信的反面是自卑。自卑就是自己看不起自己、自我贬低自己、矮化自己、丑化自己，对自己作出负面的评价，总认为自己这也不行，那也不行，对自己的评价过低，做人做事表现为胆怯、懦弱、畏手畏脚，不敢尝试，惧怕失败，精神萎靡不振，有一种自我否定的消极心态。

自信是成功的心理基石，自信是成功者的共同心态。成功始于觉醒。这个觉醒就是树立自信主动意识，即认识到自己要成功，并且相信只要坚持奋斗、有不断追求成功的信念和勇气，就最终能成功。常言说得好：世上无难事，只怕有心人。这个“心”就是自信心，就是以自信主动意识为根本特征的积极心理态度。自信就是力量，奋斗就会成功！古今中外，凡是智能上有所发展、事业有所成就的人，都有一条成功的秘诀：自信。自卑者，内向、阴郁、苦闷、忧愁、萎靡，不善交往，意志消沉，没有干劲，惧怕困难，恐惧挑战，不敢表现自己，不敢相信自己。自信者，开朗、愉快、精神，善于交往，英勇顽强，干劲十足，敢于拼命，不惧困难，不怕挑战。自信者，领袖群伦；自信者，战胜困难；自信者，有优越感；自信者，相信自己。

自信的人有自信的表现，自信的人有自信人的心态，自信的人有自信人的思想方法。兹列举如下：

其一，自信的人懂得扬长避短地接纳自己的形象。她身材一般，但她知道自己眼睛有神，会抛媚眼、会暗送秋波。她长相普通，但她自认气质高雅，很有风度，健康开朗，或者，她突出自己性格温柔，为人俭朴，特有女人味。她个子矮小，她把自己装扮成小家碧玉，婀娜多姿。男人会说“我很丑，但是我很温柔”，“我个子矮小，但我有思想的高度”，“我性格柔顺，但我精神不垮”。

其二，自信的人与人交往总是风度翩翩、气质高雅，热忱、开朗、豪爽、磊落大方。自信的人与人交往，总是彬彬有礼、步履稳健、穿戴整洁、握手有力，说话声音洪亮，带有几分豪气、几分侠气，常有爽朗的笑声和自信的微笑。他们精力充沛、热情开放，往往散发个性的魅力，成为大家愿意接近、亲近的人。

其三，自信的人在突如其来的意外面前，总是镇定自若，豪气冲天，对危机事件的处理往往成竹在胸。

一位先生与一位小姐拍拖了近一年，男士辛辛苦苦购买了二手房，进行了简单的装修，又购买了一些电器、家具，准备在适当的时候跟女士结婚。糟糕，他们外出期间，家里电路失火，电器家具通通被烧毁、刚装饰的新房也被熏得一团糟。小姐目睹此场面，急得哭了。男士也很伤心。但这位先生没有在小姐面前表现半点的愁眉苦脸，而是自始至终表现得信心十足，豪气冲天：“没关系，没关系，房子烧了，卖了它，重新买新房子；家具、电器毁了，就算了，我还正嫌这些东西档次低了，配不上我美丽的姑娘呢。毁了就毁了，嗨，重新赚钱，买新的更高档次的家具，买新的液晶的电视、电脑。有我在，一切都会有的！”这位先生表现真诚、豪气十足，充满男子气概，自然充满无穷魅力。女孩子当即抱着他嚎啕大哭。开始哭是伤心家被毁，现在哭是被未婚夫的真情和豪情所感动。

其四，自信的人在困难和挫折面前更是刚强自信，决不认输。坚强自信的人，总是有强烈的使命感、责任感，坚信自己就是天底下最为出类拔萃的人物，有舍我其谁的英雄气概，相信自己一定能成为政治明星，相信自己一定能创造财富帝国，相信自己一定有所创造、有所发明、有所成就。虽然他们也会遭遇失败、遭遇打击、遭遇嘲笑，他们可以一时跌倒一时受挫，但他们坚信他们不会永远失败，最后的胜利一定属于他们。

其五，自信的人有自信的心态。这就是乐观豁达、积极向上的态度，自信为你带来活力，使人焕发光彩，使你的谈吐洒脱、大度，产生一种不知不觉中感染人的魅力；而丧失信心，只会使人显得猥琐、胆怯、懦弱、无主见，不能充分发挥你的水平。

其六，自信的人有自信的思维方法。自卑，来自个人内心的脆弱、懦弱、无助；自卑往往又是自己与他人比较后才自卑的，在成功优秀的高才生面前自卑，在美女的婀娜身材、性感风情面前自卑，在他人的权力威望智慧面前自卑，在他人的金钱、财富面前自卑。但是乐观自信的人从不这样去比，从不这样去看。他们看到的是自己的优点、优势，发挥的是自己的长处，永远向好的方面看，从不悲观丧气，从不自怨自艾，相信办法总会想出来，面包会有的，房子会有的，汽车会有的，钞票会大把大把赚来的，日子会一天天好起来的。而当你由一个平凡人变为一个奇迹的创造者时，你的一颦一笑也罩上了明星的光环，你的笑容是那样的灿烂，你的眼睛是那样的有神。是的，权威与财富可以弥补你的一切。你不必为你的外貌不如人而寝食不安。

心态决定命运，自信走向成功。具有高度自信心的人对生活充满了信心和勇气，具有积极适应环境而又追求成功的能力。只有自信，才会重视人的主观能动性，创造性地开展工作；只有自信，才会使人发挥人的主观能动性，激发人的潜能，强化人的精神力量；只有自信，才会强化自己的主观能动性，蔑视任何困难。

2. 恰当定位，自信心来源于自己的优势和核心竞争力

我要告诉同学们的是：自信并不是自负，认为自己无所不能，认为自己无论在哪一方面都是老子天下第一。所谓的自信，是对自己有清醒认知的自信，是对自己的优势、特长有充分了解的自信，是恰当定位人生后的自信，是对“天生我材必有用”的自信。它包含两个要义：其一，正视自己的不足，不因差异而感到自卑，不为缺陷而感到烦恼，不让弱点影响你的成功。因此，拿破仑没因自己的矮小而放弃，林肯没有因为自己的丑陋而止步，罗斯福没有因为自己瘫痪在轮椅上而沉湎于痛苦。其二，最重要、最关键的一点是自信的人生，成功的人生，在于把握和信任自己的特长、核心竞争力，扬长避短，形成优势，由此进行人生的策划和竞争。

3. 培养自信心的四个基本方法

一个人的自信心到底源自何处？我个人认为，自信心，一方面来自人先天的禀

赋、来自一个人内心高贵的心灵和浪漫奔放的情感。毛泽东是一个自信、坚强的伟人。写起字来气势磅礴，作起词来气吞山河，干起事来惊天动地，具有一种当仁不让、舍我其谁的英雄气概和自信精神。我还认为，自信心是可以后天培养的。由自卑到自信，消除悲观思想，克服胆小、内向等消极思想，克服自我设限等消极心态，需要我们采取正确的方法来加强自信心的培养。

（1）培养自己的核心竞争力，变“克服缺点”为“发挥优势”

培养自信的关键在于认识并发掘自身的优势，培养并形成自己的核心竞争力。一个人如果真的具备了“专而精”的核心竞争力，则这个学生一定是个自信的学生，自信心就来自于自己已经具备的核心竞争力，以及由此带来的优越感。从某种意义上说，这比弥补自身的劣势更重要。

许多年轻人缺乏自信的原因是，我们以往的教育总是强调人的成长，是不断克服缺点的过程，我们的家长和老师在应试教育指挥棒的操弄下，更喜欢批评，而不鼓励学生。我们许多学生也因此只看到了自己的缺点，而没有看到自己的优势和长处，在这样的教育环境中长大的学生，逐渐相信了家长和老师在批评时使用的说法，并慢慢认为自己天生愚笨、脑子不好使，没有艺术细胞，没有自制力，无可救药。自信因此从成千上万名资质甚佳的学生身上悄悄溜走了。

我们青年学生要改变观念，要由克服缺点变为发扬优势和长处，要由盲目学习变为主动学习、兴趣学习。要由因循守旧变为个性开朗、思想开放、个性张扬。总之，我们要多欣赏自己的优点和长处，要结合自己的兴趣和爱好，做到术业有专攻，真正培养出自己的核心竞争力，形成自己在某一方面某一领域的优势地位、优势技能。这样，自信必立。

（2）赞美自己，自我欣赏，从潜意识做起

自信是一种态度，也是一种感觉，可以通过积极的自我暗示反复训练，经过潜意识的每一次思维，每一次强化，告诉你自己：你是值得信任的，你应当为自己感到自豪。

我们每天都不要忘记自我欣赏，自我鼓励：“我真的很不错！”“我很有两下子！”“只要我努力，我比别人做得更好！”“我伟大的抱负一定能实现。”

每个人都有值得夸耀的东西，别人学习成绩好，你可能身体特棒；别人头脑灵敏，你可能品德淳朴很有人缘；别人可能在老师面前出尽风头，你可能会骑马、会武术、会玩小魔术而获得同学的喝彩。只要你有一项压众，你大可不必自卑，或许将来踏上了社会你比他们还要行。

在你的影集里一定收藏了很多照片，你不妨把你最中意的照片找出来每天都去欣赏，或者把它们放大后放入金边镜框里，然后挂在屋中最显眼的地方。每当你看到它时，你的心目中，就会条件反射出一个明快、健康的自我。从此，你会觉得信心百倍、干劲冲天，敢于向一切困难挑战。

与其注意电影明星广告，不如认真地创造并欣赏自我。

如果你是一个有理想、有抱负的人，意志坚强的人，那你就更应该自己赞美自己：我并不是那种鼠目寸光的人，我有远大的理想，我并不争一时的胜负和长短。我志坚意毅，我勇敢顽强，我是不可战胜的。最后的胜利一定属于我。

坚持积极的自我暗示，把自己的梦想、渴望、价值观念、奋斗目标深深地刻在潜意识中，并且采取行动，付出代价，你就一定会获得深深的自信。一个人如果从精神层面树立了自信的潜意识，那么这个人一定会取得最后的胜利。

（3）用行动激发人的自信心

有自信心的人，会勇敢地去行动(办自己“信”的事)，反过来行动本身又会增强一个人做事的自信心。

任何事情只有行动了，才知道事情是怎么回事。若做成了一件事哪怕是小事，对一个人的自信心也将有极大的提高。

清朝学者彭端淑在告诫子侄时写了《为学》一文，说：“天下事有难易乎？为之，则难者亦易矣；不为，则易者亦难矣。人之为学有难易乎？学之，则难者亦易矣；不学，则易者亦难矣。”

接着他讲了关于两个和尚的故事。

四川边境上有两个和尚，一个贫穷，一个富裕。穷和尚告诉富和尚说：“我想到南海去，成吗?”富和尚说：“你凭什么去?”穷和尚说：“我只要一只水瓶、一个饭钵就足够了。”富和尚说：“我好多年来想雇船沿长江而下，还没有办到。你凭什么来着！”到了第二年，穷和尚从南海回来，把这件事告诉富和尚。富和尚脸上露出了羞愧的神色。

穷和尚之所以能到南海，关键的一点是他相信自己能到南海(有自信心)。第二点就是行动本身帮了他的忙。仅靠步行跋涉万里谁不畏惧？但穷和尚走出了第一步，就更坚定了走下去的信心，为什么？走一步就离南海近一步，走一里就离南海近一里，而路途不会加长。

彭端淑是想用这个故事告诫他的子侄，一要敏于行动，二要充满自信心。四川西部离南海不知有几千里路程，富和尚不能到达，穷和尚却到达了。我们的志向，我们的自信心，难道反而不如四川边境上的穷和尚吗?

行动本身会增强人的自信心。怕什么就立即去做什么。做过之后会发现，事情并不像自己所想象的那么可怕，那么令人恐惧。穷和尚能做的事，我们也一定能做到。

行动一，挑前面的位子坐。你是否注意到，无论在教室或各种会议中，后面的座位总是被人先坐满，那是因为我们有许多人都自卑，都希望自己不会“太显眼”。他们缺乏自信心，怕受人注目，所以占据后排座位。坐在前面能使人建立自信心。把它当作一个规则试试看，从现在开始就尽量往前排坐。当然，坐前面会比较显眼，但要记住，有关成功的一切都是显眼的。

行动二，大胆地与陌生人交往，练习正视别人。陌生人并不可怕，他们很和善，他们乐意帮助人。你是友善的，别人从你的眼神也可以看出来。练习正视别人，告诉他：我很诚实，而且光明正大。要让你的眼睛为你工作，要让你的眼神专注别人。

行动三，大胆地面对权威。接触你所认识的院长、知名教授、学术权威，中央、省府、市府领导。崇敬权威，但不要被权威吓倒，做好充分的交流准备，坚信一点：从根本上，他们也是普通人。

行动四，大胆地登台演讲。你腼腆、害羞、不善言辞和表达，但你必须拥有充分表达自己展示自己的勇气。深深呼吸一口气，力求自己举止端庄、从容淡定，饶有风度。想象一下，平时你跟一个人讲话时的风采，现在只不过对方换成了一群人。

行动五，每天都开怀大笑。大部分人都知道开怀大笑能给自己很实际的推动力，它是医治信心不足的良药。因为开怀大笑具有感染力，既能感染别人，也能感染自己，那是一种乐观、自信的信息。

行动六，跟自信的人在一起。看看自信的人是怎么与人交往的，看看自信的人怎么对待失败和困难，看看自信的人怎么挑战新的工作。自信者的爽朗、豪情、勇敢、智慧、闯劲和思考问题的方法一定可以感染你、打动你、带动你，让你由懦弱变坚强，让你从自卑走向自信。与他们一起闯天下打江山，你也会变为英雄的。

行动七，积极参与、努力展示。在班级争取拿到奖学金，在班级钢笔字比赛、作文竞赛中拿到好的名次。在学校校园歌手赛中登台演唱，力争最好的结果。至少要让班上同学知道你唱得一首好歌……

行动八，积极交友。不迷信潘安之貌，要用自己的内涵、学识、气度、人品、忠诚、厚重征服身边的人，向他们表达善意、征询友爱。

行动九，加强自身修养、强练内功。博览群书、多交好友，积极参加舞会、运动，使自己变得更聪明、更自信、更有气质。

行动十，培养勇气，克服恐惧，挑战逃避心理。每完成一件你觉得害怕的事，就等于迈出了你人生的一大步。在工作、生活中认真踏实地做好每一件事，让教师和同学刮目相看。每天都进步一点点，积小胜为大胜。

卡耐基去世的前几年，在米尔基商业协会上发表演说。他在总结时指出：“我宁愿把自信和勇气传给我的子女，而不是留下百万元的财产。”

在一次广播节目中，主持人问他：“除掉鼓励人发表谈话外，还有什么其他方法可以培养一个人的勇气吗？”

他回答说：“有一件事情是可以肯定的，那就是勇气是花钱也买不来的，培养出真正的勇气就像你锻炼出强壮有力的手臂一样。你知道，就算你有洛克菲勒加上亨利·福特的财富，你也不能够跑到健身房去买一双强壮有力的手臂。但是你砍柴、打沙包就可以锻炼出强壮有力的手臂。同样的道理，你只要多多运用勇气，就可以培养出勇气。”

“明天开始，你就做些你害怕去做的事，”爱默生曾经说过，“‘做你畏惧去做的事，畏惧就绝对可以去除掉’。你坐在那儿什么事也不做，你就永远不能培养出勇气来。你只有以行动培养勇气。”

“假定你不敢去拜见某一个人，那么你明天就去拜访他，做你害怕做的事。你可能害怕得在他的家门前或办公室门口来回走上五六次，然后才鼓足勇气走进去。但是只要进去，你通常会发现情况并不如你害怕的那样糟糕。”你拜访成功了，你的自信心也就建立了。

（4）强健体魄，振奋精神

强身健体，身强力壮，能够提振人的自信心，克服胆小、内向、懦弱的消极心态。

毛泽东从青年时代起强调坚持体育锻炼，把锻炼体格、砥砺意志、练习胆略和修养情操熔为一炉。毛泽东参加锻炼的项目很多。主要有冷水浴、游泳、爬山、远足、露宿、日光浴、跑步。关于锻炼身体的方法，他特别强调要有恒心，不论春夏秋冬、晴雨风雪，都不间断，运动时要全神贯注，以练习猛烈与不畏的胆略，又足以练习敢为的意志。有些项目如游泳、冷水浴，他一直坚持到老，终身不断。直到晚年多次横渡长江，“不管风吹浪打，胜似闲庭信步”。谈到古人，他称赞孔子重视体育，“射于矍相之圃，盖观者如墙堵焉”。主张学颜习斋、李刚文而兼武，不要学短命的颜回与贾谊等人，虽有才华，身之不存，德与智也就毁了。他从体育实践中意识到勤自锻炼足以“身心并完”，这是理性上的突破，认识上的飞跃，赋予人们以理性的思考。

现在我们许多青年学生，重知识学习，轻身体锻炼，像根豆芽菜，弱不禁风，手无缚鸡之力，身体异常孱弱，有的甚至躲避体育锻炼，视体育为畏途。连十分钟课间操也不愿做，如此学生，怎堪大用？如此学生，哪来的自信心？

4. 跨越自卑，自信乃立

跨越自卑，自信乃立。自卑是一种“病”。怀有自卑情结的人，往往遇事总认为“我不行”。一个人要想追求成功，首先就必须战胜自我、跨越自卑。自卑同样可以通过训练，予以克服掉。自卑心理是一种严重的消极心理，这里再单列几节与同学们讨论。

一位刚进重点中学的女生，英语口语能力较差。老师为了提高她的口语水平，在课堂上反复提问她，导致该生严重的心理障碍。内向的个性又使她不敢向家长透露，久而久之，她产生了厌学行为。在母亲的再三逼问下，她才讲了厌学原因，其父母只简单地请求老师少提问她。英语老师为了避免该生的厌学行为，也就采取不再提问她的方式，而结果反而使该生的自卑心理更加严重，认为老师看不起她了，干脆每天躲在家里不肯上学，老师上门家访，她避而不见。其父母在劝说无效的情况下 使用强制手段逼她上学，但其母一走，她又逃之夭夭。为此，她父母十分焦虑，而学生本人也很痛苦。

在心理学中，自卑属于一种性格上的缺陷，常常表现为：个人对自己的能力或品质等作出偏低评价，总认为“我不行”“我读书硬是脑子蠢，不如人家聪明来神”“这事我干不了”“这个工作超过了我的能力范围”“自主创业赚钱的事我肯定干不好”。在这样一种消极评价中，个体常伴随着一些特殊的情绪体验，如害羞、不安、内疚、胆怯、悲观、失望等。由于这些消极情绪具有一定的强度和广度，所以它给人的心理生活带来的不良影响也较大。一个人形成自卑心理后，往往从怀疑自己的能力到不能表现自己的能力，从羞于与人交往到孤独地自我封闭，而由此所形成的不良人际关系反过来又会加重自卑感。长期的自卑心理也会引起生理上的不良变化，最明显表现在消化系统和心血管系统方面；而生理上的疾病反过来又会影响人的心理变化，从而加深人的自卑心理。总之，自卑心理使人自暴自弃、无所追求、一事无成。

自卑心理形成的原因比较复杂，但一旦形成这种病态心理、消极心理，对人的成长危害很大：

危害之一，往往坐失良机。一个人的一生面临就学、创业种种机会，机会在前，自信者信心百倍，心态良好，奋力一搏，伸手一抓，很可能进入高级学府深造。而自卑的学生，说不定本来各方面素质并不差，由于心存自卑，未战心先怯，有的甚至还得一种“考试综合症”，白白贻误了学习良机。

危害之二，本来可以克服的困难，变成了无法跨越的障碍。

危害之三，积“卑”成“病”，失去了追求事业成功的雄心和志气。

化自卑为自信关键在心态，在观念的转变。人，包括伟人都是不同程度地有自卑情结的，无论你长相好看或不好看，聪明还是不聪明，人总是不能十全十美的，因此自卑只是程度不同而已。区别在于，伟人往往能跨越自卑，用坚如磐石的信念、百倍的自信心面对人生。而自卑者则眼界狭窄，无病呻吟，庸人自扰，自我贬责，积郁于心。不过，自卑只是某些人暂时失去平衡的一种心理状态，只要认真训练，艰苦努力，做出成绩，自卑是完全可以被克服的，自卑的枷锁是完全可以打破的。敞开胸怀承认不能改变的，用勇气改变可以改变的。

下面，我用一些典型的事例，对克服自卑情绪进行说明：

（1）矮个学生不必自惭形秽

在学校常见一些矮个学生在心里有一种深深的自卑心理，到了年纪稍大一些，读高中、读大学了，个子矮的学生严重的往往到了自惭形秽的地步。我们说矮个学生大可不必自惭形秽，对社会来说，要的是积极的心态，要的是智慧，要的是真正的本领。

我有一位朋友，是一个青年作家，现在海南某大报社任栏目主编。一个青年作家，因为个子矮在爱情路上颇受挫折，但由于他能正确认识自己，用品德用才干来使自己增长到一个新高度，所以他最终找到了一位美貌如花的姑娘。这位朋友在他结婚仪式上怀抱身材娇美的新娘说了一段“心灵自白”很是有趣。我将之辑录如下：

每个天生矮小的人大都在别人歧视的砥砺下走过来的。据心理学家透露，历史上之所以有拿破仑时代，完全是拿氏的身材作祟。他们说，拿破仑因为矮小，所以要世人承认他真正是非常伟大的人物，失之东隅，借此收之桑榆。

鄙人委实无意与伟大如拿破仑者攀比，但毫不谦虚地讲，自己的身高和他老人家不相上下，都是去掉一个最高分，去掉一个最低分，不留神失足为袖珍男子汉。

矮人的爱情不畅销。自己曾经和一位橘子姑娘狭路相逢于“围城”的大门，橘子是个面部有些“星星点灯”的女孩，因为特爱吃橘子的缘故，我称她为橘子，并投其所好以橘子为武器，大举“围追堵截”芳心。我特煽情地告诉橘子：一个有缺点的男人其他优点也不少。唯一牢不可破的防线是互助互谅的防线。我大哥大，你小姐小。我金刚怒目，你菩萨低眉。我单枪匹马，你孤苦伶仃。我关关雎鸠，你在河之洲。虽然天涯何处无芳草，但天下乌鸦一般黑。虽然除却巫山不是云，但拾到篮里都是菜。

说尽黄河只为水，哪壶不开提哪壶。世事如棋局，不善者是高手；一身似瓦瓮，打破了才见真空。一枝竹杖担风月，提起亦要歇歇肩；两个空拳握古今，握住了也须放下。咖啡尚有伴侣，请赐予我为你的苦命加白糖的权利……我以为自己的言辞、思想比枪炮更具威力，道出了爱情河里的万千蝌蚪，谁料橘子一剑封喉使我成为寂寞高手："行行好哥们，求求您，饶了我吧。"从此人家千呼万唤不出来，咱却养下个爱吃橘子的酸毛病。

天生我材必有用。可不是么！秤砣虽小压千斤。马克思不高却是"导师"；列宁个子矮却是"领袖"；孙中山个子不高却是"国父"；鲁迅个子不高却被称为"民族魂"；邓小平个子矮却是"总设计师"；卓别林矮小是喜剧大师；康德矮小，却是哲学大师；贝多芬、济慈和纳尔逊个个都是矮个子伟人。

所以，个子小不能怪父母，长不高不能怪政府。风物长宜放眼量，山不转来水在转。只要咱从现在做起，自强不息，天天向上，五讲四美三热爱，必将会重建人生的新高度。

矮个子作家的讲话得到与会嘉宾的热烈鼓掌。为什么？因为矮个子作家人矮但心不矮，身体矮但格调高。

同学们，潘长江长得高不高？不高，跟他的搭档跳舞，他尖起脚来跳，蹦起来跳也好看。他跟亭亭玉立、魔鬼身材的美女同台表演，他总是镇得住、配得上，并且舞台的主角永远是他。美女永远只是配角，何哉？潘长江的名气太大，笑容太自信，语言太幽默，演技太精湛，人缘太好，粉丝太多，德性太好。

（2）不要怕自己长得丑

一位相貌平平的姑娘说："女孩似乎应该是'美丽'的代名词，可是我并不美丽。我一照镜子，发现自己眼睛较小，又是单眼皮，鼻子也不高，五官都说不上漂亮。有时，我面对那些电影明星的玉照而悲哀，总有个念头纠缠不休：上天为何不赐给我美貌呢？太不公平了！于是对自己失去信心，担心自己会更胖更丑，被人讥笑。苦恼往往随着对自己丑陋的夸大而愈加加重，时间一长，羞怯感、孤独感就冒出来了，情绪特别消沉。而一想到大学毕业招聘单位面试官大都只招聘美女系列，更是气恼、自卑。"

上面这段话代表了许许多多青少年的心声。大部分人为女孩，但其中也不乏男孩子，由于自我意识的发展，自我形象的重视程度也随之提高。例如，在国内外都有心理学家做过实验，请处在青春期的大中学生对自己的相貌、身材作出自我评价，结果有95%以上的被试者对自己的现状不满意。由于社会上对明星的崇拜达到了十分狂热的程度，许多人尤其是青少年学生对明星奉为神灵，把他们当做偶像。其实有时所谓美与丑都是比出来的，自己老觉得不如别人，好像低人一等似的，加上青少年比较敏感，很容易形成自卑感。而实际上恰恰大多数人发育良好，身材适中，相貌也不差。这是由于青少年对“自我形象”的期望值过高，才发生的错觉。

那些自以为其貌不扬而有心理负担的女同学，大都很羞怯，不敢主动地抛头露面，缺欠表现的热情和信心，她们经常受别人的摆布与牵制，变得没有主见，唯唯诺诺。由于这种压力的存在，她们不愿意同别人交往，尤其是怕同长相漂亮的同性者交往。这种自卑感由相貌而发，但却波及到日常生活和学习中的很多方面，造成了整个心理素质的脆弱，严重的甚至发展成为心理疾病。

从心理学来看，爱美是人的天性。爱美又是现代人精神、情感的反映，更何况是风华正茂的青年学生呢？但是美玉也总有瑕斑，任何人都有不完美的地方，过分地计较这些，只能陷入自己给自己挖掘的泥潭，越是挣扎陷得越深。哲学家叔本华曾经说过：“我们很少想到我们所拥有的，却常奢望那些我们缺少的。”每个人都有其独特的闪光点，有所成就才是人生所应该追求的，一个人如果碌碌无为，那无论他的相貌如何好，也只能是“空有副好皮囊，其实肚内草莽”。美固然可以使人引以为骄傲，但丑并不意味着失去生存的意义。

战国时期的钟离春，是我国历史上有名的丑女。她额头前突，双眼下凹，鼻孔向上翻翘，头颇大，发稀少，颈部的喉结比男子的还要大，皮肤黑红。她虽然样子难看，但志向远大，学识渊博。当时执政的齐宣王政治腐败，国事昏暗，性情暴躁，喜欢吹捧。钟离春为了拯救国家，冒着杀头的危险，当面一条条地陈述了齐宣王的劣迹，并指出若再不悬崖勒马，就会城破国亡。齐宣王听后大为感动，把钟离春看作是自己正身、齐家、治国的一面镜子。后来，这位身边美女如云的国王，竟把钟离春封为王后。

东汉时的丑女孟光，长得又黑又胖，模样极丑，父母已做好嫁不出去的准备。

可仍有媒人替孟光与一丑男搭桥，孟光说："非梁鸿不嫁。"梁鸿是当时的大文人，人才出众，不少美女想嫁梁鸿遭拒绝后患了相思病。而孟光对媒人说出的话，一时传为笑料，人们讥笑她是"癞蛤蟆想吃天鹅肉"。但梁鸿很欣赏孟光的品行，毅然娶孟光为妻。后来梁鸿落魄到异地当佣工，孟光毫无怨言地随同前往，患难与共，白头偕老。

我欣赏的歌星、明星、主持人有很多都相貌不佳，韩红、田震、何晶晶是美女吗？赵本山、潘长江、大兵、巩汉林、冯巩、黄宏、郭达、孙红雷是帅哥吗？再说政治强人邓小平俊吗？网络英雄、商业巨子马云长得好看吗？

一个人的相貌是天生的，自己无法选择。尽管人们有爱美的心理倾向和欣赏美的欲望，但世界上相貌好的人毕竟是少数，绝大多数人相貌平平。况且美貌也会随着岁月流逝而变化，难以青春常驻。而内在美是可以由自己来塑造的，这是美的灵魂和核心所在。它比外在的美更宝贵、更高尚、更有社会价值。俄国文学家托尔斯泰说："人并不是因为美丽才可爱的，而是因为可爱才美丽的。"

不少青少年梦想成为迷人的人，穿着漂亮的衣服，拥有许多美好的东西。然而当有的同学似乎比你更漂亮的时候，这会使你感到有些不好受，那么，你应当怎样调节自己的情绪呢？我们认为以下几点或许能帮助你摆脱相貌的苦恼，使自己变得可爱起来。

①正视自己，悦纳自己。

一个人即使确认自己长相不佳，也不必为此而悲观失望。别人可以不爱你，但自己决不可以不爱自己；别人可以抛弃你，但有一个人决不能抛弃你，那就是你"自己"！美国教育家卡耐基的独到见解，一定会给青少年朋友增强悦纳自己的信心和勇气，他说："不要浪费时间担忧自己与众不同，你在这世上完全是崭新的，前无古人，也将后无来者。遗传学家告诉我们，你是由46个染色体相互结合的结果，其中23个来自父亲，23个来自母亲。每个染色体里面有上百个遗传基因。每个基因都能改变你的整个生命。因此，你们的确是不可思议，极为奇妙的一个组合。""所以，你应庆幸自己是世界上独一无二的，应该把自己的禀赋发挥出来。"无论长相如何，你是世界上独一无二的，因此，你应该无比自豪，你得有力地弹奏自己生命的琴弦。

②战胜自己，充实自己，以才补缺。

美国心理学家对相貌较差和相貌较好的中学生的大学入学率和智商调查表明，前者较后者学习勤奋、刻苦，大学入学率和智商明显高一点。这说明相貌差的学生想通过刻苦学习，成绩优异来弥补相貌上的不足，这是典型的补偿作用。与其为自己的长相发愁、伤心，还不如正视现实，战胜自卑，不断充实自己。以敏锐的艺术涵养，深刻的生命领悟，出色的文化修养，对人的真挚热忱，对社会的无私奉献立足于世，成为一个虽其貌不扬，但受人尊重，才华出众的人。古今中外，其人其事不胜枚举。国外的如音乐大师贝多芬，矮小臃肿，鼻子又短又方，额头隆起，头发像乱蛇，样子有点可怕。但当你读了他的传记，听了他的交响乐，你会感到这位耳朵全聋，动了4次手术的大音乐家是人类的精英，是英雄壮美的体现者。

同学们，一个人的“美”主要表现在一个人精神的美和气质的美，在于一个人的精、气、神。只有被镁光灯层层聚焦的成功人物，才会有自信的笑容，美好的姿态。马云长得怎么样？人称中国的拿破仑，矮小、瘦弱的身材，深凹的颧骨，扭曲的头发，淘气的露齿笑，一个5英尺的顽童模样，帅吗？俊吗？好看吗？不帅不俊不好看，但阿里巴巴总裁的身份，几十亿元的身价，让这个貌不惊人的小个子男人，帅到了极点，俊到了极点，好看到了极点，他的每一个微笑，每一句讲话，甚至每一次出场都给人们带来无比的惊喜，迎接他的永远是掌声，是鲜花。

有学生问：杨老师，现在就业很多人就是以貌取人，才能相当者，相貌较好者，总是捷足先登，难道不是这样吗？我说亲爱的同学，你貌不如人，但一定要有更多智慧。不错。爱美是人之天性，同一个岗位，两个能力相当的女生应聘，面试官当然选气质高雅、相貌漂亮者。但有智慧的女性，一定不会跟人去争迎宾的职位，外表一般的女生也决不去应聘汽车销售模特，一些部门如文秘公关、前台职员，老板当然要选漂亮美眉充当门面。就是收银员也得漂漂亮亮。可是你为什么不去应聘管理系统的计算机程序员呢？内务会计呢？法律顾问呢？这些需要的是专业水平和能力，不要求有多漂亮。所以相貌平平者要在就业上战胜对手，一定要在核心竞争力上胜出他人一筹，并且要扬长避短，寻找与相貌要求关联不大的岗位和职业。

③走自己的路，让别人去说吧。

涉世不深，正在成长的学生，往往对别人的评价比较敏感。尤其是别人对自己相貌的评价，往往会产生一定的心理影响和压力。事实上，无论你长相如何，就像你无论做什么事，都会招致别人的议论和评价一样，往往这些评论差异很大，有的甚至截然相反。因此，凡事自己要有主张，人家长了嘴，让他自己去说吧，我做我想做的事。

④学会使用转折句式，善于肯定自己。

转折式自我肯定是心理学家提出的“自我暗示”增强自信的一种方法。我们可以使用“但是”“然而”之类的逆态转折连词，重新发现自己肯定自己，消除生活中的自卑感，增强自信心。“我很丑，可是我很温柔……”这首歌拨动了无数人的心弦，给人以信心，给人以美感。你不妨大声说：“我很丑，但是我很能干”“我很丑，但我朋友很多”……

没有内心的美做生命内涵，外表的美是不完全的。泰戈尔说：“你可以从外表去评价一个物体或一朵花，但你不可以用来评价一个人。”外表美终将随时间而流逝，而内在的心灵美则伴随你，直到永久。

⑤辩证看待美与丑。

美与丑在一定环境下是可以转化的。戏剧中有一种角色就叫“丑”角。丑角一般长得又矮又丑，但能说会道，戏功了得，尤其屈腿缩身的矮子功堪称一绝。有些主角还就是“丑”角来主演的，如七品芝麻官，官小、人丑，但爱民廉正，敢于抗拒权贵，“当官不为民作主，不如回家卖红薯”，“丑角”人丑心不丑，于是产生了特别的审美效果。有时候丑就是美。我发现一个特别的现象：太帅的人当不了相声小品的演员。赵本山、潘长江、冯巩、巩汉林、郭达、黄宏、蔡明、赵丽蓉、奇志、大兵、何晶晶、赵卫国等等都不是俊男美女，但在舞台上绝对美。一个姜昆原来有点名气，但渐渐地不红了，姜昆演的相声，恕我直言，怎么演怎么不好看，哪怕你说唱再好，就是没那味儿。没什么味儿，没有“丑”味儿，长得太周俊了，没戏味。但是反过来问，真的越丑越好吗？非也。要有真功夫，丑才变更美。

（3）善待聪明，不怕驽钝

聪明是孕育于人内心的巨大宝藏，是造化给予人的最好奖赏。一个人如果耳不聪、目不明，没有自己的思想和主见，对世事昏然不省，那他活在世上就没什么作为，没什么实际的意义。

古往今来，聪明的人很多，但有人做出的事情并不见得漂亮。聪明者往往自恃傲物傲人、嫉妒心强、气量狭小，成为目光短浅的人。三国时的周瑜，是一位智勇双全的儒将，计将百出，不可谓不聪明。这位聪明绝顶的人，却在孙吴联军破曹前夕三次想杀死诸葛亮，终做出“赔了夫人又折兵”的蠢事，落得后世耻笑。杨修自恃聪明，多次揭穿曹操内心的“谜底”，参与其儿子们的帮派斗争，结果露才遭折，白白送掉了性命。可见聪明也应适度，要懂得藏拙，大智若愚，而不可自恃聪明，恃才傲物。

所以，聪明要用远大的见识来支配，聪明要用愚钝来保护，太过聪明、小聪明往往是招灾引祸的根源。

聪明人还有一个缺点就是自以为天底下我的脑子最灵最好用，总是自以为是，故步自封，刚愎自用。商纣王、隋炀帝都是历史上有名的“聪明皇帝”，但都是自以为聪明，不听忠谏，残暴成性，终于导致国破家亡。

聪明人还有一个缺点是懒惰，不肯下笨功夫，总认为自己聪明，学一天抵得人家十天，思一虑胜过人家思百虑。因此经常像那“龟兔赛跑”寓言故事中的兔子一样，经常“停”“站”“混”“睡”，总认为可以捷足先登。然而人生的要义在于一种积极向上的心态，在于一种持之以恒、锲而不舍的奋斗精神。我们许多聪明者往往自恃聪明，拒绝学习，懒于思考，往往“少时了了，大未必佳”，往往江郎才尽，泯然众人，成为人生长途比赛中的失败者。

人生聪明也不可恃，然而人生性愚笨驽钝一点也并不可怕。人的大脑潜力是巨大的，就像一个蕴藏巨大的宝藏。而各人的能力也不尽相同，有的人长于思考，有的人心如细发，有的人敏于声音、色彩，有的人长于形象思维，有的人想象丰富，有的人人情练达，有的人有运动天赋，有的人善于辞令，有的人擅长数理、逻辑。因此只要你选准方向和目标，其智力开发不见得比聪明者差到哪里去，说不定你在很多方面胜出所谓聪明人很远呢。

牛顿小时候并不见得很聪明，学习成绩一直不是很好，经常受到同学嘲笑，所做的“风车”更是为学生所羞辱，然而牛顿喜欢思考一些“傻问题”。一次他在一棵苹果树下读书，突然树上掉下一个苹果打在他头上。疼痛之余他突然傻傻地思考起来：为什么苹果熟了，只往地下掉而不往天上飞呢？像这样的问题人们司空见惯，可聪明人视而不见，也不会去想这个“理当如此”的问题。然而牛顿却以此为契机冥思苦想，发奋学习，最终发现了深藏宇宙中的一个重大秘密（规律）——“万有引力定律”，成为著名的数学家、物理学家，近代科学的重要奠基人。

爱迪生则在小学读书被认为是“傻孩子”，连班都赶不上，被母亲带回家，又出身贫苦，8岁开始卖报、打工，一次在火车上卖报被警察把耳朵都打聋了。然而爱迪生成了世界最著名的发明大王，终生发明1300多项。

第二次世界大战中叱咤风云的英国首相丘吉尔也是从“劣等生”成长为首相的。丘吉尔在学生时代，曾经比任何人都讨厌学习，成绩总是班里倒数第一名，后来他连续四次努力才考上桑赫斯特皇家军事学院。大学毕业后，22岁的丘吉尔随部队进驻印度，开始认识自己的无知，开始发奋努力，拼命学习。于是，他的天赋终于得到充分的发挥，大器晚成，成了一位举世闻名的政治活动家。

战国末年荀子著有《劝学》篇云：“骐骥一跃，不能十步；驽马十驾，功在不舍。锲而舍之，朽木不折；锲而不舍，金石可镂。”古人又云：“人一能之，己十之；人十能之，己百之。”不怕慢，只怕站。

清末清政府向英国派出了第一批公费留英学生，严复是其中一个。其时严复与日本的伊藤博文（后为日本首相）同班读书。伊藤博文聪明过人，傲视同列，但对严复很是尊敬。一次大考过后，伊藤博文自以为无对手，便吵着喊严复等一起去看公榜的名次，严复不为所动，只顾读自己的书。伊藤博文等只好自己去观榜。同去者都说第一名非伊藤莫属。结果到榜前一看：第一名，严复；第二名，伊藤博文。

（4）克服悲观心理

悲观心理，是一种常见的非常严重的消极心理。

悲观者的心理障碍主要也是缺失自信心，在心理上过分低估了自己的能力和条件，看问题、办事情又高估了存在的问题和困难，看不到前途和光明，其行为后果是：消极对待工作和学习，严重的甚至因此放弃奋斗。悲观的反面是乐观和热忱。

上帝问悲观者和乐观者十个问题，他们看待这一个问题，在心态上、在看问题上的方式方法上截然不同。

①希望是什么？

悲观者——是地平线，就算看得到，也永远走不到。

乐观者——是启明星，告诉我们曙光就在前头。

②风是什么？

悲观者——是浪的帮凶，能把你埋葬在大海深处。

乐观者——是帆的伙伴，能把你送到胜利的彼岸。

③生命是不是花？

悲观者——是又怎样，凋谢了也就没了。

乐观者——不，它能留下甘甜的果实。

④一直朝前走会怎样？

悲观者——会碰到坑坑洼洼、悬崖峭壁。

乐观者——会看到柳暗花明、莺歌燕舞。

⑤大学期中考试，10题错了5题怎么看？

悲观者——我真愚蠢，我的学习一塌糊涂。

乐观者——我真聪明，这么难的题目，居然对了5道，我又进步了。

⑥大学难读怎么办？

悲观者——混日子好了，拿到文凭就好。

乐观者——痛并快乐着。

⑦杯子里有半杯水，够了吗？

悲观者——只有半杯水了，不够解渴。

乐观者——还有半杯水，好极了。

⑧非洲人不穿鞋，鞋怎么推销？

悲观者——打道回府。

乐观者——正好开发市场，先送一双给国王。

⑨春雨好不好？

非观者——不好，野草会因此长得更疯狂。

乐观者——好，百花会因此开得更鲜艳。

⑩给你一座荒山，你会怎样？

悲观者——修一座坟墓。

乐观者——不！种满山绿树。

于是上帝给了他们两样不同的礼物：

给了悲观者——失败！

给了乐观者——成功！

越悲观，越消极，越担惊受怕，就越遭灾祸。克服悲观，主要应做到：

一、要懂得用积极心态，用乐观、豁达的精神引导你走向胜利。

二、要以幽默的态度接受现实中的失败。有幽默感的人，才有能力轻松克服厄运、险境，排除随之而来的倒霉念头。

三、不要被逆境困扰，也不要幻想奇迹，要脚踏实地、坚持不懈，每天进步一点点，积小胜为大胜，逐渐建立自信心。

四、要与乐观豁达的人在一起。学习他们想事情、做工作尽量往好的方面看的态度和方法。

七、立下愚公移山志，敢教日月换新天

人的积极的心态中，除了自信心外，最重要的构成因素之一是志气。俗话说："石看纹理山看脉，人看志气树看材。"所谓"志"，即志向、立志，是一种自觉地确定目标，调节行动，从而实现预定目标的积极的心理状态和过程。它表现为支配人自觉规范自己言行的一种精神和意志。简而言之，指树立和追求一种远大的目标和理想。所谓"气"，即气魄和争气，指一种向上、向前的气魄和不服输、不甘受辱的精神。屈辱只能用荣耀来洗刷，有志气是一种积极向上的精神状态。我们要为自己立一个志，我们要为自己争一口气。要立常志、立远志、不坠志、立"自我之志"。拿破仑在总结自己成功经验时说了一句耐人寻味的话："我成功是因为我志在成功，未敢踌躇。"

1. 立志与争气：屈辱只能用荣耀来洗刷

人应该立志，人无志不立。常言道：“有志者，事竟成。”纵观古今中外，凡是对人类社会作出过巨大贡献取得伟大成就的人，无一不是从青少年时代起就开始确立了崇高理想和远大志向的人。孔子认为匹夫不可夺志；孟子认为志为气之帅；唐朝大诗人王勃主张穷且益坚，不坠青云之志；北宋大文豪苏轼说：“古之立大事者，不惟有超世之才，亦必有坚忍不拔之志。”

人更应该争气。人的志向往往是在艰难困苦中或在屈辱之时立下的。所谓争气，就是化愤怒为激励，化耻辱为动力。火争焰，人争气。人必自侮而后人侮之，人必自胜而后胜人。

维克多·格林尼亚年轻时是英国瑟儿堡地区很有名的一个浪荡公子。有一次，在一个盛大的宴会上，他像往常一样傲气十足地邀请一位年轻美丽的小姐跳舞。那位小姐觉得受了极大的侮辱，怒不可遏地说：“请你站远一点。我最讨厌像你这样的花花公子挡住我的视线。”这句话刺痛了格林尼亚的心。他在震惊、痛苦之后，猛然醒悟，化“悲痛”为动力，对自己的过去无比悔恨，决心离开瑟儿堡，去闯一条新路。他在留给家人的纸条上说：“请不要探问我的下落，容我刻苦努力学习。我相信自己将来会创造出一番成就来的！”结果，经过8年的刻苦奋斗，他终于发明了以他的名字命名的“格式试剂”，成为著名的化学家，并荣获诺贝尔奖。

维克多·格林尼亚是争气的典范。

徐悲鸿是我国现代杰出的画家，他的画尤其是他画的马栩栩如生，在世界都很有名。

徐悲鸿年轻时，曾在欧洲一些国家留学。那时，由于中国政府腐败无能，在国外的中国留学生，不仅经济上很困难，而且还经常遭到外国人的侮辱和歧视。

徐悲鸿在法国留学时，有一次，一个外国学生十分无理地挑衅说：“你们中国人愚昧无知，生来就是亡国奴的材料，即使是把你们送到天堂里去深造，也成不了什么大器。”徐悲鸿听了这句话，非常气愤，毫不示弱地回答说：“先生，你不是说我们中国人不能成器吗？那好，现在，我代表我的祖国，同你比试比试！等学习结业时，看看到底谁是人才，谁是蠢材！”从此徐悲鸿更加发奋学习，决心为国争光，为中国人争气。

为达到自己崇高的目的，他不仅认真学习好各门功课，还经常利用休息时间，为临摹世界各国名画，跑遍了巴黎各大博物馆。他常常拿着一块面包，带上一壶水，一去就是一整天，不到闭馆的时间不出来。许多外国画家看到他这样刻苦学习，都很感动。有一位叫达仰的法国画家说，他从这位中国青年身上，看到了中国人的顽强毅力和对未来的信心。这位画家主动邀请徐悲鸿到他家做客，并把自己的画室借给他作画。

徐悲鸿进入巴黎国立高等美术学院的第一年，就得到法国艺术家费拉蒙先生的好评。后来又在几次竞赛考试中获得第一名。1924年，他的油画在巴黎展出时，轰动了巴黎整个美术界。许多观众看过之后，都称赞：“中国人真了不起！”就连那个曾经向徐悲鸿挑衅过的外国学生，这时也不得不承认自己不是他的对手。

徐悲鸿是好样的。面对侮辱、挑衅是忍气吞声、甘拜下风，失人格失国格呢，还是不甘示弱、奋起反击，为国争光为己争气呢？徐悲鸿选择了后者，这固然是因为徐悲鸿首先是一个爱国者，具有正确的学习动机和内驱力；其次从成功心理来研究，徐悲鸿面对羞辱、挑衅下定决心，比个高低，还因为徐悲鸿早有大志，具有一种为国争光成名成家的积极自信心态、争气心态、进取心态。

2. 立志成才要克服自我设限心理

心理学家曾做过一个有趣的实验：

他们把跳蚤放在桌上，一拍桌子，跳蚤立即跳起来，跳起的高度均在其身高的100倍以上，堪称世界上跳得最高的动物！然后他们在跳蚤头上罩一个玻璃罩，再让它跳。第一次跳蚤就碰到了玻璃罩，连续多次碰壁后，跳蚤改变了起跳高度，以适应环境，每次跳跃高度总保持在罩顶以下。接下来逐渐改变玻璃罩的高度，跳蚤都在碰壁后主动改变跳跃的高度。最后，玻璃罩几乎接近桌面，这时跳蚤已无法再跳了。科学家于是把玻璃罩打开，再拍打桌子，结果跳蚤仍然不会跳，变成“爬蚤”了。

跳蚤变成了“爬蚤”，并非是它已丧失了跳跃的能力，而是由于一次次的受挫使它学乖了、习惯了、麻木了。最可悲之处就在于，实际上玻璃罩已经不存在了，它却连“再试一次”的念头都没有。玻璃罩已经罩在了它的潜意识里，罩在了它的心灵上。它已形成了再也“跳不动”的思维定式。行动的欲望和潜能被自己扼杀了！科学家把这种现象叫做“自我设限”。

自我设限是人生的最大障碍之一，它是由于我们许多人从小尝到了许多失败和痛苦的体验，自认为自己出身卑贱、身体孱弱、个性懦弱、内心恐惧、头脑不够灵光、成绩不够冒尖，很少出人头地，所以总认为自己“不行”。我们一些学生对于当领袖人物、演艺明星、知名学者、商界巨富，总是想都不敢想，总认为自己低人一等、差人一截，干不了什么大事，创不了什么大业，甚至连考上了大学，也只是认为运气好而已。

自我设限是一种自贱的消极心理。主要是缺乏自信，有不正确的思维定势，在自我定位时往往矮化自己、看轻自己。要克服自我设限的消极心理，必须突破旧有的思维定势，要多看到自己取得的好成绩，多看到自己的优点，要坚定信念，树立自信，志存高远。要高起点设计自己的人生定位和职业规划，要强化积极的自我暗示训练。

3. 无志即无能：克服“混日子”心理

什么是得过且过？什么是安于现状？什么是不思进取？什么是“混日子”心理？在大学读书，考试只要及格就行；毕业只要能拿到文凭就行；平时只要有同学陪我就行；只要有网上就行；犯点错没什么，只要学校不开除我就行。在单位工作，只要有报纸看、有茶喝就行；犯点小错没什么，只要不被撤职就行，撤掉职务也没什么，只要不下岗就行；只要别人不怨恨我就行，当不当先进、拿不拿奖牌也无所谓，只要工资照发、班照上就行。

俗话说：做一天和尚，撞一天钟。现在自动报时了，连钟都不需要撞了。混个文凭得了，混点工资行了。

“混日子”的人，往往结局很惨而不自知。因为他们就像“温水中的青蛙”，感觉良好，直至发现危机想脱身之时，全身已经动弹不得，悔之晚矣。

19世纪末，美国康乃尔大学做过一次有名的“温水煮蛙”实验。他们把一只青蛙冷不防丢进煮沸的油锅里，在那千钧一发的生死关头，青蛙用尽全力，一下就跃出了那势必使它葬身的滚烫油锅，跳到锅外的地面上，安全逃生。

半小时后，他们使用同样的锅，在锅里放满冷水，然后又把那只死里逃生的青蛙重新放到锅里，接着用炭火慢慢烘烧锅底。青蛙悠然地在水中享受“温暖”，等它感觉到承受不住水的温度，必须奋力逃命时，却发现为时已晚，欲跃无力。青蛙已全身瘫痪，最终葬身在热锅里。

得过且过、混日子的人，其最大的心理缺失是胸无大志、漫无目标，故步自封，安于现状，不思进取，其表现是满足已取得的成绩，沉湎于暂时的安逸，在浑浑噩噩中度日子。没有学习的动力和工作的激情，躺在过去的功劳簿上睡大觉，吃老本。我们一些同学认为考上大学就万事大吉了，就是“天之骄子”“人中之龙”了，为此沾沾自喜、自以为是，可以像兔子一样睡大觉了。没有了更高目标，没有了斗志，没有了进取精神，没有了危机感、使命感、责任感。发展下去的结果必然是碌碌无为、虚度年华，一不小心“白了少年头，空悲切”，终有一天被竞争激烈的社会所淘汰。

4. 立远志，立常志，不坠志，立“自我”之志

在立大志立远志成就伟大事业方面，青年毛泽东尤其值得我们每一位青年人认真学习。

出生在中日甲午战争爆发前的毛泽东，由于所生长的时代正是九州风云变幻、民族危机空前严重的时代。一般有志青年、爱国学子，无不忧国忧民，立志报国，为民族振兴奔走呼号。毛泽东早在韶山读书和劳动期间，他读了一本《列强瓜分之危险》小册子，这本书中开头第一句话“呜呼，中国将其亡矣?”给他留下了深刻的印象。书中记述了帝国主义凌辱、欺侮中国的大量史实和爱国志士救国图存的强烈呼声，在青少年时期毛泽东的政治意识中，认识到努力救国是每个有良知的青年和国民的天职。他开始把自己的前途和命运，同祖国的前途和命运联系起来。他对那些为民族复兴和

祖国强盛作出过贡献的中外历史名人，充满着崇敬、仰慕之情。他离开韶山冲到湘乡东山高等小学读书时，写了一首自述志向的诗赠给父亲。诗中豪迈地写道："孩儿立志出乡关，学不成名誓不还。埋骨何须桑梓地，人生何处不青山。"充分展示了毛泽东矢志求学，以探求真理的宏图大志。

毛泽东在湘乡东山高等小学读书时，借到一本《世界英雄豪杰传》，爱不释手，很快就读完了。他对书中写的华盛顿、林肯、拿破仑等人的传记，尤为感兴趣，崇拜他们的历史功绩。他大声呐喊：中国也要有这样的人物，我们每位学子都应当努力。他还因此为自己起了一个"子任"的笔名，意思是立志把救国救民作为自己的崇高使命和责任。

国难当头，毛泽东立下救国救民、创建共和国之志，和平年代，当今之世，亲爱的大学生朋友们，你立定志向了吗？你立的什么志向？请你认真思考写出来并与同学、老师一起讨论，到底该立什么志向。

志向作为一种精神一种意志，它要求具有坚韧性，能够立常志。这是指在引导自己的行动时，志向一旦确定就要坚持到底，在行动中持久保持充沛的精力、坚忍的毅力，勇往直前，顽强地达到目的，不到黄河心不死，不达目的不罢休，面临千纷百扰不为所动，对准人生目标锲而不舍地追求，有始有终。马克思著《资本论》凡四十年，毛泽东与他的战友们缔造共和国共二十八载，陈景润演算的稿子堆得比人还高。正所谓"任尔东西南北风，咬定青山不放松"。俗语说：最无益自是一日曝来十日寒，若有志何须三更灯火五更鸡。又曰：无志者常立志，有志者立常志。这些格言警语实在都是智慧的话语啊。只有立"常志"，才能出经验，长知识，成事业。

什么叫坠志？一种是变节叛国。立下忠君爱国、济世救民之志，却终成大清鹰犬，洪承畴、吴三桂是也；立下驱除鞑虏、恢复中华、创建民国之志，却终成日本傀儡，叛国投敌，汪精卫之流是也。一种叫丧志。立下创造财富帝国的梦想，许下当科学家、当学术权威的宏愿，闯荡演艺圈、纵横仕途一端，却终因命运不济、时不我与、命里只有八斗米、走遍天下不满升，却因自己不是那种人尖的料儿，没有那种黑的心肠、铁的手腕、阴的诡计而败下阵来，丧气丧志，自暴自弃。这是丧志之一。还有一种人，碌碌无为、胸无大志混日子，网瘾成癖，暴饮暴食，纵情声色。这种人过去有，现在有，将来仍然有。社会上有，办公室职场上有，我们的大学校园里也有。

这是丧志之二。

我有一个观点，国难当头、战争年代，把头脑系在裤头上打天下的人是英雄儿郎、有志之士；和平年代、经济世界，一双白手闯商海建立财富帝国的人是英雄儿郎、当代志士。但是有一条，既要立远志大志，也要立自己之志。要根据自己的志趣、秉性、资质、能力、实情，确立自己的志向，并不是一味立“大志”就是有志。好高骛远也是人走向成功之大忌，立足自我、从实际出发、脚踏实地从小处着手，行行出状元，小志也是志，本行做得出类拔萃了，大事业也就来了。只要从大处做人，从小处做事，心中有目标，脚踏实地，一步一个脚印，终能志在千里，一板一眼，一锹一土，终能凿成深井。

我们亲爱的大学生们，请扪心自问一下：你还有志向吗？你的志向是什么？当科学研究员吗？考研考博吗？当知名教授吗？当学术权威吗？当一名合格教师吗？当一名书画家吗？当一名电脑软件工程师吗？当一名建筑设计师吗？当演艺明星吗？当政治明星吗？当大富豪吗？当企业家吗？遇到困难你中途变节了吗？你立了常志吗？你立了自我之志吗？你坠志了吗？你丧志了吗？

崇高之理想，凌云之壮志，多少诗人用优美的诗句讴歌你，多少文学家用美妙的文字赞美你。你是一株美丽的树，你是一株智慧的树，在奋斗者的心田，你顽强地生长着，默默地伸展着，茂盛地成长起来，人们惊讶地发现，闪光的你，张开了美丽的华盖，开放了美丽的花朵，结出了成功的果实……

青年朋友们，立定志向是一种积极的心理状态，有了它，你将战无不胜。人生征途，愿你猛志常在。

八、给自己加油，把自己激励成超人

积极的心态并不是天生就有的。人的野心、梦想、理想、抱负、无与伦比的自信心、坚定意志也不是从娘肚子里带来的，同样需要后天的教育、培养和训练才能获得。

要培养积极的心态，就要钟爱自己接受自己，首先要自己看得起自己。要进行积极的自我暗示训练。要多读名人传记，多听催人奋进的音乐，多给自己打气，把自己激励成超人。一个人是可以把自己激励成超人的。什么是超人？不向困难低头，决不服输就是超人。当你精神不垮、意志不衰，当你志坚意毅，顽强拼博，出了成果，成名成家的时候，当你勇闯商海，九死一生，终于建立自己的财富帝国的时候，你曾经的平凡会更加衬托出你的伟大。

1. 自我欣赏，看到自己的长处

有学生看到别人的父母是高官是大富豪，就自怨自叹我为什么没有一个当官的爸妈？我为什么出生在那偏僻的农村？我为什么那样的贫穷？有同学看到别人聪明，脑子好用，学习不费力，期期得奖学金，就埋怨自己生得蠢不是读书的料。有的学生看到别人长得漂亮，逗人喜欢，占尽了便宜，便十二分地讨厌自己，他们甚至抱怨道：“我讨厌自己，长这么矮，脸又这么难看，脑瓜子比不上别人，我为什么要来到这个世上呢?”可是既然来了，在你的有生之年就非得和自我打交道不可。如果真的无法忍受，也别无出路，只好去死。

人世间最大的不幸莫过于那些生而厌生者。他们每天如坐针毡似的驱赶自己走向死亡。每个人都有一生，如果不是快乐地、充满希望、充满自信地为实现自己的目标而奋斗的话，生活就失去了意义。

因此，作为人生的第一信条就是要珍爱自己。应该知道，你在世界上独一无二，即使找遍整个地球也只有一个你。世上根本不存在和你丝毫不差的复制品。仅此一点就有了足够的存在价值。要感谢上天赋予你生命，要万分珍爱你自己。

“我脑瓜子不如别人灵光，但我有高尚的品德。”人活在世上即使是“抬轿子”“做草鞋”也要光明磊落，尽可能多地做好事。看到地上有废纸就把它扔到垃圾箱里，如果坐车时眼前站着老人，就把自己的座位让给老人。为别人做好事你就会感到自己存在的价值，你就会从讨厌自己变得喜欢自己，就会萌发一种“我对社会也有作用和贡献”的念头，就会感到前程远大而光明。

“我没有别人聪慧，但我比别人更有毅力。”我是龟兔赛跑中的乌龟，我永不停止，不等不靠不停不睡懒觉，我持之以恒。我知道我的长处所在，兔子善陆地跑，我擅长水中游，我扬长避短，我同样活得非常精彩。

2. 积极暗示：偶像的崇拜与模仿

人的野心、梦想、壮志并不是天生就有的，最初来自模仿。他人有志，我也应该有志。

日本的鼓气学校是佐父间象山教育思想的忠实传人，他们有一项训练就是让学员高声大喊“我能成功！”通过语言的反复刺激，帮助自己形成积极的心态。这不失为一个好方法。若一时无法转化为行动时，不妨多阅读名人传记，心仪偶像的电影、录影带，将他们的言行举止、思想作风、超越失败的影像注入你的心灵，使之成为心灵中一幅幅成功的、清晰的、活泼的、生动的意象，日积月累，私下揣摩练习，积极模仿，积极暗示，假以时日必将潜移默化接受其影响，培养出积极向上的心态来。

有位成功人士说得好，你若想成功不妨多看成功人士的传记。这一方面因为成功人士有成功的“经”可取，其实更深刻的是，看了名人传记的人会从名人艰苦卓绝取得成功的事件本身中，获得一种深植于心田的潜移默化的东西——积极向上的心态——一种永不言败的心态。很多伟人的故事都是从观看名人传记开始的。

少年毛泽东小时读书除四书五经外，完全陶醉于一本英雄传奇式的小说《水浒传》，常常挑灯夜读，那挂满汗珠的脸贴近那一盏灯火只有黄豆粒大小的油灯。水浒英雄的造反形象伴随了毛泽东一生。后来他带兵上了井冈山当起了红色“山大王”，谁能说水浒英雄的作为没有影响他呢？后来少年毛泽东又喜欢上了《三国演义》，一个个智慧、勇猛、忠义的栩栩如生的形象在少年毛泽东心目中呼之欲出，他常常给他的同伴讲这些故事。

16岁的毛泽东来到东山求学。一天黄昏，刚刚做完体育锻炼，晚自修的铃声就把满头大汗的学生召进教室。毛泽东走到萧家二兄弟之一的萧三眼前，他手里拿的是什么书？毛泽东很纳闷。那是一本《世界英雄豪杰传》。毛泽东立即向萧三借阅此书。在以后的几天里，就像陪伴着一个情投意合的新情人一样，毛泽东手不释卷地读完了这本书。

毛泽东把书还回去时，萧三发现书中画了各种各样的符号。他在描述拿破仑、华盛顿、彼得大帝、格莱斯顿、林肯、凯撒大帝、卢梭和孟德斯鸠的段落旁边都画了许多圆圈和圆点。

“中国也要有这样的人物!”毛泽东情绪激昂地对萧三说，“中国也要富强起来，才不致蹈安南、朝鲜、印度的覆辙。”他还引用了学者顾炎武的一句话说：“天下兴亡，匹夫有责。”

他打开《世界英雄豪杰传》，大声向同学朗读道：“只是在华盛顿的领导下，经过八年艰苦的战争，美利坚才赢得了胜利和独立。”

少年毛泽东胸怀“救国救民”的大志(具有积极心态)，这不是凭空来的。这固然与当时的时势密切相关，但毛泽东一生抱定“与天奋斗其乐无穷，与地奋斗其乐无穷，与人奋斗其乐无穷”的奋斗哲学，与他从小倾慕英雄业绩，爱读名人传记想做一番惊天动地的事业是分不开的。

3. 语言激发：豪言壮语又何妨

若想培养自己的积极心态，把自己的志向抒写出来不失为一种自我激励的好方法。要敢于抒豪情立壮志。

拿破仑：我成功是因为我志在成功，未敢踌躇。

毛泽东：不到长城非好汉。数风流人物，还看今朝。

周恩来：面壁十年图破壁，难酬蹈海亦英雄。

塞曼：要挣扎，要探出头来。

苏轼：古之立大事者，不惟有超世之才，亦必有坚忍不拔之志。

历史上的帝王将相、忠臣义士大多有一个爱好，这就是喜欢发壮志豪言，抒远大抱负。

秦始皇出游会稽，项羽和他的叔父项梁挤在人群中观看，项羽说：“彼可取而代也。”项梁忙掩其口说：“毋妄言，族矣(灭族)!”连项梁当时也认为是“妄言”，但也因此而为项羽而惊奇。当时看见秦始皇出巡或出游的人很多，一般都不过是感到其威风凛凛、高贵过人罢了，像项羽那样发出豪言却十分罕见。

刘邦任泗水亭长时，常带役夫到秦首都咸阳服役，有一次恰遇见秦始皇，他被那前呼后拥的皇驾气派所吸引了，他大声叹气说："嗟乎，大丈夫当如此也！"真是舍得一身剐，敢把皇帝拉下马。后来项羽灭了秦王朝，当了西楚王，刘邦后来又灭了项羽当了汉高祖。

许多开国帝王还喜欢写诗言志，刘邦就写过一首《大风歌》：

大风起兮云飞扬，
威加海内兮归故乡，
安得猛士兮守四方！

明朝开国皇帝朱元璋也喜欢诗以言志：

杀尽江南百万兵，腰间宝剑血犹腥。
山僧不识英雄汉，只凭哓哓问姓名。
——《不惹庵示僧》

百花发时我不发，我一发时都吓杀。
要与西风战一场，满身披就黄金甲。
——《菊花诗》

这两首诗生动地勾勒出朱元璋戎装凛凛的杀伐形象，表达了他削平群雄、扭转乾坤、推翻元朝统治、建立新王朝的决心和信心。

诸葛亮，东汉末年躬耕于南阳，好为《梁父吟》。身长八尺，每自比于管仲、乐毅。后刘备三顾茅庐，遂许先帝以驱驰，乃出"隆中对"，辅佐刘备鼎足三分。

班超，字仲升，东汉扶风平陵(今陕西咸阳东北)人。为人有大志，不修细节，孝敬父母，家贫，代公家抄写以养活母亲。班超不甘心于抄抄写写工作，便投笔长叹说："大丈夫无他志略，犹当效傅成子、张骞立功异域，以取封侯，安能久事笔砚间乎？"于是投笔从戎，终于出使西域，通丝绸之路，成为东汉名将，立功封侯。

姜维，字伯约。三国时天水冀县人。原为魏将，在诸葛亮第一次北伐时归降。姜维母亲致书令求当归，维回信说："良田百顷，不在一亩，但有远志，不在当归也。"

姜维后得到诸葛亮的器重统帅三军，为国忘家以行其志。

宋朝抗金名将岳飞更是将其“精忠报国”的豪言壮语让其母镂刻在背上。手书“还我河山”。岳飞精忠报国，功勋卓著，名垂千古。

思想决定行动，志向关系前程。大志者大成。常出豪言壮语者，其人必胸襟广阔，志高志大，并以此自励自勉。

4. 行为训练：积极心态的力量在于多多运用

积极心态的力量是蕴藏在我们心灵里的一个重要法宝，只要多多地运用它，你就会获得无穷的力量。

我有一个表弟是出租车司机。一次我刚好在大街上碰到他，“快上车，今天能为表哥效劳，荣幸之至荣幸之至。”他一边说一边打着口哨，车刚一启动，又放起了《好日子》的歌曲来。看他那高兴劲，我开玩笑说：“什么事这么高兴，捡到金元宝了吗？心情这么好。”

“当然喽！为何要心情不好呢？最近我悟出个道理来，悲观和消沉都不好，还是快快乐乐好，因为事情随时会有转机的。今天早上我6点多一出车，不久在路边被一玻璃片划破了轮胎，我气得快要爆炸了，怎么办？这么早修理店都没有开门呢！可巧的是，刚好有一家修理店开门了，一位小伙计热情地帮我补好轮胎。正巧一位旅客要跑长途去长沙，出手非常大方，回来的路上又捡了三个人。今天要多开心就有多开心，才回家门口，又碰见表哥你了，你说不开心成吗？今后呀，我再也不会消极无为了、埋三怨四了，塞翁失马，焉知非福。开心过日子好，就像这首歌《好日子》一样。”

看来我这位表弟已经开窍了，在自觉地运用积极的心态来对待生活，难怪这么开心，笑容那样灿烂，心情那样愉悦。

有一天，我刚一上班，有一位漂亮的女同事，老远就高兴地跟我打招呼。我感到很惊讶，什么事情让她这么高兴呢？她一到办公室，又把刚上市的莲子拿出来让我们品尝。我把她悄悄叫到一边，问：“什么事这么开心呀？”她开心地说：“谢谢你呀，教授，你说积极的心态能改变人的一切，只要你多多地运用它。昨天晚上我主动打电话给我曾经闹得不可开交的一位好朋友约她喝茶，主动向她道歉，现在我们又成了姐妹一样的好朋友。放下颜面，主动道歉，我原来几乎认为是不可能的事情，但是一旦做了，其实一点也不难，而且通过沟通，我才知道，她也很后悔自己的言辞过于激烈，结果伤害了我们的感情。真情难得，同学、姐妹的情谊今生难再，当我主动向她道歉的时候，她都感动得留下了眼泪。杨教授，真的感谢你教给我积极的心态，积极心态的力量，让我对生活充满了信心。”

确实是这样，积极心态的力量，在于你多多地运用积极的心态。

每天你要做的事情有很多：

每天微笑着面对同学和一切打招呼的人。

每天赞美别人，认同别人，而不是光想着批评别人。

每天打起精神做人，衣着整洁，形象光鲜，决不随便。

每天改掉你的坏习惯，培养你的好习惯。

每天宽容对待身边的人和事，决不斤斤计较。

每天把自己的爱和关心释放给亲人和朋友。

每天运用积极的思考，把做事的方案做得更切实有效。

每天看两到三页成功励志的书籍，并乐此不疲。

每天提醒自己，困难并不可怕，逆境更能磨炼人。

每天尽自己的努力去做事，决不怨天尤人。

第二篇
定位：准确定位人生，做自己想做的人

故事一：一个乞丐站在地铁出口处卖铅笔，一名商人从此路过，向乞丐杯子里投入几枚硬币，匆匆而去。过了一会儿后，商人回来取铅笔，他说："对不起，我忘了拿铅笔，你我毕竟都是商人。"乞丐卖铅笔是假，借此行乞是真，过往人群一般只投钱不拿笔，因为他们都把乞丐当乞丐看，唯独这位商人把乞丐当人看当商人看。乞丐被商人一句"你我毕竟都是商人"感动了、震撼了。几年后，商人参加了一次高级酒会，会上，一位衣冠楚楚的先生向他敬酒致谢。这位先生说，他就是当初卖铅笔的乞丐。他生活的改变，得益于商人的那句话：你我毕竟都是商人。

故事二：美国汽车大王福特自幼帮父亲在农场干活，12岁时，他就在头脑中构想，用能够在路上行走的机器代替牲口和人力，而父亲和周围的人都要他在农场当助手。若他真的听从了父辈的安排，世间便少了一位伟大的企业家。但福特坚信自己可以成为一名机械师（科学家、工程设计师一类）。于是他用一年的时间完成了其他人需要三年学习的机械师的学习和训练，随后又花两年多时间研究蒸汽原理，试图实现他的梦想，但是未获成功；后来他又投入到汽油机研究上来，每天都梦想制造一部汽车。他的创意被大发明家爱迪生所赏识，邀请他到底特律公司担任工程师。经过10年努力，在福特29岁时，他顺利地制造了第一部汽车引擎。今日美国，每个家庭都有一部以上的汽车，底特律是美国最大的工业城市之一，也是福特的财富之都。

故事告诉我们：当你定位于乞丐，你就可能一辈子都是乞丐；当你定位于商人，你就可能有一天当上商人，当上老板。乞丐在商人的提示启发下，不把自己当乞丐看，而是当商人看，经过几年的努力他真的成了大富豪。而福持的成功，不能不归功于他人生定位的正确和不懈的努力。如果早年他听从父亲的训诫，顶多只是个农场主，就不会成为后来闻名世界的汽车大王了。

一个人的发展在某种程度上取决于自己对自己的评价。成功学认为，你把自己当成什么人，你就会以这种人的准则来要求自己，最终变成这样的人；你认为你自己行，你就会尽你的能力去实现这个目标。这种自己对自己的评价，有一个通俗的名词——定位。定位能决定人生，定位能改变人生。我们要根据自己的长处和优势，找准自己的定位，从宏观上确定自己的事业规划和职业选择。

一、大学生的四种人生选择：从政？学术？明星？经商？

成功等于正确的自我定位；成功在于选择；成功在于准确定位自己的人生目标。

大学生要想自己走得更远，要想自己尽量不走弯路，就要及早找准自己的人生定位，瞄准自己的人生奋斗目标，并且早做积累，早做准备，矢志不渝地朝着自己定位的目标前进。

一般说来，大学生人生定位和职业规划有四条道路可供选择：一、从政之路；二、学术研究；三、演艺明星；四、闯荡商海。

1. 从政之路——欲伸大义于天下

学而优则仕。“入仕为官”指进入党政军和其他一切公务员行列，其主要特点是“吃皇粮”、“当公仆”，为国家和人民贡献自己的力量。

中国几千年以来，官本位意识根深蒂固。过去科举时代有了“大学问”，便可参加科举考试求取功名，“朝为田舍郎，暮登天子堂”，“十载寒窗，一举成名”“学而优则仕”。过去读书人的一个远大理想便是“修身，齐家，治国，平天下”。儒家文化强调“穷则独善其身，达则兼济天下”。所谓“达”，即显达，进入仕途，当官，从政。

学生家长希望自己的儿女将来能当公务员，有个稳定的工作，能“当官”，光宗耀祖。能“当”官达成自己富国济民的伟大抱负当然是好事，也是无可厚非的。我个人认为，一个有宏大抱负、想为民立德、立功、立言，想当官的大学生是好大学生，是大学生精英中的精英。

现在有一种非常错误的说法：如果你一无是处，那就去做官吧。认为只要学了李宗吾的《厚黑学》，脸皮更厚，心够黑，会察言观色，会钻山打洞，会贡会送，会献媚，会忍耐，能屈能伸，会打小报告，会说假话云云，就会从政当官，那真是谬误之极了。当公务员，特别是从政为官者，需要的是最优秀、最精英的人才，在掌握系统专业知识基础上，更要求他们有远大理想、崇高抱负、献身精神；更要求他们有领袖群伦的领袖气质、组织能力；更要求他们有超凡的凝聚力、向心力和独特的人格魅力；更要求他们见识高远，思想解放超前，能预见趋势，引领潮流；更要求他们有亲和力和无限的工作热情；更要求他们有滔滔不绝的雄辩口才；更要求他们有言出必践、令行禁止、雷厉风行的执行力；更要求他们具有常人所没有的坚定决心和钢铁般的坚毅意志。

当然，目前我国的政治体制改革还正在逐步深化和改革中，官场腐败、官场陋习还迟迟没有得到根除，“官场风光无限”，但“官场也处处险恶”，许多在其位的官员终日“如履薄冰”。因此并不是任何人都可以踏足仕途，走上从政之路的。

一般说来，从政者，要具备以下基本素质和条件：

一是要有坚毅的意志，作好长期耕耘的思想准备。目前，仕途一端要青云直上，“飞黄腾达”是不大可能的，就是有那也是少而又少。要做好从街道办事处等基层工作做起的打算，这样才能真正了解社会、了解人民的疾苦和所需，这期间的坎坎坷坷、磕磕碰碰，不是一般人能够忍受的。俗话说“媳妇熬成婆”，这一方面说明“官场”有论资排辈的坏习惯，也表明“经受锻炼”“接受磨炼”之艰难，非有志者不能为也。凡急功近利，心浮气躁者不可为之。

二是要有较强的办事能力。办事能力与个人学识和个人品质有很大关系。办事能力强，既要有较强的专业水平，同时要求办事人行为果断、工作勤勉、性格开朗大方、为人热忱友善、人际关系通畅、能言善辩、举止得体会办事。

三是要有较深城府。从政之人，要公平正直，秉公行事，但要求其人谨言慎行，不该说的话不说，不该做的事不做，现实生活中，凡从政者，心直口快，心里藏不住秘密的人，恐怕会处处碰壁，步步难行。

四是应该具有审时度势、把握趋势的能力。从政有一句行话，叫做“不能站错队”。大方向上要求行政人员与党、与政府、与执政团队保持高度一致，有政治敏锐性，识大体、识大局，有全局意识。具体行政过程中，执政团体的山头主义、宗派主义是非常严重的，也是客观存在的，要求从政者要能够察言观色，见微知著，灵活处理各种错综复杂的人际关系。不要站错队、跟错人。

五是要深谙为官之术，为人处世之道。官场是一个竞争相当激烈的地方。许多情况下并不是你有能力、有本事、有政绩你就受重用被提拔。官场有显规则，要能成事业，有魄力，得人心。但官场也有许多“潜规则”，朝廷有人好做官，奉上之术得掌握；人抬人无价之宝，尊重同僚（同级领导），笼络下属，知人善任，激励有方，要有自己的铁杆支持者和工作团队，御下之术得习；政治是妥协的艺术，官场上人心险恶，广结善缘尤其重要，所谓官官相护，这就要求你既能坚持大的原则，做人规范，又能掌握分寸，圆融机变，审时度势，能屈能伸。一句话，在不违背法律的情况下，妥善处理好各种事务关系和人际关系，做到左右逢源。官场既讲究论资排辈，也有破格提拔，也有时势要求，比如各级班子的年轻化、民主参政、女性参政等，年轻人就要善于抓机会，创造机会，有敏锐性、有感悟性，要能得贵人相助、名师指点。这里名师不是指风水师之类，而是官场经验丰富的导师和智囊。

六是善于积累较好的财经背景。我个人主张“学而优则仕”，但更主张“钱而多则仕”，要走向“富人治国”。如果你有较强大的财富背景，父母、兄妹、亲朋是财富大亨，是企业家，是大商人，你就不必担心经济上的事，钱的事，你没有贪的欲望和必要，你就安安心心做你的“官”，遇事能得到倾囊相助，不会为五斗米而折腰。人都是有私欲的。没有物质的欲望，那就清清白白做个好官吧，青史留名，荣耀千载，虽然世俗，但也确实值得去追求。

看到这里，你如果真的觉得你有济世抱负，有领袖气质，有组织才能，有顽强意志，欲伸大义于天下，实现平生抱负，一展盖世才华，那就不妨立定志向，从容踏上从政之路。

建议一，加入组织。我国体制是一党执政多党协作。从政要积累资本，要论资排辈。入党是重要步骤。因此在大学里积极向党组织靠拢，争取加入中国共产党是重要的一步，也是光荣的一步。当然也可以加入其他民主党派，与其跟100个人竞争5个职位，还不如去跟一个人竞争一个职位。对于热衷于从政的大学生来说，其中的奥秘就应该一点就通吧。

建议二，争取担任一些学生职务，如团支部书记、班长、学习委员、宣传委员、学生会宣传部长、学生会主席、院系团总支书记等职务。加强工作锻炼，增加组织才干，培养演说能力，扩展交际平台，沟通人际关系，尽早积累从政资本。

建议三，要博览群书，思想领先。从政者，主要依靠思想来领导人、统帅人。要做到思想领先，要多读古今中外文史哲经名人名著，要更多关注时政时事，更多了解方针政策，下苦功准备考公务员，有志必成。最好多学几门外语，使自己的语言天赋有更大发挥。

建议四，为官一任，造福一方。权力在手，希望入仕者能够为国家、为人民谋福利，当廉官、能官、好官，不要当贪官、庸官、恶官。许多人入仕为官动机不纯，想开发“政治经济学”，以权谋私，搞权力寻租，那就危险之极。千万慎重啊!

建议五，达则兼济天下，穷则独善其身。如果你性情耿介、自命清高，自然不适宜于仕途则放弃之，转而从事科研教育或经商，无损你成功人生，官场的历练只会使你明白更多、更深刻。

2. 学术研究——敢于成名成家

从事学术研究，一般指进入大学、中小学校任教，当教研员；进入国家社科院研究所进行政治、经济、历史、文化、教育、科学等方面的基础性研究工作；进入企业、科研单位，进行工程、技术、计算机软件开发等技术性研究。一般说来，进入学术研究行列，有比较稳定的收入和较高社会地位。随着社会的日益进步和演化，市场经济、资本经济的来临，随着科研专利、知识产权的落实，从事学术研究的专家学者必定有更好的前景。在西方国家，专家学者地位崇高、前途远大，“钱”运亨通。和平年代，专家治国，从大学校长、科学院院士、工程院院士，转而从政者比比皆是。

在目前中国，我们的科研队伍日益强大，科研体系日益完整，随着社会主义市场经济的不断推进，我们需要一大批守得孤独、守得清贫的优秀人才进入各级各类的科研、学术研究行列。它要求走上学术之路的科研人员，秉承学术良知，深入理论研究，大胆实验、细心求证、敢于创新，真正做出成绩，拿出科研成果，敢于成名成家。

3. 演艺明星——张扬个性，方有前途

争当演艺明星，现在成了大学生择业创业的香饽饽。以前我们对演艺明星相当敬畏，像京剧大师梅兰芳，相声大师侯宝林，乃至后来的赵丽蓉，像著名歌唱家李双江、李谷一、彭丽媛，像著名电影演员陈道明、陈宝国等，我们都怀着十分敬佩的心情认为，影视明星是专家，有高深的学问，有高超的演技。自从赵薇、林心如、范冰冰、李冰冰等人出道，我们渐渐知道了演艺明星有所谓实力派和偶像派。没关系，长相不是最主要的，只要你有演艺实力，胖点丑点没关系，可以像刘欢、韩红、孙楠一样唱歌，可以像何晶晶一样演相声；你瘦点丑点没关系，可以像赵本山、巩汉林、潘长江、郭达、黄宏、冯巩、大兵一样演相声。你漂亮、你帅气、你酷，更好啊，你可以像刘德华、周星驰、黎明、张学友、古天乐、刘亦菲、陈好、黄晓明、李宇春一样演电影、电视剧，唱歌跳舞，做超级女声。演艺越来越大众化，越来越走近人们的生活，越来越雅俗共赏。影视需要新人物新面孔，这是影视的黄金时代。自从四川的李宇春、张靓颖、何洁从超级女声一炮打响以来，全国的各种选秀、选美活动风起云涌，非常6+1、星光大道、绝对唱响、快乐男声、主持大赛、红楼选秀、模特大赛，给各位大学生特别是女生提供了许多脱颖而出的机会。

对想进入演艺圈的同学有三点建议：

一、要有思想准备，从容应对客观环境。演艺界是个大染缸，你想进去，你一定要想清楚，有自己成熟的价值观、幸福观。在这个圈子里有所谓潜规则，有许多权势人物、有许多财经背景的人物在幕后操纵已不是什么秘密。演艺明星是非多，八卦新闻多。你要适应这个现实，有一定思想准备，正确对待，从容周旋。

二、要有思想修养，做到德艺双馨。演艺明星，是公众人物。一举一动，千万人瞩目，你的行为思想对亿万青少年有莫大影响。你看刘德华在香港精神的调查中排名第一，李嘉诚排名第二，著名作家金庸才刚刚排名第十，这说明影视明星影响力实在大呀，因此你不但要才艺好，更要品德馨。要热爱观众，要关心弱势群体，要善待你的粉丝团体。演艺人员更要爱学习，无论对角色的理解，对社会的背景把握，都要细心揣摩，认真体悟。对于我们年轻的演艺人员，更要加强文化学习，对中华五千年文化传承悠久历史要有所了解。以前，一些歌星、明星常在大庭广众之下，出现一些常识错误，说错话，念错字，有的甚至穿错衣，实为不雅。

三、要有张扬的个性，做到与众不同。演员的生命，在于个性的张扬。我喜欢陈道明的沉稳有深度；我喜欢李葆田的真实和细致；我更喜欢歌星韩红张扬的个性，田震本色的声音，大兵眯眯的细眼、逗人的说笑。

4. 闯荡商海——不拒绝任何神话

我个人认为，国难当头的战争年代，把自己的头绑在腰带上，拿起枪杆子打天下的人是英雄；和平年代，在既没有人事背景，没有财金背景，也没有很好的项目的情况下，能一双白手闯商海，并最终建立财富帝国的人，即是和平建设时代的真英雄。

中国几千年的文化传统是轻农、轻工、轻商、轻技。时代不同了，按照我国国情的实际，我们的市场经济体制改革走在前面，政治体制、行政体制的改革相对延缓和滞后。目前各党政部门都已装满了，再想进去很难很难，进去了的左右牵制，冗员繁多、矛盾重重，欲说还休、欲罢不能，好不痛苦。而要获得晋升，实现自己的抱负则更是不以个人意志为转移，许多机会看得到而抓不到。

市场经济是个好东西，它是一个高度危险，同时又拥有高额回报的社会——市场竞争的社会、创业发家的社会，它给了我们平凡人、穷苦人依靠自己艰苦卓绝的奋斗，建立财富帝国的经济制度和公正平台。美国大富豪鲍洛奇说：“你不能靠工资致富，工资不会使你真正的富有。你可以靠工资安全地生活，但如果你想成为富豪，你必须退出工资生活的世界，步入一个高度危险的世界。”

我还要告诉诸位的是：如果你在定位自己的大学生涯和人生规划时，觉得自己不想进入政界、学术界、演艺界，而决心投身商海时，那么，请不要担心这样的问题：

我是否适合进入商界？我有经商的天赋吗？我能否当老板赚大钱，建立自己的财富帝国呢？你需要考虑的只是：我如何才能成为一个优秀的商人？要成为一个商场精英，我还需要做好哪些准备工作，还需要在哪些方面继续努力？

2007年7月份的《福布斯》杂志，封面故事里这样描写一个中国的企业家：深凹的颧骨，扭曲的头发，淘气的露齿笑，一个5英尺高，100磅重的顽童模样。

然而，就是这样一个“怪怪”的人，成功地做到了很多自认为聪明的人无法办到的事：他是中国第一个对互联网的商业用途做出探索的人，他创办了世界上最大的电子交易网站阿里巴巴，即使他在睡梦中，阿里巴巴每天也有100万元的收入；他是国内第一个登上《福布斯》封面的经济人物，他的公司被哈佛、斯坦福等著名商学院选为案例；2003年7月，时任英国首相的布莱尔来访上海时点名要求见面的六位企业家中，他就是其中一位。

他有一个普通的名字，他创造了商业世界的神话，他成就了一段不平凡的人生。他就是马云。

1964年，马云出生于杭州一个贫困的家庭。学生时代的他不甚爱学习，打架到远近闻名。

大学毕业后，马云进入杭州电子工业学院教英语。在课堂上，他的教学模式和其他老师不同，他很少带教案，喜欢随心所欲地坐在讲台上授课。这一举动在当时被同行视为异类，但却被学生们喜欢得不得了。

1995年，马云到了而立之年，这一年他被评为杭州十大杰出青年教师之一。校长还许诺给他外办主任的位置。但生性活跃的马云对这些别人梦寐以求的东西毫无兴趣，他开始了深深地思考，他认为自己是那种敢于尝试、敢于冒险的人，而且自己善于言谈，沟通能力强，能做有挑战性的工作，不适合工作平静的教师工作，自我创业倒是更符合自己的性格和抱负。于是，他立马不干，主动辞职了。

如果当时马云不重新定位人生，不重新选择人生，不重新规划人生，不做出闯荡商海这个人生冒险的话，那么在芸芸众生的大千世界就会多了一位平凡的教师，而少了一个叱咤网络界的商业奇才。

有了自主创业的想法，一直相信“时不我待，舍我其谁”的马云就立即开始了自己的行动。他找了个学自动化的“拍档”，加上妻子，一共三人，怀揣两万元启动资金，租了间房，就开始创业了。1995年4月，马云成立了中国黄页互联网公司——海博网络，做“中国黄页”业务。

最初，“中国黄页”的业务形式主要是专门给企业做主页，一张主页2000字，一张彩照，中英文对照，2万元人民币。在公司成立后的很长时间里，为了推广“中国黄页”，马云经常在杭州街头的大排档里口沫乱飞地推销自己的“伟大”计划，大讲互联网的神奇作用。旁边有一大群人围着他，人们都被他滔滔不绝的口才和顽强精神所折服。他请企业主同意付钱并把企业的资料放到网上去。他在全国很多城市一个一个地开拓业务，在所有没有互联网的城市，他都被视为骗子。但马云仍然像疯子一样不屈不挠，他天天出门跟人侃互联网，说服客户，说服记者。业务就这样艰难地发展起来。而此后的迅速发展则是很多人始料不及的，第三年马云就赚了500万元的利润。

1999年2月，马云被邀请参加了在新加坡举行的亚洲电子商务大会。参加大会的80%是欧美人，谈的也是欧美式的电子商务。通过这次大会，细心的马云发现当时所有的电子商务都是大企业的电子商务，而亚洲独特的电子商务不是企业对企业，而应是商人对商人。这正是亚洲人独创的模式呀！基于这个想法，马云的思路渐渐成熟：创办电子网站，用电子商务为中小企业服务。

1999年，马云决定回老家杭州创办“阿里巴巴”网站。这里远离深圳这些IT中心，人力资源相对便宜。

1999年3月10日，阿里巴巴公司在杭州马云家中诞生。经过几个月的筹备建设后，在互联网上出现了，效果立竿见影。有一个青岛商人，每年都从韩国进口一种设备，他坚信设备的产地其实就在中国，但始终无法找到。后来他偶然发现了阿里巴巴，就在上面发了一条求购信息，不料几天之内就同该设备的中国厂家联系上了！令他更惊奇的是该厂家竟然就在青岛！

一传十，十传百，阿里巴巴网站在商业圈中声誉鹊起。但马云知道，阿里巴巴面临着一个巨大的战略选择——国内电子商务尚不成熟，只有利用发达国家已深入人心的电子商务观念，为外贸服务，才是真正利润丰厚的大鱼。于是，马云决定用自己极具说服力的口才去征服全世界。

1999年至2000年，马云像一只大鸟不停地在空中飞行，他参加了全球各地尤其是经济发达国家的所有商业论坛，去发表疯狂的演讲，用他那超人的演说天赋去宣传他全球首创的电子商务思想，宣传阿里巴巴。他相信自己就是一台永不停息的发动机，是一台促销机器！

他一月内可以去三趟欧洲，一周内可以跑七个国家。他每到一地，总是不停地演讲，他在BBC（英国广播公司）做现场直播演讲，在全球著名高等学府麻省理工学院、沃顿商学院、哈佛大学演讲，在“世界经济论坛”演讲，在亚洲商业协会演讲。他挥舞着他那干柴一样的手指，对台下的听众尖声叫道：“电子商务模式最终将改变全球几千万商人的生意方式，从而改变全球几十亿人的生活！”他在哈佛与诺基亚总裁同台辩论，赢得台下上千人起立鼓掌！怪异的长相、雄辩而煽动性极强的口才和超越全球的商业思想，竟然综合交融在这个枯瘦弱小的中国人身上，听众无不为之惊讶。

2000年7月17日，《福布斯》评价马云：“有着拿破仑一样的身材，更有拿破仑一样的伟大志向！”

很快，马云和阿里巴巴在欧美名声日隆，来自国外的点击率和会员呈爆增之势！到2000年底，阿里巴巴会员以每日增长1000—2000的速度发展，每天可收到3500条商品供求信息。

如今，阿里巴巴已是全球最大的B2B（商家对商家交易）网站。据统计，2004年共有39277家中小企业在阿里巴巴上进行过国际贸易，阿里巴巴服务的商人达到24077名。

现在的马云即使在睡梦中，阿里巴巴每天也有100万元的收入。

“不经历风雨，怎能见彩虹？”面对商海，我们不必胆怯，只要敢于挑战，勇于冒险，商界从来不拒绝人间奇迹。

5. 人生定位并非一成不变

孙中山曾学医，称孙博士，后来成了革命先驱；毛泽东早年在湖南第一师范学校当教员，后来成了革命领袖；鲁迅早年也学医，后来改投文学要唤醒民众为革命呐喊，成了著名的思想家、教育家、文学家。从马云创办阿里巴巴的案例可以看出，马云读大学时学的是英语专业，大学毕业后在大学里教英语，走的是学术研究路线。这也合乎当时大学生毕业工作分配专业对口的大趋势和时代烙印。马云后来的成功，得益于他的人生规划、职业生涯的重新定位重新选择。他看准了时代趋势，勇于冒险、敢闯新路，终于在IT行业打下一片崭新江山。

胜人易胜己难。识人易识己难。自参加工作十多年来，我最为痛心疾首的一件事就是囿于家庭的环境，一直未能在“下海”创业上迈出实质性的动作。犹豫迟疑，错失了许多良机。

还在大学毕业时，我就看清了体制内吃大锅饭的弊端，对母亲说：“我不教书了，哪怕去拖三轮车也比上班强。”我解释说，教书每月50.5元工资，拖一趟三轮车可得2.5元钱，每天就算跑3趟，一月也能赚210元，是工资的4倍。可母亲说“伢崽，妈送你读书，你就这样大志向？”母亲的意思是看不起经商，想的是“仕途”那一头，要的是儿子光宗耀祖。

做儿子的得听母亲的，因为我的母亲不是一位一般的母亲。当年送我读书时，因为家里穷，她老人家卖了自己唯一过冬的棉袄送我读书。就这一犹豫，一晃七八年，我由一名中学教师到区教育局办公室秘书再到区人民政府办公室秘书、常务秘书、乡镇副镇长。

然而我身在曹营心在汉，多年来我痛感自己迷失了方向，在单位抄抄写写，指手画脚，一年尚可，五年尚可，十年、二十年行吗？光阴似箭，日月如梭，一种生命短暂、生命宝贵的感悟使我对过去的胆小怕事、求稳怕乱追悔莫及。少壮不努力，老大徒伤悲。再过十年吾将垂垂老矣。做人先要做一名真正的纳税人，一个能为自己和社会创造财富的人。十年时光一晃而至，到那时，我们的下一代还有“干部”可当吗？还有“全民单位”“全民企业”可进吗？国家还会对大学生统包统配养活他们吗？

后来的事实是，干部下海了，工人下岗了，大学生自主择业了。可以说未来的生活只有靠自己的双手去创造。环境不同、条件不同，不同的人有不同的使命。有的人只需要养活自己和自己的小家庭，有的除养活自己的小家庭外还要担负起振兴和维持整个大家族的重任，有的人则更担负着振兴民族和国家的重任。

因此，我个人认为，一个人在确定自己的人生定位、职业规划时，不仅要根据自己的能力大小、性格特征、兴趣所在来决定，还要根据自己的思想抱负、价值观念来确定。

我在经过长时间的深刻反思后，于2002年4月义无反顾地向区委组织部门递交了“留职停薪”的报告。父母从家乡到城里来治病，听说我不要工作了，劝而无功，气得病也不看于凌晨5点返回乡下去了。

我没有选择。我再也不能按照母亲的意思去做了。即使弄得头破血流，我也要硬着头皮往前闯，打落牙齿和血吞。我相信，所谓奇迹，是在战胜了别人认为不能战胜的困难后才产生的。我为了取得这奇迹，即使赴汤蹈火，也在所不辞。

这之后，我与同学一起办过企业，做过推销，办过学，做过书商，创办过文化书社，最后选定做帮助人成功的激励演讲事业。回顾我近20年的工作，我教过五年半的书，在教育局、区政府当了五六年的秘书，在乡镇任职三四年，在成功素质教育的演讲事业中打拼六七年。我觉得我最钟情的事业是教育，或者准确地说是成功教育事业。

这个世界上我敬佩三种人，第一种是真正意义上的政治家、父母官。他们高瞻远瞩，大公无私，领袖群伦，造福国家民族，恩泽芸芸众生。第二种人是企业家。你看美的电器的老板小学都没毕业，凭着自己艰苦卓绝的努力打拼，创下煌煌伟业，其空调、电扇等产品惠及天下千家万户，人们因他的产品夏凉冬暖，享受了生活。他赚了那么多的钱，慈善救人，捐款修路，捐钱建校，吸纳了那么多人就业，养活了多少家庭，能不佩服吗？我佩服的第三种人是教育家。中小学校、大中专院校的老师、导师，我当然敬佩；但我更敬佩社会上的成人教育家、成功学教育大师。对于教师，我有一点小小的建议，我希望教师都要有成为教育家的梦想，而不仅仅是教书匠，教的是“知识”，教的是“技巧”，更要注重人的教育、观念的教育、精神的教育、心态的教育、素质的教育、思维能力的教育，要把书教活，把学生教活。当下的教育现状，与我们顽固不化的应试教育体制有关，与我们的教育思想和教育结构性不合理有关。

我想重点介绍一下成人教育家。他们更多关注人的潜能的激发和开发，他们把成功学的观念方法传授给学员，他们更注重人的成熟和成长，他们传播先进文化，开启人们智慧，是真正的人类灵魂的导师。像美国的成人教育家、人际关系研究专家卡耐基我佩服，将卡耐基学说发扬光大、走向辉煌的成功学大师拿破仑·希尔我佩服，在我国成立陈安之国际研究机构与王阳董事长一起成立“梦工场”的华人第一位成功激励大师陈安之我佩服。听君一席话，胜读十年书。十多年来我服膺于他们的学说，认真研究他们的学说：《人性的弱点》、《积极心态的力量》、《思考致富》、《绝不裸奔》等等，千里迢迢赶到北京、上海、深圳等地聆听陈安之、李践、丁远恃等国内知名成功学大师的演讲课程。

因为教育心理学专业科班出身，曾经当过老师，我无可救药地热爱上了帮助人成功的演讲事业。2002年我创办北京天纵文化传播有限公司，为传播先进文化普及成功学规律，尽自己绵薄之力，为各大企业、广大家长、中小学生，特别为大学学生作了上百场励志演讲，内容涉及成功创业、积极心态、观念转变及企业营销、家庭教育等方面，受到广大家长，特别是大学生的热情追捧。气概只许英雄有，平庸不与半分毫。卡耐基、拿破仑·希尔的事业就是我的事业，做中国的卡耐基、做中国的拿破仑·希尔就是我的志向和梦想。我愿意把自己的所思所想、成功经验、失败教训与大家一起分享。

二、准确定位人生的六大要旨

要正确定位人生，准确定位人生，关键在于能够正确认识自己。知道自己的优势长处之所在，目标抱负之所在，志趣爱好之所在，天生禀赋之所在。如果你要自主创业，还要知道你究竟是自用之才，还是被用之才。自用之才，能自己搭建舞台，自己唱戏，自己创业。被用之才，则一般在别人搭建的平台上帮忙、跑龙套。

1. 人贵有自知之明

俗话说："人贵有自知之明。"那就是既不能自以为是，过分高估自己，自以为老子天下第一，事事全能，也不能自暴自弃，过分低估自己，看不到自己的优点和优势。

英国大作家纪伯伦讲了一个狐狸觅食的故事：

狐狸走在晨曦中，看到晨曦把自己的身影拉得又长又大，便说："我真伟大，今天我要用一只骆驼做午餐呢！"整个上午，狐狸奔波着在草原上寻找骆驼。但当正午的太阳照在它的头顶时，它看到自己的身影只有一丁点儿大，于是说："我真渺小，我只一丁点儿大，有一只老鼠充饥就够了。"狐狸犯了两次错误，前一次，晨曦不负责任地拉长了它的身影，它便错误地认为自己就是万兽之王了，想要一口吃下一只大骆驼；而正午的太阳又让它对着自己缩小了的身影忍不住妄自菲薄。

显然，大师笔下的狐狸与我们现实生活中的很多人十分相似。那就是没有自知之明。对自己的品德、性格、才华、优势、个性特长没有正确、中肯的认识和评价。

认识自己，往往仅靠自己的反思总结还不够，还需要心理咨询老师、专家指导，需要父母亲指点。有显赫的家庭背景吗？有政治背景吗？有财富背景吗？擅长理性思考还是形象思维？少有远志，还是碌碌无为？为人豪侠仗义还是畏手畏脚唯唯诺诺？喜交朋友，广有人缘，还是性情孤僻，自命清高？有音乐才华？有运动天赋？有组织能力？有道德美名？我们要对照自己，了解自己，解剖自己，发现自己，认识自己，肯定自己，自己决定自己的人生选择。这里有两个要点：一个是自己的教育背景，一个是自己的天赋之所在。

2. 听得进别人的中肯意见，扬长避短做适合自己的学问

一个人如果对自己都没有准确的定位，那是很麻烦、很伤脑筋的。没有定位就没有目标，就不知道自己将来到底要干什么，就会无所事事、漫无目的，就会找不到人生前进的方向。要做好定位，首先要认识清楚自己，加深对自我的了解。知人易，识己难。认识自己、认清自己，这可能不是一次可以完成的，它不仅要建立在反馈基础上的自我动态调节，也要借助别人对自己的中肯意见。

有两件学林轶闻值得我们深思。

著名的史学家方国瑜。他小时候除刻苦攻读学校课程外，还利用节假日跟从和德谦先生专攻诗词。他钦佩李白、羡慕苏轼，希望自己有朝一日也能成为一名诗人。但一晃六七年，却始终未能写出一篇像样的诗词。1923年，他赴京求学时，临行时和德谦先生诵玉阮亭“诗有别才非先学也，诗有别趣非先理也”之句以赠，指出他生性质朴，缺乏“才”“趣”，不能成为诗人，但如能勤学勉力，“学理”可就，将能成为一个学人。方国瑜铭记导师深知之言，到京后，师从名家，几载治史，就小有成就，后来著成《广韵声汇》和《困学斋杂著五种》两本书，走上学术之路。从此他立定志向，终生于史学研究。

著名史学家姜亮夫也有类似经历。20世纪20年代，他考入清华大学研究院。当时

他也极想成为“诗人”，把自己在成都高等师范读书时所写的400多首诗词整理出来，去请教梁启超先生。不料梁启超毫不客气地指出他囿于“理性”而无诗才，不适宜于文艺创作。姜亮夫回到寝室用一根火柴将“小集子”化成灰烬。诗人之梦醒了，从此他埋头攻读中国历史学、语言学、楚辞学、民俗学等，取得一系列成果。可谓“失之东隅，收之桑榆”。

我读大学的时候，学的是学前教育专业，主要课程是儿童心理学、儿童教育学。一想到将来要跟小孩们打交道，心里很不乐意。读高中时，我对哲学对历史比较感兴趣，就想在大学里把主要精力放在自修文史哲身上。但是，我的班主任，一位心理学副教授对我说：“不要小看了这儿童心理学。这是一门较新型的社会科学，将来必定大有用处。我们需要这方面的专才，这个专业不是不好，而是很好。你要出成果，还得在这个专业上努力。把学问钻进去后，你会发现，这心理学，与你喜欢的文史哲一脉相通。心理学、教育学其实就是人的哲学。”老师的一句“人的哲学”，深深地打动了我的心弦。研究哲学还真离不开“心理学”。从此，我坚定地爱上了自己的专业。现在我真的在研究关于“人的哲学”。

3. 发挥自己的优势和长处——做最好的自己

研究自己，就是要明白自己的长处短处，扬长避短。有短处当然要克服、改正、避免。在人生的坐标里，一个人如果站错了位置——用他的短处而不是长处来谋生的话，那是非常可怕的，他可能在永久的卑微和失意中沉沦。在竞争日趋激烈的现代社会，说不定连就业都很成问题。

美国盖洛普公司出版了一本畅销书，书名就叫做《现在，发现你的优势》。盖洛普的研究人员发现：大部分人在成长过程中都试着“改变自己的缺点，希望把缺点变为优点”，但是，却碰到了更多的困难和痛苦；而少数最快乐、最成功的人的秘诀则是：“强化自己的优点，并管理自己的缺点”。所谓“管理自己的缺点”，就是在不足的地方做到足够好，而不是放弃努力；所谓“强化自己的优点”，就是把大部分精力花在自己有兴趣的事情上，让自己有最大的机会取得最优秀的结果，从而培养自己的自信心，迅速走向成功彼岸。

每个人都有缺失和短处，但这并不一定对我们的人生造成很大和不可想象的困难。因为我们每个人都还有自己的长处和优势。而成功学理论告诉我们，成功的关键是尽量发挥你的优势和长处。发现自己的长处并善于经营自己的长处，是一种聪慧的生存方式，也是我们摆脱局限、超越自己、走向成功的最好捷径。

4. 长处往往是真正的兴趣所在

孔子说："知之者不如好之者，好之者不如乐之者。"大多数成才成名成家的人，都可以从兴趣的萌芽中看到成功的端倪。因为兴趣激发着他们的积极性和创造性，影响着他们潜在的素质和能力的发挥。

有一位学生从小喜欢玩泥巴，开始家长觉得孩子玩泥巴没出息，就严厉制止。可学生避着父母又偷偷玩，主要是捏泥人，而且捏得活灵活现，但父母就是不同意他这样玩物丧志。后来家长咨询求教于我，还带来了他的泥塑作品。我说这是天才的征兆啊，痴心迷恋于一件事情，正是天才的表现，不要认为读书做官就是正途，要是能出一个像齐白石这样的艺术大家，还不美死你们一家，千万不要扼杀了他的兴趣和爱好。于是家长也就同意了我的观点，并且亲自推了两车黄泥，堆在门口，鼓励他：你要想捏就好好捏，并且去拜师，把这泥塑练好，出点新点子……由于学生的坚持和父母的支持，这位学生在泥塑上造诣很深，初中毕业时捏出了栩栩如生、各有特色的《水浒传》中的108将，后来家长又送孩子专攻美术，最后以优异的成绩考上著名的工艺美术学校。

大学生不妨在所学专业中就某一自己喜爱的感兴趣的学科、论题、技能作些探索，向专业化、专家化前进。如中文系学生，可以专业研究写诗，可以专业研究写小说，可以专业研究写散文，等等。

翁倩玉是歌坛红人，早已在演艺界开辟了自己的一片天地。但她并不满足，因为她还精心经营自己的另一个长处——版画。现在翁倩玉的版画已经是众多名人的收藏品，台湾地区有，日本也有。日本前首相桥本龙太郎在访问美国时，特意携带翁倩玉的作品，作为礼物赠送给美国前总统克林顿。

翁倩玉版画的成就源于她对版画的强烈兴趣。翁倩玉在谈到自己的版画创作经历时认为，要对自己喜欢的感兴趣的东西进行尝试，然后坚持实践，她的版画创作就是这样。她在中学阶段喜欢绘画——油画、水彩画、素描，但25岁时参观了日本著名版画家井上胜江（日本著名画家方志功的门生）的版画展出后，一种难以言喻的强烈震撼冲击着她。她决定拜井上胜江为师学习版画艺术，但第一次拜师被井上胜江拒绝了，原因是“影艺界的工作很忙，学习版画很难持久”。

虽然拜师受挫，但井上胜江的一席话，却激起了翁倩玉高昂的斗志。“我的个性是愈遭到阻碍愈会激起挑战意志，”翁倩玉说，“回家之后，立刻找出了画版，先是以毛笔画出茶花的雏形，然后用心刻画了3天。当时也没有工具，雕刻刀是大哥的，纸是练习书法时用的宣纸。”

她拿出花了3天时间所做的版画再度拜访井上胜江。井上胜江十分仔细地看了这幅作品，先是笑，然后告诉翁倩玉：“你真是固执的人啊！有这股劲，应该能持之以恒了。”就收她为徒弟，到现在那幅“处女作”还摆在翁倩玉家中，随时提醒她不能忘记刚开始学习版画时的那种锲而不舍的精神。其实，这幅处女作的水平并不高。但井上胜江从中看到了翁倩玉的执著和热忱，因此才会收她为徒。

从此翁倩玉无论演艺多么忙碌，都没有放下自己感兴趣的版画创作，一晃20多年过去了，翁倩玉始终钟情于自己的版画事业，并且愈学习愈有心得，最后连她想放弃的理由都没有，因为她的版画已有许多固定的收藏者，尤其是这些年，版画创作已是她生活的重心所在。

马友友，美籍华人，大提琴家，当今世界乐坛的超级巨星。美国总统奥巴马宣誓就职仪式上就请了我们这位华裔大提琴家演出。马友友的成功，是与父母发现儿子的天赋和经营儿子的长处分不开的。

马友友3岁开始学钢琴，他的天分令父母惊叹不已。父亲决定，一定要把儿子培养成音乐家。根据马友友的爱好，父亲开始教他拉大提琴。父亲用巴哈的练习曲给孩子上课。有人认为巴哈对这样的小孩子太难了，但马友友天赋过人，只要每天学习两小节，就可以很容易学完整首乐曲。马友友全神贯注，学习什么都没有困难。他5岁时就首次登台演出，获得极大成功。为了马友友的成长，马家也从巴黎迁到纽约。父亲身为马友友的“经纪人”，继续采用自己的教学原则，循序渐进，直至技巧成为他的第二天性。他限制马友友的演出次数，让马友友多点时间磨炼自己，以达到作曲意境和艺术演绎二者神合的理想境界。

在父母的精心培育下，再加上马友友的刻苦努力，马友友的音乐天赋和长处得到了充分的发展，很快就成为世界上著名的音乐家。

5. 弄清自己的天赋在哪里

有一个笑话：老师要一学生续写一句。老师说：“天生我材必有用。”学生对曰：“老鼠的儿子会打洞。”全班哄堂大笑。

学生续句是错了。但老鼠的儿子是天生会打洞，确实没有错。任何人都有天生就会的东西，只是我们许多人并不自知而已。这就是天赋。

说起金庸，大家一定更为熟悉，青年时在大学里他原来的梦想是当外交官，但不习惯“不自由”的生活，后来从事自己喜欢的擅长的文学创作工作，在《大公报》上连载新武侠小说，一发不可收，《书剑恩仇录》、《笑傲江湖》、《雪山飞狐》、《天龙八部》、《鹿鼎记》、《射雕英雄传》、《神雕侠侣》等连写16部，风靡港台和内地。

我们很多同学都会说，老天啊，我没有什么天赋。我们说，不可能，我们每一个人都有天赋，只是其突出的程度不同而已，我们有些潜能，有些天赋还没被发现，还没被挖掘，还没被发挥出来。唯物主义者是承认天赋、天才的，是承认人的禀赋是有差异的。因此我们要开启多元智能，充分挖掘自己最优秀的智能天赋。

根据美国哈佛大学心理专家加德纳先生的研究，人有以下八种智能天赋：

第一种，语言、阅读智能天赋——你语言流畅、完整、深刻、有感染力吗？

第二种，数理逻辑智能天赋——你擅长思考吗？你逻辑、思维能力突出吗？

第三种，音乐智能天赋——你的乐感强吗？音域广吗？节奏感强吗？具有模仿力吗？

第四种，空间智能天赋——你有超常人的想象力吗？

第五种，身体运动智能天赋——你的速度、柔韧性、爆发力、力量方面有过人之处吗？

第六种，人际交往智能天赋——你是专长于一个人独立完成工作还是擅长与人合作，组织他们共同完成工作？

第七种，自我认识智能天赋——你有自控自制力吗？你能制怒吗？你能控制自己的不良情绪吗？你能深刻地反省自己、纠正自己的不良思想和不良行为吗？你知道自己的长处和优势吗？

第八种，自然观察智能天赋——你对自然现象、自然规律、经济规律有深刻的感知能力吗？

人有八种智能天赋，但是，我们目前的教育制度只重点关注前面两种与学习考试有关的智能天赋，其他的往往被忽视了。我们要更多地发现自己其他六项智能优势。像提琴家马友友当然属音乐天赋很好的人。大家熟知的我国奥运田径健儿刘翔属运动型智能天赋，其语言、数理、音乐才能则相对较差。大家都很熟悉的动作巨星成龙、李连杰也属于体育运动智能型的。据成龙自己回忆，小时候在法国读书的他不爱学习，还特别爱打架，为此换了好几所学校，最后，他爸爸带他回香港找学校。有一次，路过一所戏剧学校，看见学员在练武术，他对爸爸说，他哪个学校都不去，就到这里来学武术，结果成了现在的“东方巨龙”。爱因斯坦大家都知道，他小时候学习并不怎么好，但他的想象力非常丰富，结果成了科学家，他就是属于空间智能十分发达，想象力超强的孩子。

天赋就是特长，就是自身某一方面的优势，只要发挥这个优势，磨砺自己的一技之长，使之成为人生利器，则人生必然有你的立足之地。

在大学继续深造的大学生，学习的最大特点是自主学习。何谓自主学习？自主学习，就是按照自己的意愿学习，有选择性地学习，可以说，就是要继续把你的优势、特长加以强化、技术化、专业化，使之能成为你闯荡社会、闯荡市场经济的养身之技。这样“天生我材必有用”，走向社会之后，必定有你的英雄用武之地。

天赋是潜在我们身上的能力，这种能力可能与生俱来。社会心理学家的研究结果证实：一个人的成功，与其让双亲、老师、朋友为我们制定长远的学习规划和职业生涯，还不如了解自己的天赋是什么，了解自己擅长做什么。举例来说，有人在数学运算中表现出速度快而答案正确，但有人却不然；有人能很容易地写成一份报告，但有人却觉得难之又难；有人擅长于公众演讲，激情澎湃，极富煽动性，听众越多，演讲越有精神，但有人却畏惧三尺讲台，一登讲台就目瞪口呆，心慌口拙，不敢面对众人演说；有人适宜独立工作，从头到尾一个人完成，有人却善于协商发挥众人之力，组织大家齐心协力完成工作；有人天生是当官的角儿，有人天生是经商的料。

只要你对自己的过去做一个小小的回顾，你就会发现自己的天赋之所在。假如小时候就能拆装手电筒、打火机和其他小玩意儿，你就很有可能胜任实验室的操作工作，将来适应工程技术性的工作。假如过去一直口齿伶俐，喜欢阅读，思维敏捷，语言完整、流畅、新颖，那语言文字方面的天赋将使你有更多的职业选择，如小说家、诗人、新闻记者、办公室文秘等。你小时候就喜欢写漂亮的字，喜欢到处涂鸦画画，那就在书写绘画方面有一定天赋，说不定可以成为书画家。一般来说，天生的盲人，就难以发展包括绘画在内的许多方面的能力；而其他条件大致相同时，一个身材相对高大的人在篮球和排球等体育运动中要有利得多。你的天赋在哪个领域，那你就应当在那个领域培养本领。也许，你的天赋比你想象中的还好。只要你拥有它，你就应充分地利用它发挥它。

需要严肃指出的是，任何天赋要转换成技能，需要经过严格的训练和学习。所谓天才出自勤奋，即是说，光有天才还不够，还须加上99%的努力。所以大学的专业学习和毕业后的继续学习、终身学习就显得尤其重要。

6. 经营自己的长处就是经营自己的成功人生

提起《罗兰小语》，大家一定都有很深刻的印象。也许这些既温馨，又充满人情味的短文曾经陪伴我们度过许多孤单、寂寞、苦涩的日子。直到目前为止，在港台作家群中，拥有最多且绵延两三代读者，并扬名海内外的，除了金庸的武侠小说之外，其次就是罗兰女士的《罗兰小语》了。罗兰女士的成功秘诀是什么？那就是善于经营自己的长处。

罗兰女士自小时起就有一定的文学天赋，她也羡慕古代的李白、杜甫、苏东坡等人，想写诗；她也羡慕曹雪芹、琼瑶、金庸，想写长篇小说。但她并没有这样做。她知道自己的长处之所在，她人情练达，睿智温情，擅长写散文和小品文。

如今的罗兰女士，依然笔耕不辍。到目前为止，罗兰女士已出版了30多本著作，平均一年出两本新书的罗兰女士，正以她特有的方式，书写着自己的辉煌人生。在台湾地区的《中国时报》，她有一个不定期的"罗兰小语"专栏。

我有什么特长和优势吗？我到底能干什么？我也时时思考这个事关个人前途的大问题。我总觉得我并不是一个天赋很高的人，从以前多次创业的情况来看，我的财商并不很高，什么种蘑菇，什么造油漆，多以失败告终，想来那些行当都不是我很熟悉的，也就是说，在那些方面我并没有优势，心里完全没有底，而且都是以盲从别人为主。

过来这些年，我的青春年华贡献最多的是教育事业，从当教师到教育局工作，从教育局到区政府工作，近十年时间我的工作都与教育的教学、研究、管理有关，加之我是心理学、教育学科班出身的，对教育的关心和追求从来没有停止过，所写的书籍几乎全部是教育方面的著述。特别是加入成功励志的演讲事业以来，免不了要写写画画，做些调研文章。所幸受到许多专家、学者及家长、学生的赞扬和追捧。

写到这里，想起当年教书时一次外出旅游，未能免俗，跟同事一起在一个什么神庙抽签取乐，结果我抽到一首不伦不类的打油诗："李杜文章万代传，至今已觉不新鲜。今生若把文章绣，也领风骚数百年。"想不到十几年后，我还真干上了这写文章的行当。也好，神的点化：今生就写成功励志这篇大文章。

第三篇 思考：思考一切，成功离你不远

美国成功学之父拿破仑·希尔认为：运用思考才是人生成功的要诀。他因此写下了使他名扬世界的成功学奠基性著作《思考致富》。

生活中我们总看到一些人被称为"没脑筋的人"，是批评这个人不思考问题，又批评一些人是"死脑筋的人"，是说他不会思考问题的方法。一个人若被认为"没脑筋"、"死脑筋"，那这个人就悲哀了。你要致富吗？你要成功吗？得动动脑筋，得有点城府，要养成思考问题的习惯。凡事通过自己的大脑多想一想、多磨一磨，再去说，再去做。同时，我们也要提高自己的思维素质、思维水平，掌握思考问题的方法。思维要快、要周密，思维要开放，要有广度，要有深度。要用思考去致富，要用思考去成事，去搞创造发明，要用思考去做人、去整合人脉关系。

一、学会思考，凡事多思考

亲爱的大学生朋友们，你想获得成功吗？请你一定要学会思考。入仕为官、学术科研、做演艺明星、下海经商、交朋处友、追求爱情、求职就业，做任何一件事情，都要沉着、冷静，多思善思。多思才会多谋，善思才会善成。

1. 培养自己独立思考问题的能力和习惯

父母亲为什么一定要你读大学，而不让你读中专读技校？大学生和中专生、技

校生、文盲、半文盲的区别到底在哪里？一般地说，职业技校培养出来的学生，会当厨师、美容师、按摩师、模具师、缝纫裁剪师、工艺设计师、病人护理师、机械工程师、计算机软件工程师等，他们更能够操作、维持一台机器并且也能做得很出色，并且广泛地被私营企业主所聘用。私营企业主反而对大学生不屑一顾，他们说大学毕业生，特别是重点大学毕业生，要本事没有，要架子蛮大，要报酬挺高，要业绩可怜。因此许多父母没办法，又送自己的儿女上职院、上技校，学一两门专业技术才找到就业之门、立身之地。

这也难怪，我们许多大学生，在大学三四年白读了大学，无端浪费了美好青春，学业平平，头脑昏昏，60分万岁，混了张文凭而已，没学到什么真才实学。分低能也低，难怪人家颇有微词。

那么一个真正意义的合格大学生到底应该是什么样的呢？大学生与技工学校的学生，与高中生、初中生主要差别到底在哪里呢？我们说大学生跟技校生的根本差别在于：大学生可能不懂得某一专业、某一技能的具体操作，但大学生应当接受了系统的思维训练，具备独立思考问题，全面、深入分析问题，具体解决问题的能力，在思想的深度和广度上要大胜一筹，能够看清事物的本质，了解事物的发展规律，能弄明白事物之间、人物之间、社会之间错综复杂的关系，能分清事物的轻重缓急，看清事物的关键所在、轻重所在。大学生作为一个整体当然是我们这个民族的知识精英阶层，正是他们的系统学习和独立思考能力，才使我们的国家和民族的未来更有希望和光明前景。

下面这个“买泥土”的故事很是发人深省，特别耐人寻味。

三个年轻人是同乡，一同结伴外出寻求发财机会。其中一个是半文盲、一个是初中生、一个是大学生。

在一个偏僻的山镇，他们发现了一种又红又大味道香甜的苹果。由于地处山区，信息交通都不发达，这种优质苹果仅在当地销售，售价非常便宜，半文盲的年轻人立刻倾其所有，购买了两吨最好的苹果，运回家乡，以比原价高两倍的价格出售，这样往返数次，他成了家乡第一名万元户。初中毕业的年轻人用了一半的钱，购买了100棵最好的苹果苗运回家乡，承包了一片山坡，把果苗栽种，整整三年时间，他精心看护果树，浇水灌溉，却没有一分钱的收入。大学生则找到果园的主人，用手指指果树下面说："我想买些泥土，以后再买些果苗。"主人一愣，接着摇摇头说："果苗可以卖给你，泥土不能卖。卖了还怎么长果？"他弯腰在地上捧起满满一把泥土，恳求说："我只要这一把，请你卖给我吧，要多少钱都行！"主人看着他，笑了："好吧，你给一块钱拿走吧。"他带着这把泥土，返回家乡把泥土送到农业科技研究所，化验分析出泥土的各种成分、湿度等。然后又买来苹果栽培技术的专业书自学。然后，他寻找与买来的土相似的荒地，并且也承包了一片荒山坡，用整整三年的时间，开垦、培育出与那把泥土一样的土壤。然后，他在上面栽种了从那儿买来的优质苹果树苗。与此同时，他要自己的弟弟去做那位半文盲兄弟做的长途贩卖苹果的事情，并且不光运回自己的县城和乡镇，还运送到邻近的市、县、区乡镇，形成销售网络。之后，又教他弟弟做起苹果的中转和批发。

现在，10年过去了，这三位结伴外出寻求发财机会的年轻人，命运迥然不同。第一位购买苹果的年轻人现在每年依然还要购买苹果，运回来销售，并且不懂得中转批发和建立销售网络，加之当地信息和交通已经很发达了，竞争者太多，所以每年赚的钱并不多，有时不赚甚至赔钱。第二位购买树苗的年轻人早已拥有自己的果园，但因不懂种植奥秘，土壤不同，长出来的苹果大大逊色于原品种，但是仍然可以赚到相当的利润。第三位购买泥土的大学生，他种植的苹果果大味美，又由于早已建立了营销网络，每年秋天引来无数竞相购买者，总能卖到最好的价格，早已成了远近闻名的苹果庄园主。

这个"购买泥土"的故事深刻而形象地告诉我们，年轻的大学生因为受过系统的知识教育、思维训练，他经过自己的独立思考，能看清偏僻乡村盛产美味苹果，与土壤、气候、种苗之间的内在联系，并且抓住了苹果生长的关键因素——土壤的成分与湿度。因此，他的作为才给他带来丰硕成果。反之，半文盲、初中生水平的两个同乡由于他们学识的原因，看不到事物更远更深的内在逻辑关系，因而获利不大。

因此，大学生最主要的任务是通过系统的各种知识学习、理论探讨，逐步获知外部世界的各种自然规律和社会规律，逐步形成独立思考问题、分析问题、解决问题的能力。专业也许不同，但道理却一定相同。无论学文学理，只要融会贯通，举一反三，就能格物致知，通晓天下事理。

2. 培养从自己身上找原因的思维习惯

我们许多学生由于从小接受了不好的思维习惯，什么事情办砸了，失败了，总喜欢找借口找托词，埋怨条件不成熟，没家庭背景，没人帮忙，没经济条件，别人主意没出好帮了倒忙，怨天怨地怨爹娘，怨东怨西怨朋友，就是不责怪自己，不从自己主观方面找原因。这也难怪，这都是爹妈惯坏的。

举个例子，孩子坐在椅子上，自己摇摇晃晃摔倒了，当妈妈的为了哄他，让他不要哭，就一边打椅子一边说："宝宝乖，宝宝乖，都是椅子不听话。"这样，孩子从小就形成一个观念：什么问题都是别人的错。你看，椅子又没思想，都有错。有的妈妈带孩子逛商店，孩子不小心摔倒了，妈妈马上说：都是地板太滑了！用脚跺地板。这样教育的孩子，他长大后碰到什么事情都会怪别人，从不找自己的原因，不改进自己。

我一个学生的就职故事，很是发人深省，值得我们认真玩味。

王杰大学毕业后，在北京一家国际贸易公司上班，但公司老总没有重用他，只让他做些助理性的工作，薪水也偏低。一次他在电话中愤愤地对我说："杨老师，我们的老板一点也不把我放在眼里，真是有眼无珠，像我这样的商业天才都不知不识不重用，改天，我要拍桌子，然后炒他的鱿鱼。"

"你对公司的业务完全弄清楚了吗？对于他们做国际贸易的窍门都搞通了吗？"我反问他。

"没有！"

"君子报仇十年未晚，我建议你好好地把公司的贸易技巧、商业文书和公司运营完全搞通，甚至如何修理复印机的小故障都学会，然后辞职不干，"我说，"你用他的公司，做免费学习的地方，什么东西都会了之后，再一走了之，不是既有收获又出了气吗？"

王杰听从了我的建议，从此便默记偷学，下班之后，也留在办公室研究商业文书。

一年后，我问王杰："你现在许多东西都学会了，可以准备拍桌子不干了吧？"

"老师，可是我发现近半年来，老板对我刮目相看，最近更是不断委以重任，又升职又加薪，我现在是公司部门经理，进出有专车，是公司的红人了！”

“这么说，你还是个清白人，知道你老师的心思之所在。”我笑着说，“你这么聪明能干的人，清华大学都考上了，还怕老板不重用你？当初老板不重视你，是因为你业务不熟悉，实践能力还不强，却又不努力学习，总认为老板不识人，认为自己怀才不遇，整天埋三怨四、牢骚怪话，人家怎么敢用你？而后你痛下苦功，业务能力不断地提高，又兢兢业业，半夜还在加班、学习，老板当然会对你刮目相看。”

我进一步引导他说：“凡事出现不理想的局面时，我们不要先怨责别人，要先检讨自己，首先要有自我批评的精神和勇气，老板为什么不重用我？我专业能力强吗？我敬业吗？我有经验吗？我有组织能力吗？我能独当一面吗？我跟老板亲近过吗？我的才能抱负老板了解吗？老板欣赏我吗？我努力了吗？”

“是的，是的，老师说得对。谢谢杨老师的指点和教育。”王杰在电话那一端真情告白着。

凡是没有自省能力，不能从自身找原因，不能改进自己、改变自己、完善自己的人，只晓得怨天尤人的人，注定要遭遇失败。因此，一事当前，我们要全力以赴，事情过后，要多从自己身上找原因。总结经验教训，将优点优势发扬光大，将缺点短处及时克服。这样才能获得别人的信任和重视，这样才能做好事情，成就自己的事业。

3. 要分清事物的主次、轻重缓急，抓住问题的关键和本质

在纷繁复杂，矛盾重重的情况下，我们观察思考问题要从全局考虑，分清事物主次、轻重，区别对待大事小事，抓住事物的本质和关键，使问题迎刃而解。《郁离子》中讲了这样一个故事：

赵国有个人家中老鼠成患，就到中山国去讨了一只猫回来。中山国人给他的这只猫很会捕老鼠，但也爱咬鸡。过了一段时间，赵国人家中的老鼠被捕尽了，不再有鼠害，但家中的鸡也被那只猫全咬死了。赵国人的儿子于是问他的父亲：“为什么不把这只猫赶走呢？”言外之意是说猫有功但也有过。赵国人回答说：“这你就不懂了，

我们家最大的祸害在于有老鼠，不在于没有鸡。有了老鼠，它们偷吃咱家的粮食，咬坏了我们的衣服，穿通了我们房子的墙壁，毁坏了我们的家具、器皿，我们就得挨饿受冻，不除老鼠怎么行呢？没有鸡最多不吃鸡肉，赶走了猫，老鼠又要为患，为什么要赶猫走呢？”

这个故事告诉我们，任何事情都有好的一面，自然也有坏的一面，但我们要看其主流。赵人深知猫的作用远远超过猫所造成的损失，所以他不赶走猫。对赵家来说灭鼠为重，吃鸡为轻，灭鼠是大事，吃鸡肉是小事。因此在复杂局面下，我们要办成大事，就要不计较小事。成就大功业的人，不追究琐事。评价一个人也要看其主流、看其本质、看其优点，不要一棍子打死人。要用其长处，而不拘其小节。

观察事物、办事情分不清主次，抓不住关键和核心，是注定要失败的。

很多学生到了大学，松了一口气，加之大学以自主学习为主，不像中小学那样有人管束，于是放一放、停一停、玩一玩的思想来了，上网、玩游戏、谈恋爱，沉迷其中，不可自拔，成绩一落千丈，这就是分不清主次，抓不住关键造成的。大学大学，应该大大地学，多多地学，是青年人走向社会前最后一次系统的学习。大学四年稍纵即逝，学习永远是主要的、必要的，休闲、娱乐应当适度，勤工俭学也只能“兼职”。可我们一些同学本末倒置，主次不分，荒废学业，这是很不对的。

再分享一个故事。

有两个大学生，他们一起到山上玩。上山以后，突然听到老虎的叫声。“哎呀，怎么这山上有老虎，老虎来了怎么办？”姓王的大学生正好带了双球鞋，就赶紧把皮鞋脱掉，换上了球鞋。姓李的大学生就问他：“你换球鞋干什么啊？”姓王的同学说：“等一下老虎来了，我穿了球鞋跑得快呀！”姓李的同学说：“那老虎跑得比人快呀，你穿球鞋有什么用呀！”姓王的大学生说：“那我跑得比你快就行了！”后来，老虎真的来了，姓李的大学生赶紧把皮鞋脱掉爬到大树上去，那个姓王的大学生穿着球鞋猛跑，还是被老虎吃掉了。这个姓王的大学生很聪明吧，但他分不清主次，抓不住关键，不知道老虎的主要优点是擅长跑而其缺点是不会爬树，结果遭了殃。

关于思考问题的方法，我们还有以下要点必须掌握，做到深思熟虑，决策正确。

（1）全面思考问题，避免片面性，务必缜密思考，左右权衡，全盘考虑，纵览全局，拿出解决问题的最佳方案。

（2）分析行动的可能后果。要思前也要想后，对于重大的决策要慎重。

（3）在纷繁复杂的情况下，要看清问题关键，分清主次，抓住重点问题。

（4）要以发展、变化的眼光看问题，不能把问题看死。

（5）要用辩证的观点看问题，知道祸福、利弊、得失的相互转变。

4. 颠倒的智慧，反向的思维

马谡失街亭以后，司马懿大军很快赶到城下，当时诸葛亮所守之城，大军已退去，剩下老病军士几千人，文官几十人，情势危急。诸葛亮便让军士撤去城头旗巾，打开四门。诸葛亮本人则坐在城楼上焚香鼓瑟。司马懿到了城下之后，诸葛亮就像没看见一样，镇定自若。司马懿见状寻思，诸葛亮一生谨慎，断不会拿自己的性命演空城计，其中一定有诈，于是让后军作前军，慌忙引军退去。

强兵压境，或全力拒之，或一走了之，这是常见的想法，可对诸葛亮来说，这两种方法都不行。于是，他便反过来想想，既不走，又不拒，反其道而行之，装出若无其事的样子，高台端坐，抚瑟自乐，神志安详，以一座空城吓退了司马懿大军。

欧洲有个农庄主，他有一片果园非常漂亮，一到周末就有很多游客到那里去玩，搞得果园乱七八糟。为此，他写了块牌子："私家果园，严禁入内。"在东西南北各放了一块，结果到了下个周末，游客连看都没看牌子，又进去了，照样玩。这时庄园主的朋友来了，知道了情况，说把牌子上的话改一改，改为"如你在我家果园被毒蛇咬伤，医院离这里15公里，10分钟车程"。到了下个周末，再没有一个人敢进去。为什么呢？先前的牌子站在庄园主自己的角度要求游客，游客不听。后来朋友写的牌子站在游客的角度向他们提个醒“别让毒蛇咬了”，故有效。

因此站在对方角度思考问题，往往更清楚，更有效。反向思维一般要求换位思考。这种反向思维，一反平常思维定势，反其道而行之，获得意想不到的效果。

5. 渐进性思维显神奇

世上许多事，你直达目的，人家不接受，不认同，往往需要隐藏自己的目的，采用渐进的方式，才会成功。《伊索寓言》里“煮石头”的故事相当经典，耐人寻味。

一个暴风雨的日子里，一个穷小伙来到一富翁家讨饭。

“滚开！”仆人说，“不要来打搅我们。”

穷小伙说：“只要让我进去，在你们的火炉上烤干衣服就行了。”仆人以为这不需要花费什么，就让他进去了。

他一边烤衣服，一边观察富翁家里的情况。这时富翁家的厨娘也来烤火，穷小伙一见马上说：“哎呀，这位厨娘姐姐真漂亮，身材那么好，真是位美女厨师。”厨娘一听有人夸自己长得漂亮，马上来了精神，忙询问年轻人，为什么落了难，连吃饭的钱都没了。于是年轻人诉说自己家道中落，外出寻亲找工作，不料半途钱包又被小偷偷走，只好出此下策。这时，穷小伙对厨娘说：“没关系，请姐姐借一个小锅给我，我煮点石头汤喝就行了。”

“石头汤？”厨娘和仆人都很奇怪，说，“我想看看你怎样通过石头做成汤。”穷小伙于是到路上捡几块石头洗净后放在锅里煮。

“真好喝。”小伙一边用嘴舔着石头汤一边说。

厨娘真以为好，也舀了一口喝。

“哎，不好喝不好喝，寡淡寡淡的，你总得放点盐吧！”于是厨娘给他在汤中加了些盐。

“谢谢你，厨娘姐姐，加了盐石头汤真的好喝多了。谢谢你。”

厨娘一听到称谢，连忙说："傻瓜，加豆、薄荷、香菜、碎肉才更好吃。"说完厨娘走到厨房把这些菜料全倒入锅中。

当然，这个聪明的穷小伙把石头捞出来，美美地喝了一锅肉汤。完毕，青年人说："世上还是好人多，感谢仆人大哥、厨娘姐姐赐我一锅肉汤喝，他日我发了财一定重回小镇，真心报答大哥大姐。"说得诚恳而又真挚。到这时，仆人和厨娘反而被穷小伙感动起来，都说："应该的，应该的，谁没有落难的时候。"临走，还给了路费和馒头让年轻人带上。

这就是渐进式思维和顶尖人际交流技巧带来的结果。如果这个小伙子一开口就对仆人说："行行好吧！请给我一锅肉汤。"会得到什么结果呢？因此，我们必须采取从无到有，从小到大，由浅入深，由生疏到熟悉，以退为进的渐进式思维方式，才能在办事的过程中发挥自己的聪明才智和交际技巧，把一切人当成自己的援手，最后达成自己的事业目标。

6. 要成功就要比别人多一个心眼

遇到问题时，必须积极地找到解决问题的办法。没有积极思考的力量，便不会擦出智慧的火花。

办油漆工厂时，我任营销部总经理，亲自举行了一次业务员招聘会。有一个大学刚毕业的男生在报上看到我们的招聘启事，正好是适合他的工作。第二天早上，当他准时前往我们的应征办公室时，发现应征队伍已排了20个男孩。

如果换作另一个意志薄弱、不会思考不太聪明的男孩可能会因此而打退堂鼓。但是这个小伙子却完全不一样。

他拿出一张纸，写了几行字。然后走出行列，并要求后面的男孩为他保留位子。他走到负责招聘的女秘书面前，很有礼貌地说："小姐，请你把这张便条交给总经理，这件事很重要。谢谢你！"

这位秘书将这张纸交给了我。其实一切都没有逃过我的双眼。

我打开纸条，看后笑笑交给秘书，她也把上面的字看了一遍，笑了起来，上面是这样写的："总经理先生：我是排在第21号的男孩。请不要在见到我之前做出任何决定。"像他这样会思考的男孩无论到什么地方一定会有所作为。虽然他年纪很轻，但是他知道如何去思考问题，如何想办法解决问题，他已经有能力在短时间内，抓住问题核心，然后全力解决它。

轮到他了，简短的问答之后，我对他说："恭喜你，你已经被录取了，你已经成为我们团队光荣的一员。我信任你。"

实际上，你一生中会遇到很多诸如此类的问题。当你遇到它时，一旦认真进行思考，便很容易找到解决办法。

我想要说的是：成功来源于积极思考的力量，并且能够把这种力量转化为智慧。没有积极思考的力量，也就不会有成功的智慧，成功者就会失去个性，也就不能成为成功者了。

7. 每天留点时间让自己"冥思苦想"

世界著名的成功学家拿破仑·希尔曾写了一本名为《思考致富》的书。我不建议你看它，我建议你精读它。该书出版后，屡次重印，深受广大人士的喜爱。它深刻地揭示了如何运用我们自身最大的资源——大脑。只有用思考的利剑才能去抓住机会、改进方法、实验创新、筹划经营、斩获成功。

拿破仑·希尔在书里为我们讲述了一个经典的故事：

埃玛·盖茨博士是美国的大教育家、哲学家、心理学家、科学家和发明家，他一生在各种艺术和科学上做了许多发明，名重一时。

就是这位埃玛·盖茨博士让美国大名鼎鼎的成功学家拿破仑·希尔大大长了一回见识。

拿破仑·希尔有一次约见埃玛·盖茨博士，结果被博士的秘书挡驾。拿破仑·希尔觉得很奇怪："像我这样有名望的人来见博士，也要挡驾吗？"

秘书回答："无论是谁，即使美国总统现在来，也要等两个小时。"

拿破仑·希尔犹豫了一阵，他也很忙，但仍决定等两个小时，两个小时后，教授出来了，希尔问他："你为什么要让我等两个小时？"

盖茨博士告诉希尔：他有一个特制的房间，里面漆黑一片，空空荡荡，唯有一张躺椅，他每天都要躺在椅子上默想两个小时，有时甚至更长时间，此时的两个小时，他创造力旺盛，很多优秀的主意都来自此时，一有创意灵感便马上拉燃电灯用笔记下，然后又冥思苦想，所以这时他谁也不见，久来成了习惯和制度。

拿破仑·希尔听着博士的讲述，内心突然涌起一股意念：运用思考才是人生成功的要诀，由此写下了使他名扬世界的成功学奠基性著作《思考致富》。

确实，我们每个人都拥有一个世界上最奇妙、无可比拟的头脑，关键是我们是否善于运用它。

世界上最有效、最奇妙的武器是什么？就是你的大脑和神经系统。人脑、神经系统，由生命的单元细胞发展到今天，虽然只有一千几百克重，但却经过了几亿年的进化。它的功能世界上没有任何机器可与之比拟。

英国科学家在20世纪80年代初曾研究认为：要制作一个仅仅具有人脑的记忆功能和神经系统传输效能的机器，就将用上千万个电子元件，占地面积将有两个足球场大，所有导线有几百万米长。

人脑、神经系统正是我们人类赖以生存和发展，能在地球上占据统治地位的有力凭借。它也是我们每一个人走向成功的有效辅助机器。美国心理学家马尔茨通过多年研究发现：人脑和神经系统具有帮助人们分析环境、选择目标、提供方法、矫正错误，引导人们最终走向成功的功能。

我们每个人都具有这种世界上最奇妙、无可比拟的成功的辅助机器——大脑。成功的关键就在于我们是否善于运用它。每天给大脑留出独立专注的时间，是思考进入深度的开始，这种深度中常有利于解决实际问题，从而走向成功。

二、思考一切，成就一切

勤于思考，是成功者身上一项非常重要的特质。成功学家说，什么都可以懒，就是思想不能懒。在一个单位，我们要勤于思考，不能习惯于等答案，听吩咐，领导叫干啥就干啥，别人叫怎么干就怎么干，而要通过自己的大脑，多思多想，知道自己该怎么干，该跟谁干。这样，思考一切，成就一切。培养了良好的思考问题的习惯，成功就离你不远了。

那么我们到底要思考些什么呢？

1. 仔细观察身边的人和人际关系

一个人能否获得成功的人生，某种程度上来说，就看这个人有没有识人的本事，有没有与人沟通的本事，把每一个人都当成自己的援手。

许多成功人士都身怀一种隐秘的技巧和能力，这就是善于了解他人的性情、特点，掌握他人的苦乐、嗜好以及优缺点，进而洞悉对方的心理，知道他全神贯注的是什么，常常忽略的是什么，他因何而动怒，他因何事感到震惊，他骄傲的是什么，他不满足的又是什么。掌握了他人的真性格真性情，“和”，可以投其所好，以结其心，成为相见恨晚的知音知己；“战”，可以直指要害，攻其痛处短处，于不动声色之中击倒对手，或在单位顺利晋级，或成就自己的事业。

观察你身边的人，一般可采用“五视”法：

一是观察他日常生活的衣食住行，看他安于怎样的生活方式，是俭朴呢，奢华呢，还是时尚呢？

二是观察他在自己富有的时候，结交的都是些什么样的人，是攀高结贵呢，还是救苦救难，与人为善，还是两者皆然？

三是观察他在自己当了一官半职时，推荐和提拔的是哪些人，是选贤任能呢，任人唯亲呢，还是只要谁“米米”送得多就重用谁推荐谁？

四是观察他落难不得志时所作所为，是妄自菲薄，破罐破摔，还是忍辱负重，志坚意毅，积蓄力量卷土重来？

五是观察他在贫困拮据经济困难时，对待财物取舍的态度，特别是他拒绝什么样的财物。有志者不吃“嗟来之食”，有志者“无功不受禄”，对于真诚的帮助，必怀感恩的心坦诚接受。

总之，我们可以根据对方的相貌、气质、行坐姿势、说话方式、话题、面部表情、服饰发型，还有处事方式、生活习惯等个人的外部特征，来了解对方的心理特征、性格特点、兴趣爱好、处世态度、处事方法、道德人品、责任担当、诚信与否，来了解对方的心理需求。许多美女希望他人夸她聪明智慧，富裕发达之人希望他人赞美他仗义疏财是及时雨。残疾、脑子慢的人希望他人夸他进步快，意志坚强。

只有读懂了人的内心，知道了人的性情好恶、品行修养，我们才能有针对性地与其沟通交往，打通关节，成为好朋友；在急难的时候，在职务晋升的时候，在裁员定去留的时候，才知道哪些人可以求助，哪些人不能出语相求，哪些人可以帮大忙，哪些人只能帮小忙，才能决定自己应当采何种办法。不然，只能乱打乱撞，四处碰壁。

仔细观察人的一个重要方面是发掘人善的一方面，求得人的帮助。仔细观察人的另一个重要方面是充分认清人恶的一方面，防止恶人的阴谋算计。

“一羽示风向，一草示水流。”对于人心的险恶，我们同样要有一双火眼金睛，防止恶人的阴谋和算计。

先看一则寓言。

有一头狮子，已经年老体弱，再无力自己觅食了，只好躺在洞穴中，呼吸困难，说话有气无力，一副病入膏肓的样子。

这消息很快在兽群中传开了，大家都开心不已，他们一个接一个地来探望狮子。哪知道这头狮子就这样呆在自己的洞穴中，轻而易举地把探望者一个个捉住吃掉。

狐狸也来看个究竟，但它对这件事有些怀疑，于是，它站得远远地恭问大王安好。

狮子趴在地上，装出有气无力的样子说："啊，我最亲爱的朋友，是你呀！为什么站得那么远？来，好朋友，在我这可怜的狮子耳边说句话吧，我快不行啦。"

"愿上帝保佑您！"狐狸说，"但请你原谅，我不能久留，老实说，我感到十分不安，我看到的都是走进洞的脚印，但没有看到走出来的。"

生活中，有白日也有黑夜，有光明正大的地方，也有黑暗的角落；有好人，也有恶人；有真诚，自然也有谎言。许多时候，人们说话似真似假，真假相间，做事情也是虚虚实实，虚实同行。这就需要我们动用自己的锐眼慧心去识别，不要被人陷害，不要成为别人利用的工具。

除了观察个体的人，还要仔细观察人际间的各种复杂关系，人际板块结构。来到一个新环境、新单位、新公司，我们要动动脑筋，看一看是谁在主导这里的工作？人脉板块结构是如何构成的？公司是股份制，谁股权最大？谁最有魄力？谁最有才干？谁的德性最好？工作的重点难点在哪里？单位、公司的主要矛盾、主要问题在哪里？领导层人际板块是怎样分布的？职员中人际板块是怎样构成的？谁是实际的组织者、领导者？谁是我的合作伙伴？谁是我的竞争对手？谁是潜在的竞争对手？怎样才能处理好与他们的关系，才能形成合作双赢或多赢的局面？

一般地说，在一个班级一个单位一个公司，我们需要保持两种关系，一是与头的关系要好，二是与单位内大多数人关系要好。

为了保持与大多数人关系好，我们需要采取三种人际交往策略。一是采取中立策略。当领导之间、同事之间、同学之间发生矛盾时，应巧妙采取中立态度，尽量不得罪人。二是采取等距离交往策略。在场面上、大众公开场合，不可只跟一拨人好，而冷落另一拨人或极个别人，而要人人都好。私下里，要分散交往，不要只顾与最好的朋友交往。要尽量多地团结人，结交人，让其为我所用，关键时候让每一个人成为自己的援手。三是采取"敌人的敌人就是自己的朋友"的策略。班级政治、办公室政治并不简单，在复杂的环境里生存，合纵连横的谋略同样是行之有效的方法，"敌人的敌人"即是自己的朋友。但一定要注意交往的分寸。对于"问题"要慎重对待，不可完全无原则地结交以打击第三方竞争对手。运用之妙，存乎一心，不可弄巧成拙。

2. 仔细观察周围事物

培养敏锐的观察力是成功思维的基础一环。俗话说“月晕而风”“础润而雨”，这是长期观察后得出的结论。木工祖师鲁班观察草叶划破手指，发明了锯子，伽利略观察到摆的等时性发明了钟表，艺术家盖叫天从石狮子的姿态、铜佛爷的坐相，思索出戏剧人物的造型美……

东汉末年，一个夏天的傍晚，在一栋农舍旁，独坐着一位乘凉的老人，他就是我国名医华佗。忽然，他望见一只马蜂撞到了蜘蛛网上，连忙走过去，观看蜘蛛怎样把马蜂吃掉。

马蜂在蛛网上拼命挣扎着，机警的蜘蛛迅速地爬了过去，企图用蛛丝将马蜂缠紧，别让它挣脱。蜘蛛刚一接近马蜂，马蜂连忙伸出毒刺，狠狠地将蜘蛛蜇了一下。蜘蛛的身子当即肿了起来，掉下网去，落在屋檐下的一片绿苔上。

但见蜘蛛在绿苔上打了几个滚儿，肿就消了。它并不罢休，又迅速沿着蛛丝爬上网去缠马蜂。再次较量，马蜂又将蜘蛛蜇肿了。蜘蛛又用老办法，落到绿苔上打滚，肿消后又上网去缠马蜂。这样反复斗了几个回合，马蜂最终耗尽了体力，成了蜘蛛的一顿美餐。

华佗看到这种情景，引起了一番深思。他想，蜘蛛的消肿可能与绿苔有关，绿苔很可能是一种消肿去毒的良药。

时隔不久，华佗到广陵去行医，路上碰到一个妇女被马蜂蜇了，痛苦地捂着脸。华佗立即想起蛛蜂相斗的场面，急忙弄来一些绿苔，敷在那位妇女肿瘀的脸上，说：“两天后，我再来看你。”

过了两天，华佗带着徒弟来到那个妇女家中。那妇女肿瘀全消，感激地说：“多谢先生，您的办法真灵验，不愧为神医！”

观察是创造性思维的基础，任何发明创造和正确的思考都来自对事物深刻的观察这个源泉。华佗不仔细地观察蛛蜂相斗的全过程，就不可能发明绿苔消毒法。

观察是仔细地察看客观事物或现象，是有目的、有计划、有准备的知觉活动。敏锐而准确的观察，往往是创造性思维发展的先导。因此，平时留心地观察，就会积累许多知识，遇到实际问题，就有可能产生许多办法。

那么，应当怎样进行观察呢？

第一，要留心身边发生的事情。看到一则广告，听到一则新闻，看到一个奇怪现象，要见微知著，引发仔细的观察和思考。

第二，在观察前要做好必要的准备。要明确观察目的，掌握好必要的知识，拟好观察要点。这样才能抓住观察重点，发现事物的特征，萌生创造的愿望。

第三，观察时，要掌握一定的观察方法。具体来说要做到五要：一要敏捷，尽可能使多种感官参加活动，善于抓事物的特点，特别是对那些容易消失而又很关键的现象，没有敏捷性是很难观察成功的；二要仔细，不能浮光掠影，马马虎虎，只有仔细地观察，才会发现所熟悉事物的新特征，产生创造热情；三要有合理的顺序，从头到尾，从整体到部分，或从部分到整体，要预先根据需要安排好；四要有持续性，要自始至终观察事物的全过程，并不断深入下去，直至得出结论；五要前后联系，对观察到的现象进行分析、比较综合，在分析、比较过程中发现事物的不同点与相同点，从而综合考虑，得出观察的结果，引发有关联想和思考。

第四，观察后要认真回顾总结，写好观察报告，要多分析，多思考，巩固和提高观察的效果。

3. 挖掘潜意识，捕捉思维灵感

潜意识就是我们“心”的大海。它汇集着一切思想感受的涓涓细流，是容纳各种观念心态的百川。它是形成我们一切思维意识的源泉。

人从娘胎里诞生起，潜意识便开始形成：父母的期望、教诲，家庭环境的影响，学校的教育，从小到大的阅历，一切影响过你的外部思想观念和你自己内部形成过的意识、情感（包括正面积极的情感和负面消极的情感），统统都会在你的潜意识里汇集沉淀储存起来，形成一个人丰富的内心世界和灵魂。它是我们思想、观念、智慧取之不尽、用之不竭的素材和信息源泉。

许多富豪的成功，许多科学的发明，往往得益于“潜意识刹那间的灵感之花的闪烁”。

日本企业家小岛一郎正是由于潜意识里忽然冒出了一个“自来水经营理念”，因而使他的企业蒸蒸日上，一举创成巨富。

在一个炎热的夏日，小岛一郎在大阪天王寺附近的街上走着。那一带人家的门前装有共用的自来水。这时有一个拉货车的人走过来，抽了一支烟后，就用嘴巴对着水龙头津津有味地喝起水来。自来水并非不要钱的，由天然的河水经过水厂加工之后，才能成为饮用水，所以用户都要付水费。现在这个人未征得所有人的同意，便擅饮有价之物，却没人阻止他。

小岛一郎潜意识里忽然涌出一个念头：为什么没有人阻止这擅自饮水的人？但是假使指责他，也只能指责他不规矩、不客气吧。自来水对在炎日下拉货车的人来说，是比什么都好的饮料，应当是十分高价的东西。但是因为处处可见，价值也就等于零了。

在人类的世界里，不论是冰箱或衣料以及其他一切用品，无疑都是必需品。如果这一切必需品都能大量生产，那么它的价格都会相当低，产品也就能薄利多销了。

小岛一郎突然明白自己的任务就是制造像自来水一样多的电气用具，这是他的生产使命。尽管实际上不容易办得到，但他仍要尽力使物品的价格降低到最便宜的水准。

“自来水经营理念”来自潜意识之中产生出来的“急智”，它帮助小岛一郎调整了经营策略，明确了创富方向，从而使他的创富获得了巨大的成功。

李浦曼是美国佛罗里达州的一个画家。在未成名之前，李浦曼在经济上十分拮据，家里穷得连成套的画具也买不起。但穷日子有穷日子的过法，他一枝铅笔总是削了又削，用秃了仍然舍不得扔掉；橡皮擦子用得只剩丁点儿大，也还凑合着用。

一天，李浦曼正在全神贯注地创作一幅题为“梦中的少女和绅士”的图画。他全身心地沉浸在创作的激情中，短秃的铅笔捏在指缝间也得心应手。他画一会儿，又停下来瞧一会儿，反复地揣摩，发觉有不妥当的地方，便用那丁点大的橡皮擦掉重来。“少女……绅士……”他心中默默念叨，忽然，他发现了一处败笔，赶忙找橡皮，可匆忙之间只剩得一点点大的橡皮竟不知去向了。画家找来找去，好半天才在墙脚下找到它。但是刚找到橡皮擦，那枝短秃的铅笔又难觅踪影了。“真是见鬼！”李浦曼气得要命。

“看来，得想个办法。”李浦曼自言自语，他用线将橡皮擦吊在铅笔上。这样一来，铅笔和橡皮擦连在一起，不会用起这个不见了那个，比原先方便多了。

可是，用了没有多久，橡皮擦磕磕绊绊又掉了下来，反复捡，反复掉。李浦曼知道自己的“创造”还有需要改进的地方：“我非把这件事弄好不可。”突然他心里冒出一个主意，赶忙找到一块铁皮，将橡皮擦固定在铅笔顶端……“哈哈，真是太妙了！”他拿在手里试了试，觉得它又结实又方便。

“这玩意说不定会帮我赚大钱呢！”李浦曼似乎发现了自己这一“创举”的价值，乐得眉开眼笑。于是，他先不忙画画，而是将自己这“灵感”突来的“二合一”的铅笔送去申请专利。获得专利以后，他又将这项专利卖给一家铅笔公司，得了55万元专利转让费。“穷”字从此与他无缘。

李浦曼曾是一个穷画家，他从自己的不方便中发现了创新的机会，凭自己的智慧，以对社会有益的方式获得了巨额财富，这种聪明值得我们学习。

4. 仔细观察身边的经济现象和经济规律

除了仔细观察自然现象，我们还必须留心观察身边的经济现象，探索经济规律。深圳鸿儒堂文化传播公司董事长覃彪喜先生，在中南大学读书时就注意到了一个很有价值的经济规律——企业的多品牌战略。

宝洁公司对于大学生来说绝对不会陌生，大学宿舍里到处可见宝洁公司的产品：舒肤佳、玉兰油、碧浪汰渍、激爽、佳洁士、护舒宝等。而洗发水这一类产品，宝洁公司就推出了6个品牌：飘柔、沙宣、海飞丝、潘婷、伊卡璐和润妍。就算你没有使用这6个品牌中任何一种洗发水，你身边肯定有人使用，你也肯定看过这些产品的广告。可是，你有没有想过这样一些问题：宝洁为什么要推出这么多个洗发水品牌呢？这些品牌之间有什么区别呢？或许你会觉得这些问题非常无聊，跟自己的学习和以后的工作一点关系都没有。但是，覃彪喜却因为思考这个“无聊”的问题而获得了一份工作。

大学期间覃彪喜学的是政治思想教育专业，并没有系统地学习过经济学的任何理论，但对于身边的经济现象却非常感兴趣。有一次买洗发水的时候他突然产生了一个问题：宝洁公司为什么不集中精力做一个洗发水品牌呢？那样的话不知道可以节省多少广告费用。过一段时间，他在宿舍里听到同学谈论喜欢什么洗发水，才恍然大悟：宝洁如果只推出一种洗发水品牌，就算把这个品牌做到无可挑剔也肯定会有些人不喜欢，但如果同时做多个品牌，大部分消费者总能从这些品牌中找到一个自己喜爱的。这应该叫做多品牌战略吧？

那么，这些品牌之间的区别在什么地方呢？带着这些问题，覃彪喜开始有意识地观察宝洁的广告。很快，他发现飘柔强调的是发质的柔顺，海飞丝专注于去屑，潘婷突出的是营养，而沙宣给人的印象是专业，走美容院路线。

很久以后，在一次就业面试中主考官问了覃彪喜这样一个问题：请结合具体案例谈谈多品牌战略在日化行业的应用及其利弊。覃彪喜不假思索就谈出了自己对于宝洁公司多品牌战略的理解，并谈论了该战略对于创业型公司的价值和挑战，还谈到了品牌的覆盖面问题。由于覃彪喜平时特别注意身边的经济问题，有了大量的思考和积累，虽然他没有经过任何经济理论的学习，但是面试官却非常满意他的回答，很快就决定聘用他了。

三、思考致富：不怕做不到，就怕想不到

1. 亿万富豪　一元起步

真的是"生死有命，富贵在天"吗？非也。一穷二白，资金不足，条件不具备，一样可以创富赚大钱。但你得具备一样东西：会思考，有智慧。所有财富的传奇故事都告诉我们：会思考、会整合一切资源为己所用，是成功致富的不二法门。不怕做不到，就怕想不到。

卢俊雄，1968年出生，广东华隆集团的创办人。儿童时代的卢俊雄就立志要做一个发大财、做大事业的人。没本钱怎么办？苦苦哀求下，父亲给了他1元钱。1元钱能干什么？卖报。一个月后得到6元钱利润。6元钱能干什么？做旧书生意。就在买卖旧书中一个偶然的机会，让他知道了集邮炒邮这么一桩生意。于是10岁时便偷偷地背着家人，带

着10多元钱买来的外国邮票到武汉闯荡，显示了他的经营天赋。在华隆发展公司他的办公室墙上挂着一把挂扇，上书“天生我才”四个大字，表达了他的勃勃雄心。

卢俊雄是个富有灵感，悟性极高的经营奇才。1985年，他自费读华南师大政治经济管理系。大学期间，他采用了与别人完全不同的方式从事邮票经销活动。细心的卢俊雄首先通过《集邮》杂志和邮票公司搜集了全国2000多个集邮爱好者的姓名地址，这些名单潜藏着赚钱的巨大机会，一般人恐怕想不到这个绝妙的办法。

然后，他用卖贺卡赚来的几千元钱办了一份双面八开铅印的《南华邮报》，报的一面是邮市信息，一面是邮票品种名称目录，免费寄给他搜集到的名单上的集邮爱好者。卢俊雄知道舍不得投入也就“套”不住集邮爱好者，几千元的投入在当时可以说是“血本”，弄不好可能会血本无归。但铅印的《南华邮报》解除了他的顾虑，也赢得集邮爱好者的信任，一切安排得相当周全、井井有条。

两千多份免费的《南华邮报》寄往全国29个省、自治区、直辖市，不久，寄钱来求购邮票的果然不少。

关键问题是卢俊雄此时实际上也就相当于开了个“皮包公司”，邮票到哪里去弄？他决定尽快搞到所需邮票，方案在办报时就想好了。

邮报寄出后，卢俊雄手里所剩资金无几，根本无力购下大批邮票坐等读者来买，他没有那么多钱，只有用别人的钱来摆平此事。于是他就到一个邮票大户那里订了2万元的邮票，对那人承诺：“你给我留两个月，我先交出2000元订金，如果我在两个月内卖不掉一半，这订金我就一分钱也不要了。”邮商听他提出的交换条件很讲义气，觉得没有吃亏，就爽快地答应了。结果仅用了一个月的时间，他就销出了2万元钱的邮票，取得了第一次经销邮票的成功。

他自己的前期投入得到了回报，在集邮爱好者中引起了空前的反响。通过这件事的筹办，足以看出卢俊雄不凡的经营才能。邮报创办到第5期时，他已经拥有了5万多个客户，就连创刊30多年的《集邮》杂志也看到了卢俊雄的能力和实际号召力，首次破例答应为他做一个广告。真是时来运转，《集邮》杂志的销售广告使卢俊雄的邮票生意当月就达到了30多万元的营业额，这对一个在校大学生而言，实在是够可观的了。但卢俊雄并没有被胜利冲昏头脑，他马上意识到与《集邮》杂志搞好关系是发财的好契机，决定抓住这点不放，于是他又去与《集邮》杂志的负责人商量，为他做一次举办全国首届集邮通讯拍卖广告，这真是个异想天开的思路，在中国是第一次，但他又成功了。

商业动机无疑就是为了赢利，但不能只顾赢利不顾及其他，还要妥善解除客户的后顾之忧，方能如愿以偿。卢俊雄的头脑比别人机灵，还表现在他善于在关键环节附加一条对客户有利的“诱惑”。

卢俊雄后来初涉房地产生意时，手头仅有几年辛勤积累起来的小额资金。但他并不墨守成规，他决心不贷款不出钱，只用自己的脑袋瓜去尝试房地产生意。

首先搜集房地产信息，详细研究、周密分析，谨慎选择了一些在市中心位置较好的旧房，预支5000元的订金，对房主承诺一个月就以800元/平方米买下。“货”是摸在手中了，但资金怎么解决？

这个世界上就有一种奇怪的事：有钱的人未必能做成事，做成事的人未必有钱。卢俊雄马上去找急欲购房的港台商人和外商，对他们谈了自己的计划：找装修公司先对旧房装修改造并安装电话，修整好后以2000元/平方米的价格出售给他们。为了引起港台商人和外商的兴趣，卢俊雄设置了一个“诱饵”，如果客户买下的那套房子以后不住了，他保证以不低于买价的价格帮他卖出。这一招果然深受主顾欢迎。

其实卢俊雄的“诱饵”只有他自己明白，他不愁帮助客户卖出房屋，因为房价总是在涨。这一点是卢俊雄智慧的亮点。

现在很多年轻人在下海时首先碰到的困难就是资金短缺，有的人被困难吓回去了，有的人还在犹豫不决。须知条件充分未必能做成生意，凡做大事情的人依靠的不是资金，而是自己的思考能力。卢俊雄在这方面给人们做了很好的示范。

2. 精明的头脑成就上海滩资本大亨哈同

拥有财富，但不一定拥有智慧；你虽然很穷，但只要拥有了智慧，你也会成为富人。

哈同是旧中国闻名上海滩的“大班”，控制着大上海一半以上的房地产，财富难以计数。但是，这个闻名一时、富甲一方的犹太大亨，刚到中国时却一文不名。

当时，年仅24岁的犹太人哈同尾随嘴咬雪茄的洋商贾与身带枪炮的洋鬼子，流浪到了旧中国的大上海。其时，他孤零一身、囊空如洗，靠他父亲在上海的老朋友介绍，才免费到沙逊洋行混了个看门的差事，住在又脏又臭的勤杂工宿舍。

看门本是一个不能发财的下等差事，可哈同做上就不一样了。只干了几天，他就对洋行上下了如指掌，特别是他还深谙：那些来洋行办事的，大多是来谈烟土等黑货生意的。于是他脑袋一晃，就想出了一个发财的鬼点子。

这之前，前来办事的只需和门卫打个招呼就被放进去，这回哈同的工作方法改变了。他在门口放了一本登记簿，来客一律要先登记，然后坐在门口的长凳上等候，按顺序进门。这下可把那些烟土商急坏了，因为他们急于将黑货出手。有些机灵的商人，猜透了哈同的用意，便拿出1元钱，轻轻塞入哈同手中，恳求道："我有急事，能不能通融一下？"哈同马上到里面跑一趟，出来说："请进吧。"

当排在前面的人提出疑问时，他就用刚学会的中国话说："他的——生意——比你们紧急。"

久而久之，其他的商人也看出窍门来了，于是也在登记时塞给他1元钱。有个别的生意较大，需"货"较急的，还多加到两元钱，要求"插号"。

这一看门方式的改变，不仅使哈同一天能多收入二三十元的外快，而且还给营业部管事留下一个聪明能干的好印象。因为，以前这位管事的办公室里，从早到晚总是挤满了客户，他们争先恐后地谈生意，吵得管事头晕目眩。忽然从某一天起，客商们秩序井然地有进有出，而且几乎所有大买卖都排在前头。管事颇觉纳闷，特意抽空去门口调查了一番，才知"原来如此"，心中不觉对哈同另眼相看："这个犹太青年聪明能干，让他做看门人，岂不是大材小用！"

不久，营业部管事就找哈同谈话，表扬他工作认真、聪明能干，并问哈同对洋行业务有何高见。哈同怎肯放过这个在上司面前表现的机会，忙说："我看，用抵押的办法，加以扩大营业额。"这话一下就说到了管事的心坎上。用抵押、用期票，不仅可以增大营业额，而且大有发挥的余地。

就这样，哈同很快就得到了上司的赏识，并像坐直升机般地被提拔为业务管事、领班及行务员，直到最后成为旧上海滩首屈一指的富豪。

哈同当门卫所赚的钱，后来也成为他在上海滩崛起的本钱。而这一切无不是靠着他的聪明和智慧得来的。

第四篇　行动：坐而论道不如起而迈步

马上行动，是做成事业的根本方法。行动即是真理。马云说：阿里巴巴不是计划出来的，而是“现在、立刻、马上”干出来的。一个人不管你的理想多么崇高，不管你的设想多么美妙，也不管你的计划制订得多么周密，也不管你的心地多么善良，如果你没有了行动，那么你的理想即是空谈，你的美妙的设计只是空中楼阁，你的善良的心地也将一事无成。我们一定要把行动放入方法论中来认真对待。

一、世上没有白吃的午餐——没有耕耘，就没有收获

许多年前，阿拉伯有一位聪明的老国王召集了聪明的大臣，给他们一个任务：“我要你们编一本《古今智慧录》，将世界上最聪明的思想留给子孙。”这些聪明的大臣离开国王以后，工作了一段很长的时间，最后完成了一本洋洋12卷的巨著。国王看了看说：“各位先生，我相信这是古今智慧的结晶，然而，它太厚了，我怕人们读不完。把它浓缩一下吧！”这些聪明的大臣又进行了长期的努力工作，几经删减后，变成了一卷的书。然而，国王还是认为太长了，又命令他们再浓缩。结果这些聪明人把一本书浓缩为一章，然后缩为一页，再变成一段，最后变为一句。聪明的国王看到这句话时，显得很得意。“各位先生，”他说，“这真是古今智慧的结晶，我们全国各地的人一旦知道这个真理，我们大部分的问题就可以解决了。”这句凝聚世界上最聪明思想的话是：“天下没有白吃的午餐。”

没有耕耘，就没有收获。要吃午餐，就得靠实实在在的行动去创造，再美好的梦想，再崇高的目标，光说不做，光想不做，那梦想那目标只能是水中月镜中花。要获得成功，必须“心想”+“行动”。毛泽东同志在他的哲学名著《实践论》中说得好：“你要知道梨子的滋味，就要亲口尝一尝。”

1. 坐着议不如起而行——多深入社会实践

从前有个年轻的国王继承王位后，不理朝政，专门想自己的心思，作自己的打算，偶尔上朝，也只是高谈阔论地向大臣们提出自己建设国家、保家卫国的宏伟蓝图，可就是懒得去做。这样天长日久，权力很大的丞相便生了二心，想取而代之，他笼络人心，准备政变。就在这紧要关头，年轻国王突然连续三天听到一个白头发老太婆天天提着菜篮子到国王宫前叫喊“卖智慧喽，卖智慧喽”。国王听了感到奇怪，智慧怎么可以卖呢？他带着疑虑去向老太婆买智慧了。只听老太婆说：“人醒着比睡着好，人坐着比躺着好，人站着说又不如起而行。”说完转身走了。年轻的国王有所悟，就深入各地考察，通过各种接触活动，终于查出了身边的“定时炸弹”，也解除了邻国的威胁。

空谈误国，实干兴邦。历史对此早已作出了正确的结论。然而我们现在还有许多青年学子常常满足于高谈阔论，常常喜欢发点牢骚，却唯独不肯下苦功读好书，不肯下工夫学点行世立身的真本领。说空话、大话、套话都是没有用的。“书到用时方恨少”，只有把理想、宏伟目标落实到行动上，落实到每一件实实在在的小事上，凡事躬行，脚踏实地才有出息。

东晋的祖逖和刘琨这对年轻的好朋友，年轻时胸怀大志，曾一起在司州（今洛阳东北）做主簿，晚上，两人睡在一张床上，经常谈起自己的宏大抱负，评议国家大事，每天谈到深更半夜。不仅如此，他们还知道光有理想还不行，光口里说不行，夸夸其谈，囿于口舌，华而不实是成不了大事业的，要实现抱负还得靠实际行动，还得趁年轻时学好真正的本领。因此他们常常挑灯夜习，闻鸡起舞，不分昼夜，刻苦习文练武，后来两人都投军效国，成一代名将，名垂青史。

2. 绝知此事要躬行——重视科学实验

1849年，非洲大地，疟疾流行，这种可怕的流行病夺去了一批又一批人的宝贵生命。为了拯救非洲人的生命，消灭恐怖的疟疾，世界各地的医学家、化学家、药物学家都忙于从金鸡纳树中提取奎宁的新途径。因为奎宁是当时唯一一种能治疗疟疾的特效药。

1856年，在英国皇家化学专科学校里，霍夫曼教授和他年仅18岁的学生威廉·亨利·珀金正在忙于分析奎宁的化学成分，进行合成奎宁的研究。

“珀金，从煤焦油中能不能提取奎宁呢？”霍夫曼教授向学生提出一个研究课题。

“我来试试吧。”珀金立即赞同老师的主张，并开始进行实验。

珀金先从煤焦油中提炼出粗苯胺，然后把氧化剂重络酸钾加到粗苯胺中，试管里有柏油状的黑色残渣生成。

“怎么样，珀金？”在一旁工作的霍夫曼教授关切地问学生。

“咳，又失败了。”珀金既困倦又失望，只好洗净试管，重新实验。

试管里的黑色黏稠物似乎有一种吸力，牢牢地粘附在皮管壁上，珀金无论是用水冲还是试管刷刷，怎么也不能把它洗掉。

望着洗不净的试管，珀金心想：这里面的物质是苯胺和煤焦油，它们都是有机化合物，或许可以用有机溶剂把它们溶解掉。

珀金顺手往试管里倒入一些酒精，忽然，试管里的黑色残渣溶解了，生成了美丽夺目的紫色溶液。

“老师，您过来看看，这种黑色残渣变成紫色溶液了。”

霍夫曼教授对这一现象也感到惊奇。

“这是不是奎宁呢？”珀金又问霍夫曼教授。

“肯定不是奎宁，你好好研究一番，可能会得出别的成果。”霍夫曼鼓励自己的学生不断探究。

珀金遵照霍夫曼教授的指点，反复对这种紫色溶液进行研究，终于制造出了世界上第一种人工合成的染料——苯胺紫。

古人云：“欲知其中事，必须去躬行。”要想有所发现，有所发明，就必须去行动，就必须动手做实验。发明的东西是否可行，需要通过实验进行验证。不断动手，不断实验，才能获得新的发明。1901年至1978年的诺贝尔物理学奖中，属于实验技术的占60%，我们千万不要忽视了动手做实验。动了手，实验了，说不定你会有新的发现和收获。长期以来，我们的学生往往被称为“高分低能”“书虫虫”，为什么？懒于行动，科学实验操作能力差。

既然实验在学习、创造中占有非常重要的地位，我们在平时就要重视实验，规范、熟练、安全地进行实验操作，正确地观察实验现象，并充分运用思维能力对实验现象、数据进行正确的分析、归纳、整理并得出结论，能进行实验设计，准确地写出实验报告，不断增强自己的实验能力。总之，要重视实验这种行动方式。

3. 治疗恐惧心理的灵丹妙药——马上行动

生活中我们一些人并不是没有理想，也并不是没有好的主意和策划，但他们总是求稳怕乱、性格懦弱，心智不够成熟，对自己创业干事情总是心存恐惧，因此，不敢越雷池一步，永远拿不出行动来。

我们说，自信心需要行动来支撑。克服恐惧的唯一办法是马上行动，无边的恐惧、巨大的困难需要行动这剂良药来医治。

拿破仑·希尔说：“行动本身会增强信心，不行动只会带来恐惧。克服恐惧最好的办法就是行动。”

有经验的伞兵都知道：跳伞很好玩，但让人难受的只是第一次“等待跳伞”的那一刹那。但一旦跳下去了，也就没事了，心理会承受一切的变化和反应。有了第一次跳伞成功的经验，第二次跳伞就没有这么恐惧了。

一般人应付恐惧最常用的方法是“不做”，即使是最老练的推销员也经常怯场，他们为克服恐惧，往往在客户附近徘徊犹豫，要不然干脆找个地方一杯又一杯地喝咖啡，来培养自信与勇气。其实这种“拖”“等”的做法根本没有效果，反而徒增恐惧。克服恐惧——任何一种恐惧——最好的办法就是“立即去行动”。

有一位自卑胆小的女学生在介绍自己如何向老师请教问题时，说了一段心里话：“周老师很威严，我胆子又小，所以每次有疑难都不敢问他，为此我经常骂自己是自卑狂、胆小鬼。一次我气急了，说胆小鬼你怕什么，他又不吃了你，说着拿着一道数学题跑到周老师办公室请教。结果，周老师很和蔼很亲切地句我作解答，还夸我聪明，接受问题快。开始我还脸红耳热，流汗不止。后来心逐渐地平静下来。回到教室我静静地一回想，竟发现请教老师也没有什么恐惧，觉得今天做了一件特别高兴、特别成功的事。后来，我有疑难问题就大着胆子请教老师，久而久之，我对老师的恐惧感完全消失了。由这件事我觉得，办一切事情都一样。比如到班上唱歌，我以前不敢唱，就像不敢向老师请教一样，后来我壮着胆唱了第一支，虽然不算好，但总觉得唱了总比不唱好，现在我当众唱歌越来越好了。”

成功学大师丁远峙先生谈他学跳舞的故事也很有趣。

丁先生初学交谊舞，水平不高，从不敢擅请舞伴。每次去舞场，都龟缩在角落只有偶然发现某个小姐跳舞水平比自己还差，才敢去请，而且往往发挥很不错。但有时看走了眼，错请一位舞艺高超的小姐，则顿时心慌意乱，连平时会跳的动作也吓忘了，惹得同伴嘲笑：去舞场还是请跳舞水平最差的，长得最难看的吧。

这样的刺激谁受得了，回家后丁先生就想，为什么请了水平不高的小姐，自己跳得好，反而请了水平高超的小姐却跳得不好呢？关键是信心问题，自己没底气，怕出洋相。于是丁先生给自己打气：就请水平高的小姐跳，不就多踩她几下脚吗？还可告诉她我们初次配合不够熟练，以后多配合就好了，或者干脆说她的跳法与我的不同。

再次去舞场时，丁先生下决心请舞艺出众的小姐。当他终于发现一位舞姿翩翩的小姐时，他干脆不想，舞曲一响他就壮着胆子走过去，人已经站到了别人面前，再紧张也得邀请。当他大大方方地请舞时，那位小姐也慨然应诺。跳着跳着他踩了小姐的脚，丁先生马上歉意地一笑，半开玩笑地说：“哎！我的跳法与你有不同，差距很大哟，我跟你学吧。”那位小姐虽然发现了丁先生的舞法很蹩脚，但被他的大方、自然、风趣所感染，对他顿生好感，反而认真地教他跳起了舞，丁先生的舞就是这样学会的。

二、扫除行动的敌人：空谈、懒惰、找借口

行动力、执行力是成事的重要保证。我们许多人是思想的巨人、行动的矮子。思想起来，思接千载，视通万里，条条大路通罗马，可他的方案、蓝图永远写在纸上、贴在墙上，就是不能落实在行动上。因为在他行动前，有三只拦路虎：空谈、懒惰、找借口。

1. 空谈是个坏习惯

许多人是语言的巨人，习惯于玩嘴皮子功夫，遇事总是高谈阔论，句句在理，条条是路，但总停留在说说而已，毫无行动。还有一些人，喜欢搞争论，争来议去，机会稍纵即逝。

有一则寓言说：天上来了一只大雁，兄弟俩张弓搭箭，准备射下来美美吃上一顿。弟弟说打下来要清炖，哥哥说打下来后要红烧。“不，清炖好吃些。”“哪里，红烧才有味！”哥俩一阵口舌后，再去张弓，发现大雁早就南飞好远了，不在射程之内，哥俩只好“望雁兴叹”了。

不身体力行的人不了解事物的发展和变化，没有“做事的经验和教训”，往往“不知深浅”，这种纸上谈兵坐而论道的人最终会浑浑噩噩、一事无成。曾有人这样计算，人生如果以70年寿命来算，除去少不更事和老不方便的10年，也不过2万余天，再除去睡眠的1/4到1/3时间，剩下的时间真可说是寸阴寸金。空谈者，一定是“白了少年头，空悲切”。所以还是把那些有意义的事情抓紧列出来，赶快去做，而不只是停留在嘴皮子上。

成功在于马上行动。英国前首相本杰明·狄斯累利曾指出：虽然行动不一定能带来令人满意的结果，但不采取行动就绝无满意的结果可言。

生活告诉我们，每天不知会有多少人把自己辛苦得来的新构想取消，因为他们不敢执行。过了一段时间，这些构想又会回来折磨他们。

请记住：行动即是真理。不管创意有多好，不管说的有多好，除非真正身体力

行，否则永远不会有收获。

天下最可悲的一句话就是："我当时真应该那么做，但我没有。"经常会听到有人说："如果我当年就开始做那笔生意，早就发财了！"世上没有后悔药，空谈者往往是喜欢吃后悔药的人。

你现在已经想到一个好创意了吗？如果有，请马上行动。

你想把大学的书读好吗？想学点真才实学吗？如果想，请马上行动。

2. 懒惰是一种毒药

懒惰，首先表现为思想上不动脑筋想问题；其次表现为行动上拖拖拉拉没干劲做事情，脏活苦活不愿做，累活更不愿意做。懒惰总是与无所事事、心灰意懒、萎靡不振、得过且过等联系在一起。

亚历山大大帝征服了波斯人之后，目睹了这个民族的生活方式：生活腐朽，厌恶辛苦的劳动，只想舒适地享受一切。亚历山大不禁感慨道：没有什么东西比懒惰和贪图享受更容易使一个民族奴颜婢膝的了，也没有什么比辛勤劳动的人们更高尚的了。其实不光波斯人，有学者认为：好逸恶劳乃是人类最大的劣根性！

哲人说：懒惰是一种毒药，它既毒害人们的肉体，也毒害人们的心灵；懒惰是万恶之源，是滋生邪恶的温床，是恶棍的靠垫和枕头，是魔鬼的灵魂……懒惰没饭吃，没饭吃怎么办？抢人财物，打劫银行，行骗天下。

懒惰是人的劣根性，为了要做成某件事，必须与懒惰抗争。懒惰的反面是辛勤劳动、勤奋工作。我们必须养成恒定的勤劳习惯，进入勤奋的工作状态。克服懒惰最直接、最有效的方法就是使自己忙碌起来。今天的事情今天毕，决不拖拉懒散到明天。

凡成就一番事业的人都知道：马上行动、勤奋工作、持之以恒是促使自己成功的基本要素。天道酬勤，命运掌握在那些勤勤恳恳工作的人手中。而懒于思想、懒于行动的人永远也不会成功。

3. 找借口是失败者的一个致命弱点

成功者总在做事，失败者总在找借口。有了好的想法、好的创意、好的项目，马上行动，这是我们有能力支配的，千万别让自己的执行力在借口中搁浅。

我们许多人在行动面前总是裹足不前，其理由其“借口”总是冠冕堂皇，什么条件不成熟啦，准备还不够啦，我太笨了没他人聪明啦，没有资金啦，没人帮助，孤掌难鸣啦，创业不稳当失败了永世不得翻身啦，等等。找借口的目的就是，不敢行动、放弃行动。永远不行动，其结局也只有一个：除了白了少年头外，将一无所获。唯一有的是后悔连连，悔不当初。

在这一点上，我可谓有深刻的教训。大学毕业半年后，我就想自主创业，理由只有一条：即将来临的是一个市场经济大发展时代。狭路相逢勇者胜，谁首先赚得第一桶金，谁就会在市场经济中占据主动地位。只要放下架子，哪怕从收破烂、卖冰棍做起，也会有光明的前途。工作半年后，我对母亲说，我不想教书了，我要自己创业，就是拖三轮车也比上班强。但思来想去，迟迟不敢下海自主创业，真正的原因还是信心不够，没有勇气去闯荡，怕创业不成，又丢了“铁饭碗”，这种恐惧，才是深层原因。

没有行动力、执行力，再能干的人和组织都不可能有什么好成绩。

二战时美国著名的巴顿将军在他的战争回忆录《我所知道的战争》中，曾写到他怎样提拔将军职务的一个细节。

“我要提拔人时常常把所有的候选人排到一起，给他们提一个我想要他们解决的问题。我说：‘伙计们，我要在仓库后面挖一条战壕，8英尺长，3英尺宽，6英寸深。’我就告诉他们那么多。我有一个有窗户有大节孔的仓库，候选人正在检查工具时，我走进仓库，通过窗户或节孔观察他们。我看到伙计们把锹和镐都放到仓库后面的地上。他们休息几分钟后开始议论我为什么要他们挖这么浅的战壕。他们有的说，6英寸深还不够当火炮掩体。其他人争论说，这样的战壕太热或太冷。如果伙计们是军官，他们会抱怨他们不该干挖战壕这么普通的体力劳动。最后，有个伙计对别人下命令：让我们把战壕挖好后离开这里吧。那个老畜生想用战壕干什么都没关系。”

最后，巴顿写道：“那伙计得到了提拔。我必须挑选不找任何借口、坚决执行任务完成任务的人。”

无论干什么事情，都要记住自己的梦想和使命，用行动来证明自己的能力。特别是梦想创造财富的年轻人，更应当知道，执行高于一切空谈，空谈只会让财富离你远去。朋友，请记住，不要用任何借口来为自己开脱或搪塞。执行是不需要任何借口的。

制造借口是人类的习惯。希望行动家毫不犹豫地抛弃它们，想到就做到，要做就做最好，立马行动，行动即是真理，行动就是胜利，行动就会成功。性格心理学家编了一份常用的借口和托词单子，兹列举如下：

1. 我没有时间……

2. 我年纪大了……

3. 我出身贫穷没有经济实力……

4. 没有“贵人”帮助我……

5. 我父母不是当大官的……

6. 我又不漂亮……

7. 我没有他人的迷人个性和魅力……

8. 没有人发现我的才能也没有人用我的才能……

9. 我没有生在大都市……

10. 这不是我自己想做的事情……

11. 我没有别人的才能……

12. 我有家庭拖累……

13. 我没有受过良好的教育……

14. 我找不到工作……

15. 我身体不健康不强壮……

16. 我生不逢时……

17. 人家不了解我……

18. 遭遇情况不同……

19. 我不能从头再来……

20. 过去我没有机会……

21. 现在我还是没有机遇……

22. 他们怀恨我……

23. 事情都阻碍我，我干不了任何事情……

24. 我嫁（娶）错人了，我没有依靠（贤内助）……

25. 我对自己没有信心……

26. 我总是时运不济……

27. 没有人能帮助我……

三、勇于行动，行动即是真理

许多人不敢行动，并不是这个人一定没有理想，没有抱负，也不是这个人不聪明或没有创意，而是因为他患得患失，害怕失败，没有行动的勇气，不敢参与残酷的自由竞争，不敢面对失败，不敢挑战困难，不敢放弃已有的旧东西，开拓新的道路。因此，没了下文，没了行动。

大多数的人，在开始时都拥有很远大的梦想，因缺乏立即行动的思想和执行力，梦想于是开始萎缩，种种消极与不可能的思想衍生，甚至就此不敢再存任何梦想，过着随遇而安、乐于知命的贫穷、平庸生活，这也是为何成功者总是占少数的原因。

1. 敢于参与竞争——要有行动的勇气和胆略

自由竞争是文明世界赖以生存和发展的内向驱动力。它也是对自我消极状态的一种尖锐挑战。投入有益的竞争，就能激发自己的创造力和行动力。缺乏竞争意识，或不愿投入竞争行列，就会被无情的竞争大潮所吞没。

一个人要善于从迟疑、消极、烦闷中走出来，并进入激励奋发者的环境，马上急起直追。遗憾的是我们许多人的字典里没有“竞争”二字，他们的处世原则是与世无争，同时他们也认为自己没有竞争的能力，在心底里把自己归为弱者一类。要公开竞选一名班干部、一名文娱委员、一名学生会干部，他总是不敢。这样的学生毕业后要他竞争一名经理、执行总裁，他更不敢。要他自主创业，在商海中自由竞争，他一定还是不敢。要知道，人生所有美好的东西都是通过竞争行动获得的。名也罢，利也罢，地位也罢，都离不开一个“争”字。即便是爱情，不懂得竞争也只能是一厢情愿。

毋庸讳言，人生所有的成功都是在竞争中产生的，战场上的争雄，职场上的晋升，官场上的高就，商场上的逐利……无论要在哪一个行业、哪一个领域里出人头地，都是以竞争开始，以竞争结束的——竞争之后方知成败。

竞争不一定成功，但不行动、不竞争一定不会成功。

“物竞天择，适者生存。”不管是什么人，要想功成名就，要想建立自己的财富帝国，要想获得美好爱情，要想活得顺利，活得滋润，活得舒适，活得幸福，就必须迅速加入到“争名逐利”的竞争行动当中去，要有参与竞争的勇气和胆略。青年毛泽东有一句名言说得好：“与天奋斗，其乐无穷！与地奋斗，其乐无穷！与人奋斗，其乐无穷！”这里的“奋斗”，就是“竞争”的同义语。

2. 不畏失败，从失败走向胜利

梁启超有云：“进取冒险精神，人有之则生，无之则死，国有之则存，无之则亡。”读者诸君可能会说，“冒险精神”与“生死存亡”连在一起，是不是说得言过其实了？其实梁氏所处救亡图存年代，国家孱弱，屡遭列强侵略，国民愚昧，一盘散沙，没有这种激进的思想，怎能唤醒这沉睡的巨龙？这种进取冒险精神放在今天，对于一位有创业雄心的青年来说，进取冒险精神就是一种勇敢精神、行动精神，特别是在事业遭受挫折、遭遇失败的情况下，是畏手畏脚，把两只手、两只脚，把脖子一起缩回来呢，还是放开手脚扯开嗓子再战商场？对于所有功成名就的人和组织来说，“从胜利走向胜利”，鼓舞人心，激情豪迈。但对每一位创业初期的创业青年来说，“不畏失败，从失败走向胜利”，才是奋斗精神的真实写照。对于一位志坚意毅心态积极者来说，只能舔干伤口，总结经验，再次开辟新战场。

我的创业生涯中凡有七败，但我都没有倒下，而是继续寻找新的创业机会，终于在文化产业的开发中，找到了创业的突破口，取得了较好的成绩。

古希腊有一位国王带兵与叛军作战，七战七败。一次他来到一个破屋里避雨，年轻的国王已经心灰意冷了，准备放弃这场战斗。这时，他抬起头来，突然看到屋上角，一只蜘蛛正结网与一只蝗虫搏斗，蝗虫连续几次破了蜘蛛的天罗地网，但是每一次蜘蛛都从地上重新爬起来，又爬上去继续结网，在失败多次以后，蜘蛛终于织了一张严严密密的大网，制服了蝗虫，把它做了一顿美餐。年轻的国王从蜘蛛与蝗虫搏斗的故事中受到了启发：不要放弃，不要怕失败，胜利在于坚持。结果年轻国王重新组织忠于自己的士兵，在第八次战役中一举击败叛军和叛臣，重新登上了国王的宝座。

3. 敢于放弃，勇拓新路

机会来临时，敢于放弃已经获得的一切，重新开拓新的创业道路，同样需要相当大的行动勇气。阿里巴巴总裁马云在谈到自己当年弃职下海经营IT产业时说："下海自主创业，说起来滔滔不绝，想起来前途光明一片，条条道路通罗马。但睡一觉后，路还是一条路：通往上班的老路。要丢掉那只铁饭碗，要拿掉那把保险锁，要撕掉那道平安符，到市场经济这个大海里去冒险，这种放弃、这种决断、这种行动某种程度上比创新还难。因为你的放弃行为不是你一个人的事，你生活在一个大家庭之中。"我放弃了一回，从朝九晚五的行列中走出来，从公务员舒适的环境中走出来，丢掉铁饭碗，自主创业，是我今生最勇敢的行动之一。

重庆力帆集团总裁尹明善当年也面临着重大的放弃。尹明善早年是做图书批发的大书商，人到中年（54岁）的时候，他看到重庆作为全国摩托车制造中心，摩托动力的需求量很大，无疑商机就在眼前。是继续做书商呢，还是开发摩托车动力？尹明善在经过反复权衡之后，中年改行，勇闯新路，由书商转而进入制造业，终于大获成功。尹明善认为面对困难需要敢于行动的勇气和胆识。行动的勇气跟年龄、性别、学历甚至教育无关。勇气、胆识是知识的先锋，是知识的载体，勇气和行动是第一位的。

4. "现在、立刻、马上"行动起来

我们大多数人喜欢用"明天""下个礼拜""以后""将来某个时候""有一天""条件成熟了""等有了资金"等托词和借口来糊弄自己。上述这些往往就是"永远做不到的同义词"。创业做事"大而慢等于弱，小而快可变强"。海尔集团首

席执行官张瑞敏在一次中层干部会议上提出这么一个问题："石头怎样才能在水中漂起来？"答案五花八门。正确答案是"速度"。《孙子兵法》上云："激水之疾，至于漂石者，势也。"速度决定石头能否漂起来。因此，行动要快，要早，要果断，先到为君，早起鸟儿有虫吃。果断行动，先发制人。

你有好的愿景吗？你有好的思想吗？你有好的项目吗？你定了新目标吗？请立即行动，行动即是真理。请"现在、立刻、马上"行动起来。

有一首行动诗歌很优美，我建议你每天都朗读它几遍：

除非你开始行动，否则到不了任何地方。

治疗失败最好的方法是——再试一下。

赶快行动，否则今日很快就会变成昨日。

身体力行远远胜过高谈阔论。

若想欣赏远山的美景，至少得爬上山顶。

生命中的每个行动，都是日后扣人心弦的回忆。

如果不想悔恨，就赶快行动。

行动是打击焦虑的最佳妙方。

行动派的人从来不知道烦恼为何物。

老天给了大麦，但烧成面包就得靠自己。

此时此刻是做任何事情的最佳时刻。

如果想在一切就绪后才行动，你永远成不了大事。

有机会不去行动，就像有汽车不去加油，永远动不了。

有意义的人生，不在于有什么，而是做什么。

经验是知识加上行动的成果。

能者默默耕耘，无能者光说不练。

行动，行动，行动，行动才是宇宙的真理。

第五篇 大学：读大学，究竟读什么

为什么要读书？为什么父母大人盼着你们上大学？直白地说吧，父望子成龙，母望女成凤。就是希望你有出息、有学问，学而优则仕，学而优则成科学权威，学而优则成演艺明星，学而优则发家致富。总而言之，希望你学到一身真本事、真学问，将来做出大成绩、大事业来。

立身行世最基础最有效的基本条件只有一样，那就是：有真才实学。在科举时代有了“大学问”，便可通过科考求取功名，“朝为田舍郎，暮登天子堂”，“十载寒窗，一举成名”。现在我们不搞那一套，我们要的是真才学真本领。光有文凭还远远不够，要的是真学问。因为要成就事业，随时都少不了它。

一、人为什么要多读一点书

人为什么要多读一点书呢？古人认为“万般皆下品，唯有读书高”。只有读了书的人，才能“修身、齐家、治国、平天下”。立身行世确实必须有真才实学，有学问做根基。事实也就是这样，只有读了书才能“当大官”、“当大学问家”、“当大的影视明星”、“当大富豪”。为什么呢？因为只有读懂了书才能增长见识，才能格物致知，掌握自然的规律，顺应世界潮流和大势，才能顺势而为，成就大的事业。

另外，要改变一个人的气质，要使人变得更加聪明，办法之一是读书，另一个办法就是在实践中得到历练。

1.欲成大事，须有学功

曾国藩所处的时代是清末科举时代，欲伸己志成就大业，终南捷径就是参加科考求取功名。为此曾国藩狠下了一番做学问的功夫。

曾国藩青少年时家世微薄，生在一个普通的耕读之家，生活虽日渐宽裕，却根本算不上什么名门望族。曾国藩从小便立下发奋苦读、求取功名的远大志向。为此，他青少年时代便刻苦读书，酷爱书籍，为了考取功名，百折不挠。

在远大志向的激励下，曾国藩9岁便读完了五经，开始学作八股文。转年，他的弟弟曾国潢出生，祖父即景命题“兄弟怡怡”，叫他作一篇八股文。10岁的曾国藩居然写了出来。祖父高兴地赞赏说：“文中有性格，必能以孝友承其家矣。”这个时期，曾国藩除温读四书五经外，还读《史记》、《文选》等其他书籍。在父亲曾麟书严格的监督和训导下，曾国藩的学问、诗文都大有长进，在当地小有名气。

曾国藩14岁那年，父亲的好友欧阳凝祉（号沧溟）特到湘乡来访友，见了曾国藩的八股文稿和诗作，大加赞赏。欧阳先生乃衡州府八股文章的能手之一，生性孤傲，轻易不肯嘉许人。而今少年曾国藩，能赢得他的称许，的确颇不容易。为了试一试曾国藩的真才实学，欧阳凝祉又出了一道“共登青云梯”的诗题，叫曾国藩当场作律诗一首。曾麟书见儿子得到好友的褒扬，心中甚喜，亦有意测试一下儿子才学，欣然请命题试之。曾国藩即席赋诗一首，其中有“山登绝顶我为峰”的句子，欧阳一见大为惊喜，认为这孩子将来必成大器，前程无量，当下便有意与曾麟书结为儿女亲家，将女儿许配曾家，成为一段趣闻。

曾国藩在朝考中，成绩非常好，被选入翰林院的庶常馆深造，当了庶吉士。到了翰林曾国藩更是学百家成大家，学贯中西，文章道德名重一时，我们现在经常看到的《挺经》、《冰鉴》、《曾国藩家书》等都是他的大作。

曾国藩是个历史人物，自有时代局限性，但他的严谨治学、做学问的功夫，则是他后来“成就大事”的基石。不管时代怎样变迁，欲成大事，当重学业，这是千古不变之真理，莘莘学子不可不察。此时如若心中无定数，随波逐流，荒废学业，将来必定悔之晚矣。学海浩渺，学子当择准一二学问、一二技艺精思苦学，使之烂熟于心，变为藏身之技，庶几将来有技可恃矣。

曾国藩的故事告诉我们：要做成大事得求取功名，要求取功名得有学问做根基。这应了一句话：“学而优则仕”。

2. 要改变人的气质，唯有读书

书犹药也，善读之可以医愚。只有读书，才会增长见识，增长才干，明白道理，使人变得更聪明。

古代先哲荀子说：学习不可以停止废弃。君子学问广博并时常检查反省自己，就会才智聪明，行为没有过失。又说“我”曾经整天苦思冥想，但总比不上花片刻时间去学习的收获大；“我”曾经踮着脚望远处，但总比不上登上高处眼界开阔。登上高处向人招手，手臂并没有增长，但人们很远就能看见；顺着风势呼喊，音量并没有增大，但别人听得更清楚。乘坐车马的人，并不是由于善于行走，才能到达千里之外；乘坐船舶的人，并不是由于他善于游泳，才能横渡江河。君子的生性与别人没有什么两样，只是由于他擅长于借助外物啊。

荀子的话告诉我们，学习这事儿一刻也不能停止。学习是人生之舟，学习是载道之车。只有借助学习才能增长才干，只有读书才能改变人的气质。一个人如果生在一个贫民之家，失去了读书学习的机会，而又没有出去经历特殊的际遇，没有得到名师指点，那么这个人一定平庸无为，老死林泉。对此曾国藩曾经也有一番精辟的总结：“人之气质，由于天生，本难改变，惟读书学习可以改变人。”俗话说“腹有诗书气自华”，指的就是这个意思。我们要成功，就要站在巨人的肩膀上登高望远。书籍是人类进步的阶梯，读伟人的书籍就是在与伟人说话。读书医愚，正如英国培根所言：“史鉴使人明智，诗歌使人巧慧，数学使人精明，博物使人沉思，伦理之学使人庄重，逻辑与修辞使人善辩。”

信息化高度发达的今天，出现一种“文弃”现象，不少青年学生将大部分业余时间用来上网，看电视、录像，唱卡拉OK，玩电子游戏，从而放松了书籍阅读和文化进修。一个人的精力是有限的，脑子里电游、OK占据多了，读的书自然就少了。这种“文弃”现象值得学生朋友们认真反思，过分玩耍就会“玩物丧志”，荒废学业，这样，人的头脑越来越简单，思想越来越肤浅，知识越来越贫乏，要知道影视、电游永远不能代替阅读。因此，我们“以学为主”，要以“学的过程”严格地对自己进行各种思维训练，打好学习基础、事业基础。为此，我建议同学们在学校认真学习课本知识外，不妨邀几位志同道合的同学成立读书俱乐部，开展一些读书比赛，经常举行一些问题辩论会等，让读书蔚然成风。

总之，读书可以改变人的气质，使人更有内涵，更有修养。读书可以使自己变得更加聪明，读书使我们站在巨人的肩膀上，站得更高，看得更远。

二、大学到底怎么读

大学学习的特点是，不像中小学天天有老师管着你，监督你，逼着你读；大学学习的主要方法是自学为主，老师教授为辅，自主学习为主，学校组织为辅。学习全靠自学自主自觉。这样一来，我们许多新进大学的学生习惯了中小学的学习，到了大学，环境一下宽松起来了，管的人少了，一下觉得“解放了”，反而不知道该怎么学习。

读大学到底怎么读？到底要读什么呢？一名毕业不久的大学生覃彪喜先生写了一本书，书名就叫做《读大学，究竟读什么》。覃彪喜先生现在是深圳一家文化发展有限公司的董事长，写这本书时只有25岁，很了不起呀，他的一些观点值得同学们看一看，读一读。

1. 读大学，先读大师

所谓名师出高徒。浅野总一郎因为得到日本大军事家、大教育家佐夫间象山的指点，才从一文不名的乞丐成为实业巨子亿万富翁。大师就是大师，他们有异于常人的远见卓识、学术成就和做人做事的经验，他们的育人技巧和方法也往往高人一筹。“世有伯乐，然后有千里马；千里马常有，而伯乐不常有。”伯乐即思想深刻、慧眼识人、教育有方的大师之谓也。读大学，先得读懂大师。

清华大学老校长梅贻琦先生当年曾说：“大学者，非谓有大楼之谓也，有大师之谓也。”什么是大师？《资治通鉴》有一句话：“经师易遇，人师难遭。”大师应该是经师与人师之统一者，道德文章，堪为师表。他不但有渊博的知识，有原创性、奠基性、开拓性、前沿性的学术成就，而且关注社会、关注人生、关注人类的终极命运，是知识和品格完美结合的代表，是知行统一的典范。

读大师的主要方法：一是听大师讲课。如果有幸大师是你直接的授课恩师，那就做个乖学生吧，不要放过他的一言一行、一颦一笑；如果不幸大师不是你直接的授业老师，那就做个“偷学”的学生吧，抽空溜到别的班级去听大师讲课。二是听大师讲座。大师是学校的学术权威，经常有各种学术讲座，只要有，一定要去听，决不因为其他小事，耽误了听大师的讲课。三是读大师的著作。听讲座不可能掌握系统的知识和学问，一场好的讲座或许可以让听众获得一种新的观念、新的思维和新的方法，是知识的精华，但讲座时间有限，挂一漏万，要真正了解大师的学问，还得仔细研读大师的重要著作。四是采访大师，当面请教大师。大师都很忙，要了解大师，一个重要的方法是当面采访大师，请教大师，向他请教一些重要的问题，也可以跟大师就一些共同关心的话题进行沟通和交流。但事先一定要有充分的准备。

2. 读大学，要读图书馆

读大学，除了读大师，最重要的便是读图书馆。大学最显眼最重要的不一定是漂亮的硬件设施和完美建筑，而是因其有藏书丰富的图书馆。到图书馆去博览群书，到图书馆去围绕自己的兴趣爱好读书、带着问题去读书，是许多功成名就的人回忆自己大学生涯时经常提到的事情。著名经济学家樊纲，著名哲学家、散文学家周国平在谈到自己读大学的经历时，都提到自己在大学图书馆刻苦学习的故事。可以毫不夸张地说，大学四年没有安心在图书馆好好读过几本书，那就绝对没有真正意义上读过大学。

3. 读大学，要读同学

读同学，在一定意义上来说是“读大师”和“读图书馆”的延伸。俗话说“人上一百，五艺俱全”。每个学生的家庭背景不同、学习的内容都各有千秋，具备的才艺也各不相同，有的长于数理逻辑，有的长于论辩思维，有的才艺堪称一绝，有的长于组织和领导，有的人缘甚好很会做人，有的家有权势，家有财富，家有背景。古人云：三人行必有我师。身边的大学同学往往有了不起的才干和学识，有深厚的背景资源，有心人要学习之，接纳之，引以为志同道合的朋友，引以为肝胆相照的知己。

4. 读大学，要读专业

覃彪喜先生在他的大作里，有一节专门写“专业无冷热，学校无高低”。这一观点从一定角度看有可取之外，但不能客观对待专业的“冷热”、学校的“高低”，我不敢苟同。我个人认为专业有冷门、热门之分，学校也有高低之别。你总不能说“剑桥”“哈佛”与一般大学没区别吧？关键是对待冷僻专业和普通高校的态度。冷门专业同样可以出学问，普通高校同样可以出人才。革命领袖毛泽东在湖南公立第一师范学校读书，这是个普通的中等专科学校，专业也就是小教师范专业，其学历并不显赫，其学校并不很有名，但毛泽东却同样干出了天翻地覆的大事业，缔造了中华人民共和国。以前我有一个邻居是学考古的，考古考古，天天到坟山上发掘，到故纸堆里研究，外人看来又枯燥又没味。然而，时来运转，十几年后，有一个行业叫做“鉴别古董”，收藏拍卖旧物，他是鉴识行家，又是收藏爱好者。他深入民间收藏瓶瓶罐罐，破铜烂铁，破字破画破书，开了“佛石堂”古玩店，发了大财。

我们有些同学，甚至有些家长总认为，读大学只是拿个文凭，将来就业有个敲门砖就行了，往往忽视专业知识的学习。我说什么知识有用，什么知识什么时候有用，我们并不知道。但既然国家设置了这个专业，就一定有设置这个专业的理由。说不定冷僻的专业，因其冷、因其专，你还首先派上用场呢。总之，不管你学什么专业，你得下苦工夫先学好这个专业。要真正做这个行业的专才。不论是中外比较文学专业、考古专业、思想政治教育专业，还是哲学专业、上古历史专业，都要下力气去学习。至于一些热门专业，如计算机软件开发，生物工程，新能源新材料，国际贸易，石油化工，医药，广告，英、韩、日语专业，有用、看得见，那就更要学好学专学精。

因此不管怎么样，我们要选我所爱，也爱我所选，做到术业有专攻。

据《人才市场报》报道，国家人事部预测今后几年中国急需的人才主要有八类：以电子技术、生物工程、航天技术、海洋利用、新能源新材料为代表的高新技术人才，信息技术人才，机电一体化人才，农业技术人才，环境保护技术人才，生物工程研究与开发人才，国际贸易人才和律师。在八大类中，表现突出的有如下几个专业的人才：

网络人才更加走俏。互联网将成为名副其实的“富翁制造工厂”，其中风头最劲、最赚钱的是软件工程师、游戏工程师和网络安全师。一份最新数据显示，从1996年至今，中国需要100多万个软件人才，目前尚有10万—40万个电脑软件职位的空缺。中国的电脑动画和特别效果业求才若渴，年营业额超过100亿美元的电子游戏业人才需求更大。由于中国电子信息网络安全系统较为薄弱，网络安全正成为一门新兴产业，网络安全工程师将成为热门职业。

土木工程、汽车制造、中医药专业受追捧。随着国家扩大内需、拉动消费、加强基础设施建设和推进西部大开发，建筑业成为国民经济的支柱产业之一，导致该行业对人才的需求大增。经过几年快速增长，中国已成为世界汽车制造大国，政府也正极力扶持汽车产业。汽车产业的发展，将劳动零部件制造、售后服务、汽车美容等相关产业发展，为社会提供大量工作岗位。中医药是中国的传统优势行业。现代医药技术的发展，将让世人再次领略中医药的风采。

市场营销、国际贸易专业需求旺盛。市场营销、国际贸易毕业生近年的就业形势不错。随着国外企业本土化及国内企业国际化的步伐加快，高素质营销人才与国际贸易人才将越来越走俏。

广告业“钱”途无量。广告已发展成孕育巨大商机的新兴产业，甚至成为经济生活中不可或缺的一部分。专业人士认为，21世纪的广告业是知识密集、技术密集、智慧密集型的产业。今后12年，该行业对高素质人才的需求将会加大，高校广告专业毕业生的身价也将水涨船高，供不应求。

外语、电子类专业前景依然乐观。外语专业或外语院校的报考热度不减。由于中国融入全球经济一体化步伐的加快，国家对外语类人才的需求逐年攀升，外语专业生就业前景乐观。特别是近几年国家和各省市发展旅游品牌战略，高素质的“外导”职业很是吃香，随着我国文化软实力向世界的渗透，孔子学院在世界各地落地生根，精通中英文的外语人才更是吃香。近两年，国家对通讯基础设施投资每年都超过2000亿元。计算机、通讯工程、微电子等电子信息专业人才需求依旧旺盛，毕业生就业形势良好。

中文专业魅力不减。中文是不折不扣的传统专业。据统计，由于适用面广，该专业毕业生需求量在各专业中一直名列前茅，是“世袭的就业热门”。

5. 读大学，要读“工具”

覃彪喜先生在指导大学生的专业学习时，总结了一句话，叫做“不可一业不专，不可只专一业”，我觉得很有道理。大学生除了爱我所选、术业专攻外，还要根据自己的兴趣、长处选修自己喜欢的一些课程。同时，要特别注重毕业后可实际运用的带技能性、工具性的课程学习。应聘时，除了主打专业外，还能“一拖三”、“一拖四”，送一份“能力套餐”给企业和老板，增强自己的竞争力。

什么是“工具”？工具是指工具学科。除专业要学好外，我们要把学习的另一个重点放在“工具学科”的学习上来。所谓工具，就是指大学毕业以后就业、创业时，你能掌握和使用的必要知识和技能。工具学科一般有：计算机技术、英语口语、汽车驾驶技术、礼仪知识、演讲才能，提高自己的书法水平，掌握一两种乐器的演奏，都是将来经常用得着的工具知识。学习唱歌、交谊舞、拉丁舞、模特秀，使自己的气质更美、形象更漂亮、交际内容更宽广。对于每一个大学生来说，计算机基础技术和英语、日语、韩语的学习显得尤其重要。工具在于使用，每一家外资公司几乎都少不了它。你若不会，那你这个大学就白读了。难道还要重新去职业学校再读一遍计算机吗？

此外，有关法律方面的知识要有所涉猎。如果你的课程有这一学科，不管是必修还是自修都要学好。市场经济时代、法治时代，随时都少不了它，它能帮助自己、保护自己，也是有用的工具学科。

6. 读大学，要读成功学

现在我们国家还没有正式的成功学教材，但一些大学已经在开设人生规划、成功创业的课程和讲座。成功学发源于美国，最早研究成功规律的成人教育家是美国的卡耐基。最成功最负盛名的成功学专家是美国的拿破仑·希尔。当今世界上最伟大的潜能激励大师、世界第一名的演说家是美国的安东尼·罗宾，他曾任克林顿总统的私人顾问，曾经帮助过戴安娜王妃、帮助过网球好手阿加西、帮助过美国500强大企业的许多总裁。当今华人世界排名第一的成功学激励大师是陈安之，他曾创办陈安之研究机构，与王阳董事长一起在深圳创办了成功学传播的专门机构“梦工场”。在这些人中，我最为推崇的是成功学家拿破仑·希尔，是他第一个将成功学这个看似玄奥神秘的东西变成了具体的可操作性很强的行为准则。

在美国的商界、政界和学术界，有一个名字几乎家喻户晓，这就是世界当代最杰出的成功学家拿破仑·希尔。他师从恩师成功学家和企业家卡耐基，他在认真研究全世界政商界500名成功人士的成功要素后，写成了辉煌不朽的成功学著作《成功规律》（八卷本）、《思考致富》、《人人都能成功》（与他的弟子克里曼特·斯通合作），提出了成功学的17条准则，这些准则被誉为“黄金定律”，它们是：

（1）积极的心态；（2）明确的目标；（3）多走些路；（4）正确的思想方法；（5）高度的自制力；（6）培养领导才能；（7）建立自信心；（8）迷人的个性；（9）创新制胜；（10）充满热忱；（11）专心致志；（12）富有合作精神；（13）正确看待失败；（14）永葆进取心；（15）合理安排时间和金钱；（16）保持身心健康；（17）养成良好的习惯。

拿破仑·希尔“成功学”的问世是20世纪美国乃至世界的重大事件之一。他的著作已被译成26种文字印刷行世，读者遍及世界五大洲的50多个国家，畅销2000多万册。希尔17条黄金定律涵盖了人类取得成功的所有主观因素，它使成功学这种看似玄奥神秘的东西变成了具体的、可操作性很强的准则。这无疑为千千万万寻求成功之路的“问津者”架设了一座由17个坚定的桥墩构架而成的通往成功彼岸的桥梁。拿破仑·希尔本人也被誉为“百万富翁的创造者”和“政坛雄杰的塑造人”。他的学说泽惠了美国几代政商两界巨腕，美国第26任总统西奥多·罗斯福、第27任总统霍华德·塔夫脱、第28任总统富兰克林·罗斯福、第32任总统伍德·威尔逊、汽车大王亨利·福特、石油大亨洛克菲勒、出版业巨子海福纳、柯达公司总裁伊士曼等，都是这17条“黄金定律”的受益者和支持者。

拿破仑·希尔的成功学飘洋过海，引起了许多政治家、企业家、教育家的关注和重视。印度圣雄甘地与希尔博士会晤并研读了他的著作，下令印度全国学习拿破仑·希尔的成功学，甘地希望借此帮助印度造就精英人才并脱穷致富。

因此我建议大家多看一看成功学家卡耐基的著作《人性的弱点》，拿破仑·希尔的著作《成功规律》、《思考致富》、《人人都能成功》，陈安之的著作《绝不裸奔》等。如果一时找不到这些书也不要紧，可以多看一些名人传记，政治领袖、影视明星、商贾巨富、平凡伟人的传记都可以看一看。这不光可以学习他们为人处世艰苦创业的经验和教训，更主要的是学习他们在艰苦条件下顽强拼搏永不服输的奋斗精神。

三、读书在于态度：天道忌巧，下笨功夫

很担心同学们的学习态度，很担心同学们虚度了大学学习的美好光阴。书到用时方恨少，这是每一个走入社会的人所共有的感受。如果人的每个人生阶段可以重新选择且只能选择一个阶段的话，我一定选择重新回到大学读书的时光，大学四年的学习决不是太长了，而是太短了。人生难得的是专门的读书求学的时光，一旦走向社会很难再有专门读书的时间和机会。很想跟同学们聊聊学习的态度。学习如逆水行舟，不进则退。做学问，读书应该有什么的态度？八个字：天道忌巧，下笨功夫。我们说：天道忌巧，不怕慢只怕站，不怕驽钝，只怕浮躁。只要下苦功，功到自然成。

1. 下“恒”功夫：成事要有恒

为学之道，最忌一暴十寒，朝三暮四，学而不恒。要攀上学问的高峰，不可能一步登天，只能是一步一个脚印，并持之以恒，积少成多，由博而精，精而有成。

一个人能否有成就，最忌投机取巧。投机取巧者总是自恃聪明能干，不肯下苦工夫；投机取巧者总是认为别人愚蠢，因此粗心大意，拖拉懒散，走走停停，最终往往在人生的长途比赛中败下阵来。

兔龟赛跑的故事确实言简而意深。可我们的聪者、明者、巧者却总难吸取教训。兔龟赛跑，兔是跳跃式向前，龟是一爪爪地爬行，快慢有如天渊之别。可是，兔跑了一会儿就不见龟了，休息一下，认为看见龟到了再跑也不迟，不料却睡着了，而龟却一步一步不停地前进，当睡兔醒时，龟已先到达目的地了。兔子的过错有两条：一是

骄傲自大，自以为是，瞧不起乌龟；二是懒惰，在人生征途上经常停下，站着不动。在人类历史上，古往今来，有些人彼此之间差别也是有如兔龟，有的小时很聪明，有的小时较愚笨，可是长大后，后者在学识上却超过了前者，这也无他，是因后者勤学苦读持之以恒，而前者懒惰取巧停滞不前所致。又如，有的人毕业于名牌大学，甚至是留学博士，可是步入社会后不再学习和精益求精，因而停滞不前，无大成就；而有的人无机会上学，没有什么可炫耀的学历，由于勤奋好学，苦读深钻，坚持不懈，终于有所发明有所创造，其成就大于前者，而成为著名科学家、名教授。这前后两种人，在国内外都不乏其人。

由此可见，不怕慢，只怕站，学贵有恒。

2.下“苦”功夫：苦是学之舟

自古以来，凡想有所作为之人，都深谙“学海无涯苦作舟”的道理。事实上环境优越的纨绔子弟大都不成才，“苦”水中泡出的苦孩子却出落得一个个大有出息。

苏秦是东周雒阳(今河南洛阳东)人，曾到齐，就学于鬼谷先生。之后，到秦游说秦王，书十上而说不行。他出游数年，捞不到一官半职，穷困不堪，穿的黑貂皮衣破烂了，带去的黄金百两花光了，在外已活不下去了，只好打起包袱回老家。他回到家里，狼狈得很，只见他缠着腿布，穿着草鞋，背着书包，挑着行李，神情憔悴，脸色黄黑，无地自容，连头也抬不起来。这时，妻子只管织布不下机，嫂嫂不给他做饭，父母也不理睬他。

苏秦目睹家人对他如此冷淡，长叹一声说：“妻不以我为夫，嫂不以我为叔，父母不以我为子，此皆秦之罪也。”当天晚上，他打开家里的几十箧子书籍，找到姜太公著的谋略书《阴符》，从此闭门不出，伏案诵读，熟记要旨，精心研讨。每当读书困倦想睡，就拿起铁锥刺大腿，血流到足跟，说：“安有说人主不能出其金玉锦绣，取将相之尊者乎？”经过一年的揣摩，仔细研究游说人君的方法，他认为自己已掌握游说的本领了，他充满信心地说：“此真可说当世之君矣!”

于是苏秦前往游说赵肃侯，双方交谈甚投机，赵王封苏秦为武安君，任为相国，给他兵车百辆，白璧百双，黄金万镒，并派随从，前呼后拥，到六国去合纵联盟，以瓦解秦的连横阵线。结果他联合赵、齐、楚、魏、韩、燕六国合纵以抗秦，苏秦挂六国相印，俨然诸侯王，秦国不敢出兵函谷关有15年之久。

《汉书》、《西京杂记》中记载了匡衡"凿壁偷光"苦学的故事。

匡衡，字稚圭，西汉东海承（今山东苍山兰陵镇）人。父亲是农民，但匡衡好学，而家里穷得很，晚上没有钱买灯油照光，他想在晚上多读点书也不行。有一天晚上他见隔壁富家有灯光，于是他想了一个办法：将自己的墙凿了一个洞，让隔邻的灯光照进来，他就在洞口照着光读书。后来书都读熟读完了，怎么办呢？他见本乡有一个富商，家里藏书很多，于是匡衡便到富户家去要求当佣工，却不要工钱，主人觉得奇怪，问他为什么不要工钱，匡衡说："愿得主人书遍读之。"主人同意了，匡衡从此就有书读了。他日间干活，晚上回来诵读，经典书籍读多了，他的学问也就日增。

汉元帝时，匡衡被任用为官，历任博士、少傅、光禄勋、御史大夫等职，后升为丞相，封安乐侯。

东晋也有车胤"萤囊照读"传为美谈。

车胤，字武子，南平（今属福建）人。曾祖虽为太守，父也任郡主簿，家里却很穷，可见其先人为官清廉。他喜欢读书，但晚上无灯，他便捉数十只萤火虫放在细密网囊里，用以在晚上照明读书。由于他勤读，及长学识渊博，他又长得英俊，为时人所赞赏。桓温镇守荆州时，聘他为从事，因他能辨识义理而器重他，升为别驾、征西长史。他后为朝廷所赏识，历任中书侍郎、吏部尚书等职。

因此，我主张穷人家的孩子要向古人学习，要苦学苦研，不要跟人家比吃穿、比享乐，而要比学习、比学问。学生的竞争在于读书，读书则是为到社会竞争打基础。

3. 下“练”的功夫：把基础打牢

读书需苦学，学技也要苦练。技术性、操作性学科，我们必须苦下“练”的功夫。俗话说：拳不离手，曲不离口。勤学苦练，熟能生巧。射箭要练眼法、练手法，学武要“站桩”，唱歌要吊嗓子，绘画要“画蛋”，学书法要从基本笔画入手，学弹琴必须从指法开始，学打篮球，则必须先练好运球、上篮和传接球等基本动作。

日本剑道的修炼包括“守、破、离”三个阶段。日本的武师认为要学剑术，初学时就扎扎实实地练好基本功是至关重要的。剑道的基本功指的就是“守”，就是按照师傅的要求反复认真模仿，反复练习，一招一式，脚踏实地，切忌独出心裁。只有练好了基本功，才能进入自创（破）和随心所欲（离）的阶段。这和中国少林武学中要求先练功（站功、腰功、腿功）的学武套路是一致的。

欧洲文艺复兴时期意大利著名画家达•芬奇初学画画时，他的老师先教他“画蛋”。

达·芬奇14岁那年，他父亲送他到佛罗伦萨去拜委罗基奥为师学画画。

第一天，委罗基奥就拿出一只鸡蛋来让达·芬奇照着样子画，起初，达·芬奇很认真，画了很多蛋。

可是，一连几天过去了，老师仍然没教他画画，还是叫他画鸡蛋。

达·芬奇放下画笔，沮丧地看着一叠画满鸡蛋的画稿，心想：“这位老师真讨厌，不教我画画，老叫我画蛋，画蛋有什么稀罕，闭着眼也能画好。”

老师看出了他的心思，笑着启发他：“你不要认为画蛋是耽误工夫，能画好鸡蛋也不容易！你想，1000只鸡蛋里边，有两只鸡蛋是完全相同的吗？你能把不同的鸡蛋画像，画笔才能圆熟地听大脑指挥，得心应手，功夫才能练到家。孩子，再耐心地画一段时间吧！”

达·芬奇听了老师的话，觉得很惭愧，他重新拿起画笔，又在画稿上认真地画起鸡蛋来。

老师拍拍他的脑袋，向他投去爱抚和赞许的目光。

画蛋固然简单，但是对于一个初学美术的人来说，才入门只能从简单入手，何况，随意画一个蛋容易，但要把不同的蛋画像却要大费功夫，须做到心到、手到、笔到、线条到，即得心应手。

所以绘画者有一种基本功夫叫写生，叫素描，这中间练习对事物的感悟力、表现力，但最直接的是强调“练”的功夫。

清楚了这个道理，我们就不以为达·芬奇画蛋是在做无用功，在白白浪费时间了。

由此可知：认识事物有一个从简单到复杂、从生疏到熟练的过程，掌握本领（获得成功）必须循序渐进，苦练基本功，如果急于求成，就会欲速不达，一知半解。

对于技巧性的“读书”，更要注重练，比如舞蹈、武术、体操、美术绘画、音乐曲艺、计算机操作等。

4. 下“勤”功夫，勤能补拙是良训

俗话说，天才出自勤奋。唐代大书法家颜真卿有一首发人深思的劝学诗说：“三更灯火五更鸡，正是男儿读书时。黑发不知勤学早，白首方悔读书迟。”以此告诫青年人要勤学。

勤奋是可贵的意志品质，它具有自觉性、果断性、自制性、坚韧性的特征。

勤奋的敌人是懒惰。勤奋是一泓清泉，懒惰是一潭死水；勤奋是一把锋利的刀，懒惰是块生锈的铁；勤奋是飞驰的箭，懒惰是折断的矢；勤奋是啄木鸟，懒惰是寄生虫；勤奋是成才的催化剂，懒惰是为恶的传染病。

成事业做学问离不开勤奋。

一切在事业上有伟大成就的人，都与他们的勤奋分不开。我国唐代著名诗人白居易，平日里做“苦学诗人”，读书竟读到“口舌成疮”；文学家韩愈，“口不绝吟于六艺之文，手不停披于百家之编”，由于过度的辛劳，“年未四十而视茫茫、而发苍苍、而齿牙松摇”。俗话说“业精于勤”，“书山有路勤为径，学海无涯苦作舟”，“一年之计在于春，一日之计在于晨，一生之计在于勤”。其实也正如此，大发明家爱迪生经过近万次的试验才发明了电灯；居里夫人经过45个月不分昼夜的勤奋工作，才从铀矿中提炼出纯镭；我国的医学药物家李时珍，走遍天涯海角，经过不知多少磨难，花了27年工夫，三次改稿，才写出了《本草纲目》这部传世之作。

勤奋出人才、出天才。列宁赞扬革命家倍倍尔时强调：“倍倍尔不是天生的，

而是锻炼出来的。倍倍尔不是一出世就是现在的倍倍尔。”是的，一个天才的诗人，在呱呱坠地时他的第一声啼哭绝非就是一首美丽动听的诗歌；一个研究宇宙航行的科学家，在刚刚学步时，也绝不能离开地球迈向宇宙。任何天才都是后天勤奋努力的结果。任何事业的成功，学业的修成离不开勤奋。

勤奋能补才，能补不足。

我们承认存在天资上的差别，但我们也认为，天资和后天的努力相比是微不足道的。如果把天赋比作种子，把客观条件比作土地，要使种子尽快地发芽、开花、结果，就必须靠辛勤的劳动，靠汗水的浇灌。爱因斯坦是一位伟大的科学家，他于1955年逝世后，美国科学家曾对他的脑子进行了长达24年的研究，结果发现其脑子的体积、重量、细胞与同龄的任何人几乎没有差别。那么，爱因斯坦成功的秘密是什么呢？用他自己的话说，“就是勤奋加正确的方法加少说空话”。鲁迅先生曾经说过：“伟大的成功和辛勤的劳动是成正比的，有一分劳动就有一分收获，日积月累的人，从少到多，奇迹就可以创造出来。”他不承认自己是天才，他说：“哪里有天才？我是把别人喝咖啡的工夫都用在工作上的。”倘若离开了勤奋，不仅会从此不再有新的进步，甚至其天赋条件也会丧失殆尽。

“书山有路勤为径”、“业精于勤荒于嬉”、“勤能补拙是良训”这些名言哲理说明，凡事勤则易，勤则精，凡事不怕拙，不怕笨，只怕惰，只怕嬉，只怕“站”（停滞不前）。只要不畏艰险，坚毅勤奋，就能冲破阻力，攻克难关，使自己的知识、才能达到一个崭新的高度。

勤奋者最需要的是时间。对于打牌、跳舞、玩耍，勤奋者认为是浪费时间；对于睡觉、吃饭，勤奋者尽量节省时间；对于闲谈、坐车，勤奋者注意利用时间。可以说，勤奋好学之人不但拥有时间的长度、宽度，而且拥有时间的密度。他们在有限的、紧张的、空闲的时间里做出了大学问成就了大事业。

那么到底从哪些方面去“勤”呢？不展开讲，九勤：勤读、勤听、勤记、勤思、勤辨、勤问、勤实践，将来走上社会就业了、创业了，还要加上勤于工作，勤于创新。

5. 下“静”功夫，宁静方能致远

我特别要向同学们提出的是，读书是件苦差使，必须得下“静”功夫。“静”

是中国古代圣贤哲人特别推崇的哲学思想和方法论。诸葛亮在告诫自己的侄子时说："非淡泊无以明志，非宁静无以致远。"为什么不能做到宁静就达不到自己远大的目标呢？"静"的内涵到底是什么意思呢？"静"是耐得寂寞守住孤独，不被浮华尘世所干扰，不被肤浅俗见所左右，抱定远大志向，神凝气静，意志如钢，不忘崇高责任和使命。儒家叫"抱元守一"，佛教称"入定"。由静入定，由定生慧。

真正的思考，是一定要在"静"中完成的。读书是件苦差使，要把书读进去、读出来，要得到真知灼见，得下"静"功夫。凡"苦读""勤读""勤练""恒读"都必须下"静"功夫，把学问钻进去。要大胆去推理，要细心地去求证，要仔细地去品味，要深深去感悟。"宁静"的反面是心浮气躁，是粗枝大叶，是马马虎虎，是一知半解，是知其然不知其所以然，是不求甚解，是自以为是。

有学生问，杨老师，你这样要求我们，不能娱乐，不能谈恋爱，不能去泡吧，不能与朋友去侃大山，人生多没乐趣呀？我说，非也。静心学习的人，并非不能到人多的地方去，并非不能交朋友谈恋爱，并非不能去声色娱乐泡网吧。只要内心宁静，始终不忘自己使命之所在，娱乐、谈恋爱同样可以学习。这样的人不会迷失自己。娱乐时学会了交朋结友，学会了新歌新舞。谈恋爱是在欣赏对方，是在感念对方，他不会忘记恋爱的过程也是互相学习、互相启发、互相砥砺的过程。

一个"宁静有远志"的人，应该什么情况下都知道自己的使命和抱负是什么，什么是自己应该做的，什么是自己不该做的，适度的娱乐未必不好，但关键是要心中有目标，读书做事要有"静"气。至少在读书、做学问的时候，要做到"两耳不闻窗外事，一心只读圣贤书"。

第六篇
方法：成功一定有方法，失败一定有原因

成功学中有句名言：成功一定有方法，失败一定有原因。我们知道：方法推动进步。许多大学毕业生之所以步入社会后不适应社会环境，其中一个重要原因是做人做事均不得法。一缺信心，二缺素质，三缺方法，因此到处碰壁，寸步难行。什么是方法？方法是事物发展的内在规律；方法是顺势而为，把握社会发展的大趋势，做到天时、地利、人和；方法是做人做事的经验和技巧，非细心体悟，不能学到。掌握了方法，则事半功倍，反之，没有掌握方法则事倍功半，费力不讨好，甚至被撞得头破血流。

一、认准目标，百折不挠

任何人一上的士，司机总是问："到哪里？"没目标，司机便不会开车。大海中航行的船员，如果没有了目标和方向，就到处都是恶风逆水。

目标是一个人的工作愿景，工作使命。认准自己的人生目标，分阶段实施目标，坚持不懈地追求目标，最后达成自己的目标和梦想，是成功学的要义。

拿破仑·希尔的成功学非常重视目标的作用。他认为要想取得成功，就必须制定目标。潜能大师博思·崔西说："成功等于目标，其他都是这句话的注解。"对于一个欲求成功的人来说，任何事业都要有明确的目标，目标是意志、是理念、是使命、是选择、是预知、是走向成功的航标灯。其作用是极其巨大的。

1. 明确自己的人生使命和责任

明确的目标，如同航海中的灯塔，它照耀着航船的前程。

每个人都要确认自己正确的目标观念，知道自己的人生使命。

我们每一个人给自己的目标使命都不同，因而都有不同的目标观念和具体工作目标。如果一个人的目标只是为了养活自己，养活自己的小家庭，那么他可以朝九晚五，或当工人，或当机关公务员。如果他的目标是要光宗耀祖，那就要发奋仕途捞取功名了。如果他的目标是既要养活小家庭，还要振兴大家族，以大家庭为己任，并使大家都过上富裕幸福的生活，那他就必须立志当老板创大业了。同样，他志向更大，想造福于社会，为人民作贡献，那就是要成政治领袖、科学权威、财富大亨了。古人云："天下兴亡，匹夫有责。"你将担负多大的历史使命，确定何种目标，既有客观的要求，也有主观的愿望，任何人都必须对此三思而行。

2. 分步实现目标，人生成功的大法则

应该说我们许多大学生，都是有远大理想、有目标抱负的人，在现实生活中，我们一些人之所以会半途而废，往往并不是目标实现的难度太大，而是因为觉得成功离我们较远，确切地说，我们许多人不是因为失败而放弃，而是因为倦怠而失败。

1984年，在东京国际马拉松邀请赛中，名不见经传的日本选手山田本一出人意外地夺得世界冠军。当记者问他凭什么取得如此惊人的成绩时，他说这么一句话：凭智慧战胜对手。

当时许多人都认为这个偶然跑到前面的矮个子是在故弄玄虚。马拉松赛是比拼体力和耐力的运动，只要身体素质好又有耐性就有望夺冠，爆发力和速度都还在其次，说用智慧取胜确实有点勉强。

两年后，意大利国际马拉松邀请赛在意大利北部城市米兰举行，山田本一代表日本参加比赛。这一次，他又获得了世界冠军。记者又请他谈谈经验。

山田本一不善言谈，回答记者的仍是上次那句话：用智慧战胜对手。这回记者在报纸上没有挖苦他，但对他所谓的智慧迷惑不解。

10年后，这个谜终于解开了。他在自传中是这么说的：每次比赛之前，我都要乘车把比赛线路仔细地看一遍，并把沿途比较醒目的标志画下来，比如第一个标志是银行，第二个标志是一棵大树，第三个标志是一座红房子……这样一直画到赛程的终点。比赛开始后，我就以领先的速度奋力地向第一个目标冲去，等到达第一个目标后，我又以同样的速度向第二个目标冲去。40多公里的赛程，就被我分解成这么几个小目标轻松地跑完了。

目标的力量是巨大的。目标远大，才能激发你心中的力量，但是，如果目标距离我们太远，我们就会因为长时间没有实现目标而气馁，甚至会因此而变得自卑、丧气。山田本一为我们提供了一个实现远大目标的好方法，那就是大目标下分出小目标，分步实现大目标。

我们也要用目标优化人生进程。首先，心中要拥有目标，给人生存的勇气，赋予我们坚忍不拔的意志和毅力。其次要将目标潜藏在心底，无论怎样都不忘远大目标。再次，要分步实现人生目标，像山田本一那样细化人生目标。

将目标公之于众也是方法之一。

如果你的理想是将来当一名钢琴师，你不妨把这个目标公示给老师、同学、父母、亲朋，你也可以把你的梦想用座右铭的形式写出来挂在自己的书房墙上或压在读书的玻璃板下面，你还可以在自己的照片下写上一行字：“未来的钢琴家”。

这样做的好处是，把自己确定的目标公布出来，家喻户晓，让每个人都关心目标，让舆论来督促你向目标迈进，在这个过程中，你就会越发对目标专注，并且付出巨大努力。

总之，实施目标要紧紧盯住总目标，有步骤分阶段有规划地一步一步地实施。人都有惰性，如果没有详细的实施方案和阶段目标，就会大象吃天，无从下口，到头来只落得个夸夸其谈、牛皮大王的名号。

3. 确认目标要量力而行，驾轻就熟，合乎自己的秉性

今天我们的研究以选择创富为目标来讨论。那么在具体的操作过程中，我们从何

下手，第一个项目是什么呢？这是事关成败的关键。

在具体目标选择时，我们要瞄准创大富的目标，从小项目做起。这是大的原则之一。

到底怎样选小目标小项目呢。驾轻就熟，量力而行，集中精神，集中人力、财、物，撕开突破口是关键的关键。这是大的原则。

俗话说“隔行如隔山”，选择一个自己一无所知的行业目标作为发展事业的基地，这是需要特别慎重的，一般是不宜的。例如，你打算做药材生意，最好父母是行家里手，或自己是医学专业，从事过医药工作，对药材的市场行情、进销渠道和药材品质的鉴定等市场行情略知一二。反之，一窍不通，只会碰壁。

所以，做生意要尽可能选择自己比较熟悉的行业，而不要盲目地跳入你感到混沌一片的“海域”。选择你熟悉的行业，就能够拥有更多的信息，知道什么商品有市场、有前途，知道不同产品的优劣及消费者的要求，知道市场的发展方向，就能够作出正确的判断与决策。这就叫做驾轻就熟，得心应手。

资金是择业的重要条件。资金的多少与选择何种行业有密切关系。“看菜吃饭，量体裁衣”这句古训在选择经商项目时也是适用的。假如你本钱较少，不妨从摆摊设点、小本经营、信息咨询、家电维修、家教办班、小商品制作等干起。

总之，下海择业既要从资金实力出发，更要从个人优势出发。有一位研究地质与矿物的博士，鉴赏宝石自然在行，于是他下海办了家珠宝商店。有一位研究计算机的老教授，退休之后就开了个电脑门市部，由于对各种电脑的性能、操作与维修都了如指掌，生意做起来也就游刃有余。

一个人要成功，选择目标很关键。这个目标既要符合社会需要，同时又要根据自己的秉性和兴趣爱好来选择。这样的目标既有益于社会，同时又实现了自己的人生价值。

李时珍家世代行医。他父亲给穷人看病，常常不收诊费，李时珍亲眼看到父亲能够救死扶伤，解除病人痛苦，从小就立下为穷人治病的志愿。父亲给病人看病抓药，李时珍在一旁用心默记。一次一病人看病，父亲一时想不出药方，倒是幼小的李时珍脱口念了出来。李时珍长大后，要跟父亲学医，父亲死活不肯，说：当医生是下九流，参加科举才是正途。但是，李时珍坚持自己的主张，多次做父亲的工作，后来他放弃科举，终身寻医问药，编成医药大典《本草纲目》。

4. 分步实施目标，一定要有计划

很多人有目标，但就是没有计划，不重视计划，没有时间安排，没有工作措施，结果日复一日，月复一月，年复一年，目标还是挂在墙上的一张纸。

有一次一个学员问我："杨老师，我想3年内赚100万，请问如何实现？"我说，壮志可嘉，但赚100万也并非不可能的事，关键是要分步骤，有计划，重点突破第一年，如果你有较好的基础第一年赚到1万，第二年就可能赚10万，第三年赚100万也未尝不可。但无论如何，想张口吃天，一口吃个胖子是千难万难的，如果按详尽的计划办事，长远规划，分步实施，小处着手，一步一个脚印，问题就会逐步向好的方向转化。

又有学员问："杨老师，市场瞬息万变，计划有用吗？"古人云：凡事预则立，不预则废。古人办事有上、中、下三策。狡兔也有三窟。因此我们作计划要尽可能地周详，拿多种方案，目标不变，方法措施可以变。因时而化，因人而异，因事而变，这是办一切事情的根本方法。

市场变化快，我们要不时调整计划。在大学读书，相对来说，计划变化调整少，关键是坚决落实计划。一天记忆多少英语单词，流利说出几句英语句子。作了计划、规定一定要坚决落实、兑现。

5. 目标选择三忌

在选择自己的奋斗目标时，容易在下面三个问题上犯忌。

第一，目标不远大，平庸无志。

一名记者采访三位建筑工人，提问"你在干什么？"一人说在砌墙。一人说在建大厦。一人说：在建设我们的国家。20年后，说砌墙的仍然在砌墙。说建大厦者成了房产公司老总。说建设我们国家者，成了这个城市分管城建的副市长。心系目标，目标远大，往往决定一个人做多大的事。

一般地说，立大志成大事。我们许多同学总认为自己这不行那不行，天下之大，人才济济，我怎么能干那事，我怎么能当作家，我怎么能当计算机专家，我怎么能当将军，我怎么能当科学家，我怎么能当大老板……前面反复讲了，决定一个人成功与否最关键的，是看是否有积极的心态，是否有坚强的自信心，是否争志气。只要早定志向，早下决断，笨鸟先飞，盯住目标持之以恒、锲而不舍、孜孜以求，何愁你的愿望达不到。相反，你想都不想、自甘平庸、不作努力、不一步一步一个阶段一个阶段地去奋斗，未战先败，何来成功?

第二，目标不集中，经常转移分散精力。

我们许多青年朋友兴趣爱好很广，又认为要做的事情很多，这也想学那也想干，有时还过分好高骛远，常常目标不专一，分散学习精力。全面掌握各种知识当然不错，但现在是知识经济时代，知识的增长呈原子核爆炸形式，知识呈几何级数增长，一个人要当通才是不可能的不现实的。科学越昌隆，分工越细致，一般地说只有专才才有真正的立足之地。因此，我们在追求目标过程中要坚持“有所为有所不为”的原则，目标专一，持之以恒，最忌三心二意，天女散花，最后落得个一事无成。

第三，不切实际，一条黑道走到底。

选择目标并非是想当然就能选择好的，这里边确实有很多学问，需要得到心理专家、行业专家的指点。比如学习绘画、舞蹈、音乐，作为一般的爱好，提高综合素养和气质尚可，如果选择为之终生奋斗，要在这方面成名成家，那就要慎重考虑了。绘画要求人对色彩、对空间关系有特殊的敏感性；音乐要求对音律、节奏有特别的悟性，对音域音色要求有特别优越的条件和鲜明个性；舞蹈也不容易，要有良好的形体条件，在平衡、节奏、美感等方面有较高的悟性。如果自己在这方面缺少天分，那么就要听从专家的教导，把这些作为业余爱好，另外选择更符合自己秉性的目标。

二、天下之大，无借不有

干什么事，我们许多人总在等待，总在犹豫，迟迟不肯动手，说什么条件不成熟，要钱没钱，要项目没项目，要人才没人才，要技术没技术，要经验没经验。许多人总要等到万事俱备，有把握了才开始干事情。这种人过分胆小怕事，谨小慎微，难成大事。从思维启动层面看，也是不知变通，不懂从无到有、从小到大的辩证思维，不懂得“善借于物”的基本思想方法。我们说，天下之大，无借不有。借助别人，千方百计取得别人的援助，以成就自己的事业，要作为我们做人、做事的一个基本思考方法来高度重视。

1. 君子性非异也，善借于物也

没有一个人能够仅仅依靠自身的力量而不借助外界力量就能成就大事业。白手创业者，更要有“善借”的本领。昔三国诸葛孔明帮助刘皇叔匡复汉室时，也可谓一穷二白，无立锥之地，火烧赤壁时孔明借箭、借东风，火烧赤壁后又“借荆州”帮刘备借得一个大后方、大根据地，为三分天下奠定了重要的基础。

中国古代先哲说过，君子性非异也，善假于物也。远古时代人若赤手空拳，能力十分有限，但人能借棍打蛇，借刀屠蛟，借火驱狼，借斧剖虎，现今之人借车奔驰，借船出海，借钻探地，借飞船上天“揽月”。经商之人，借别人的钱，借别人的物，借别人的组织，借别人的智慧，借助政策、借鸡下蛋、借腹生子、借风扬帆，天下之大，无借不有。借、借、借，生意的学问就是最大限度地倚重他人。但是借而有术，不可不察。

（1）借名播誉

考比尔·琼斯是美国20世纪50年代最著名的出版商。当时，受美国经济危机影响，出版业非常萧条，琼斯心急如焚，后来，他想出一个绝妙的销书办法。他首先想方设法地与总统周围的人拉上了关系，有了面见总统的机会。第一次见面，他就把一本积压最多的书送给了总统，然后就三番五次地委托总统身边的人向总统征求对这本书的意见。被政务压得已不堪重负的总统根本就没闲心看这本书，但碍于面子，就在这本书的扉页上写了两个字：“不错”。

琼斯得到这册书后立即大做广告，其中有一句是：“这是总统最喜欢的书！”于是这些书被抢购一空。

不久，总统又收到琼斯送来征求意见的书。上次的事情总统也有耳闻，他自己也觉得上当了，被琼斯利用了自己的名望。这次他想戏弄琼斯一下，就在书的扉页上写道："糟透了！"

不料琼斯拿到书后又在广告上做文章，其中有一句是"这是总统最讨厌的书！"这立即就吊起了好奇心极强的美国人的胃口，书加印了几次还供不应求，琼斯也因此实惠地赚了一笔大钱。

当琼斯第三次将其他的书送给总统时，总统接受了前两次的教训，干脆把书甩到一边，不作任何答复。

但过了一段时间，琼斯又做起了广告："这本书总统已经阅读了两个月，但没有发表任何意见，这是总统最难下结论的书。"

任何的成功，依凭的是创造性思维，是人的聪明智慧，多次"借总统的势"销售书籍，是琼斯出版生涯中最精彩的华章。借名播誉的策略，成就了这位大名鼎鼎的出版商。运用之妙，存乎一心。

（2）借钱空手道

借钱的前提是胆识过人，眼光独到，看准了市场行情，洞察了市场变化。借钱有利可图，至少所赚的钱得比付出的利息要多。白手发家者要敢于借钱，要敢于负债经营。但是银行借钱也好，亲戚朋友借钱也好，靠的是信誉。信誉怎么得来？有人找朋友担保，但朋友担保次数不会太多，如果不讲信用，连朋友都害了。因此，光是借钱一件事就有很大的学问。一般地说，借钱首先不宜多，要按时如数交还，逐步建立信誉感，才会有大的活动余地。美国穷律师阿克森的借钱术是用尽心思却又十分讲求信用的例子。

1960年，28岁的阿克森还在纽约自己的律师事务所工作。面对众多的大富翁，阿克森不禁对自己清贫的处境感到辛酸。这种日子不能再过下去了。他决定要闯荡一下。有什么好办法呢？左思右想，终于想到了借贷上来。

阿克森一大早来到律师事务所，处理完几件事后，便找到邻街一家银行的借贷部经理，声称要借一笔钱修缮律师事务所。在美国，律师是惹不得的，他们人头熟，关系广，因为在以法治国，道德变成法律的国度里，律师有很高的地位。因此，当他走出银行大门的时候，他的手中已握着1万美元的现金支票。

走出这家银行，阿克森进入了另一家银行，在那里存好刚刚才拿到手的1万美元。完成这一切，前后总共不到一个小时。

之后，阿克森又走进了另一家银行，重复了刚才的手法。

这两笔共2万元的借款利息，用他的存款利息相抵，总体上差不多。只有几个月后，阿克森就把存款取了出来，还了债。

这样一出一进，阿克森便在上述4家银行建立了初步信誉。此后，阿克森便在更多的银行玩弄这种短期借贷和提前还债的空手道把戏，而且数额越来越大。不到一年光景，阿克森的银行信用已十分可靠了。凭着他的一纸签条，就能一次借出10万美元。

信誉就这样出来了。有了可靠的信誉，还愁什么呢?

不久，阿克森又借钱了。他用借来的钱买下了费城一家濒临倒闭的公司。20世纪60年代的美国，正是做生意的好时光。只要你用心经营，赚钱丝毫不成问题。8年之后，阿克森成了大老板，拥有资产1.5亿美元。

负债经营确实是发财空手道中绝妙的经营艺术之一。美国园地公司董事长大卫·诺曼，昔日凭一本仅有15页的“企划书”，借得资本，白手起家。韩国大宇集团公司主席金宇中，便经常借钱收购破产企业，不断扩大自己的企业集团。著名的实业家马胜利说：“我们厂现在还负债经营，但只要钱能生钱，阎王爷的钱我都敢借。”可见，负债经营实是生财妙方之一。今日威名震遍全球的松下集团，当初创业时也是从借款500美元开始的。

没有本钱的人，你不必发愁，为了发大财，你可以去借贷。借贷当然不会是人家主动送上你家门的，这得你自己想办法。因为，为了发财，你应当每天都考虑怎样去借钱。

（3）借人机器

利用别人的力量来达到自己的利益，除了负债借钱以外，借鸡下蛋，借“物”生仔也是一种妙法。关键是借的办法如何。下面的例子可供参考。

江苏省无锡纺织机械厂的弹力织布机是市场紧缺俏货，但价格高昂，销售不足。而乡镇企业又十分需要用它来组织生产，但资金不足，无法购买。

一个质优价高，一个手中无钱，生意无法做成。怎么办？乡镇企业便采取了借的办法："厂家把弹力织布机借给乡镇企业，然后分期付款，这样，分文未付，乡镇企业便拥有了自己的机器。而作为厂家，产品压在库里不如借出去，借别人的手来赚钱，并进自己的腰包。于是两全其美。

（4）借人货物

广东彩虹书屋业主殷继刚对借鸡下蛋的发财手法也颇有心得。

殷继刚自小就是个书迷，做梦也想拥有一间自己的书屋。但他没有资金，没有铺面，办书店无从下手。怎么办？于是他也借鉴发财空手道的做法，做起了无本生意：他想起外文书店有大批有关移民、托福考试等书刊，便主动找到书店负责人，希望帮助代售这些书，书店也被这些积压品伤透了脑筋，二者一拍即合。于是他便把这些书拿到移民的托福代办机构去卖，果然销路不错。一段时间后，居然赚了不少。

（5）借人"脑袋"

所谓借人脑袋，主要是指借助他人的智慧创新产品，借人的名声打开市场。健力宝前老板李经纬就是其中的高手。

20世纪80年代初，李经纬只是佛山三水一家小酒厂的厂长。1983年一个偶然的机会，李经纬从朋友那里得知，中国1984年奥运会代表团需要配备运动饮料。李经纬马上明白发财的机会降临了。但他一无所有，他只是一个三流小县的一个小酒厂厂长，除了微乎其微仅能糊口的薪水之外，什么也没有。但李经纬看准了这一机会，决心一搏。

于是，他找到了广东省体育科学研究所的专家欧阳孝先生，请他出山研究饮料。经过100多次的试验，一种新型的运动饮料问世了。这就是后来闻名神州的健力宝。

借别人的脑袋弄出自己的产品来，这是李经纬成功的"第一借"。

为了打开健力宝的销售市场，李经纬决定展开更大的借术。1984年5月，亚洲足联在白天鹅宾馆召开会议，国际足联主席阿维兰热大驾光临。这是何等难得的营销机会！李经纬决心一战。但是，当时的健力宝实在不像样子，像丑陋的灰姑娘，怎能拿得出手招待贵宾呢？起码也要改为易拉罐装才行。此时李经纬资金严重不足，要没资生产线根本不可能，而且时间紧迫，即使有钱也来不及了。怎么办？

李经纬眉头一皱，计上心来。他找到深圳百事可乐公司借来空罐，装上健力宝，贴上自己的招牌。然后通过关系，将健力宝摆到了亚足联会议桌上。当阿维兰热无意中拿起健力宝来喝时，心有灵犀的记者们已摁下了快门，李经纬又一次借成功了。他的健力宝销路大增。

再说一个牟其中借人脑袋做成飞机大买卖的故事。

牟其中说："人没有必要事事处处都成为一个专家，我们不需要从零开始。我们精通一门技术，不如交一个精通这门技术的朋友。如果有很多很多各式各样的专家朋友，我们自己也就变成各式各样的专家了。"

牟其中的话，说白了就是这么一个意思：别人有聪明的脑袋，你就拿来利用它发财吧。

牟其中就是这样，拿别人的聪明脑袋为自己无本发财。例如同俄罗斯古比雪夫飞机厂做生意，牟其中起初没有底，但他巧妙地利用了学者专家的聪明脑袋来借力发财。

牟其中在北京南德公司所在地有一批老年人成立了"老区扶贫基金会"，牟其中无偿给他们提供场地，一来二往就熟了。

老年人中有几位是退役的空军军官。交谈中他们便向牟其中提供了一个重要信息：苏联的大型客机滞销，价格低廉，质量绝对可靠，但缺点是耗油量大，一时难以找买主。牟对此赚钱信息深信不疑，但他有些惊讶。为什么呢？

并不是牟其中不相信这些老年人。这些退役空军军官，都是航空方面的行家里手，他们熟知全世界各地的飞机产地、型号、售价、飞机性能，这是毫无疑问的。那牟其中担心什么呢？

因为这种飞机生意涉及的方面太多太广，里边有许多学问和麻烦。比如：货币怎样交换？怎样通过海关？怎样办理报批手续？飞机购回后卖给谁？怎样使卖主与买主之间达成一致？

这些问题，一直在牟其中脑海中翻滚不停。飞机生意的利润太诱人了，做成一笔便是一个天文数字的毛利。但牟其中一时漫无头绪。

后来一次偶然的机会，牟其中与四川航空公司经理杜定欢碰了面，两人一拍即合，牟与杜签订了大型客机购销合同。

之后，牟其中迅速请来许多专家学者研究怎样同苏联打交道，怎样报批，怎样实施购买方案。

牟其中成功了。他依据聪明脑袋们拟定的方案，展开了与苏联的易货贸易。经过多次洽谈，牟其中与苏方达成了协议：古比雪夫飞机总厂先把飞机飞到成都，牟其中用飞机抵押到银行贷款，采购3500个车皮的中国罐头食品、服装鞋帽、机电产品等国货发往苏联。

牟其中这笔飞机买卖成功了，给诸方带来了许多利益：首先是牟其中赚取了1亿多元的毛利。苏联方面，卖掉了飞机。而国内300多家企业的产品有了销路，其中不少因此而起死回生。

现在牟其中被称为中国首骗。但我们不能因为他后来出现的一些经济问题而否定他的经济思考。他的关于99° +1° 理论，他的长于公关的思想，他的善借思想都是闪烁着智慧之光的成功策略。我们同样要学习和借鉴。

（6）借助政策

陈天生是个玩空手道的策划大师。他善借外脑，善借政策，策划起来令人胆战心惊，令人咋舌。

陈天生当年是靠印《厂长经理统考》书目起家的。到搞策划时有了许多堂皇的头衔：广东省肇庆鼎湖科技开发区总经理，中国方便食品学会会长，武汉大学广东地区校友会会长等。他在珠鹰大厦租了一层楼办公，十分气派，虽然当时他仅仅揣着6000元下广州。

6000元租一套客房一个月就可以花光，但他不怕，因为他另有无穷的计谋，另有各种各样的朋友，人称“智囊团”，他称为“外脑”。外脑者，脑外之脑也，他认为好处是能众“智”成城，出奇谋善策，弥补一个脑袋的局限。果然，不久，他选好了自己的突破口——创建广东肇庆鼎湖高科技开发园区。

这是一个一般人不敢想的问题，他却认为，越是认为难办的事也许越是简单。不就是申办一个政府批文吗？搞科学是件好事，政府能不批？批了一切都好办，台大可以唱出连轴大戏！

他上跳下窜，批文果然给弄到手了。于是，所有的想象力都围绕开发园区运转，而可行的想法马上实施。第一步，让肇庆风景秀丽的鼎湖区划一块“科技特区”，制定一个优惠政策。第二步，大肆招兵买马，口号：给你一个创造的机遇，给你一个开拓的自由。

这口号相当迷人，时值千军万马下广东闯荡，怀着侥幸心理的人都想有自己的绿洲。他马上组织了一个武汉大学广东地区校友会。他是武汉大学高才生，而武汉历届在广东的校友有几千人，一个个出落得名正位尊，于是几番联谊舞会跳罢，他获得了最广阔的社会门路。

他这时候需要的只是社会支持，财团赞助了。

他组织了一个“大陆港澳著名企业家联谊会”，特请了一大批企业明星切磋交流，由此获得了第一批社会资助。

也不多，也就十几万，但他将有限的十几万用得非常得体，他租赁了广东警备司令部一栋五层楼的大厦，又可住人，又可办公，还可以开饭店赚钱养育萌芽的事业。

这样，意欲创业的科技下海者到这里调查时，发现“鼎湖科技开发区”绝不是一纸空谈，它有住宿之利，优惠政策，广阔背景，多种渠道，它值得依托和依赖，它有相当的知名度。

哗，27个科研所一下子办了起来，3个试验工厂也办了起来，陈天生只给他们一块牌子，让他们自筹资金，自选项目，自我运转，各显神通。

另外，向全国辐射出16个分支机构，他们技贸一体，自谋出路。

陈天生说，他这个总经理是为他们服务的，只收产值2％的管理费，这费用不高，谁都可以接受。

但他们没有想到，2％集聚到他那里，是一笔巨额收入，他形成了自己的气候。

他讲，发财不一定非做买卖，拿他来说，只不过是借了政策，借了支持拉了一个山头，做了点组织工作。

一个匪夷所思的山头，一种纵横捭阖的组织工作，一种最大胆的借的空手道，一条特殊而可行的商业思路。

（7）借人网络（组织）

这是一个平凡而不平凡的姑娘南下打工的故事。

有一位大学刚毕业的姑娘生活处境不佳，到县城找不到适合的工作，又不想回到山沟里头，于是找朋友借了200元钱乘便车到深圳去找机会。她既没什么专长和像样的学历（她只是一专科毕业生），没有一副招人喜欢的长相，到了深圳特区也没有什么亲戚朋友给她帮忙。但事情就是出人意料，这位姑娘在碰钉子、遭冷遇以后不灰心丧气，终于在一家小公司当了一名勤杂工，得以谋生。

姑娘眼观六路、耳听八方，利用每次送菜倒水、擦拭桌椅的机会，用心聆听每个客户的访谈。她从这当中，一方面暗自学习人们是怎样谈生意、拉关系的，另一方面又暗自记下每个来客的姓名、地址和电话……干了一年之后，她突然辞职了，老板感到很奇怪。原来她要自己开办一个小商店，她四处奔波，去请求她暗自记下姓名的一些人帮忙。就这样，她凭借工作时掌握的经营网络，很快借助客户的帮助，开办了一个代销商店，并且不断赢利，生意逐渐兴隆，不久即发达起来。

人们很惊奇这位姑娘的发达。她发达的根本原因是因为借原来工作之便掌握了做那一行生意的行情和客户网络（组织），借腹生仔，一举成功。

三、天下大事，必作于细

古往今来，那些成就大业的人，都是目光远大，志向高远，但落实在行动上却是，从大处着眼，小处入手，善于做小事，把小事做好，做出成绩来，克勤小物，实事实做，重视积累，恶小去之，善小为之，厚积而薄发。成功就是每天进步一点点，积小胜为大胜。学好本领，增长见识，练好内功。一旦机会来临，则乘势而上，实现心中理想。

1. 从“扶正扫帚”做起

卢浮宫收藏着莫奈的一幅画，描绘的是女修道院厨房里的情景。画面上正在工作的不是普通的人，而是天使。一个正在架水壶烧水，一个正优雅地提起水桶，另外一个穿着厨衣，伸手去拿盘子——即使日常生活中最平凡的事，也值得天使们全神贯注地去做。

有三个人去一家公司应聘采购主管。他们当中一人是某知名管理学院毕业的，一名毕业于某商学院，而第三名则是一家民办高校的毕业生。在很多人看来，这场应聘的结果都是很容易判断的，然而事情却恰巧相反，应聘者经过一番测试后，留下的却是那个民办高校的毕业生。

经过一番测试后，他们在专业知识与经验上各有千秋，难分高低，最后公司总经理亲自面试，他提出了这样一道问题，题目为：假定公司派你到某工厂采购4999个信封，你需要从公司带去多少钱？

几分钟后，应试者都交了答卷。第一名应聘者的答案是430元。

总经理问：“你是怎么计算的呢？”

“就当采购5000个信封计算，可能是要400元，其他杂费就30元吧！”答者对答如流。但总经理却未置可否。

第二名应聘者的答案是415元。

对此他解释道：“假设5000个信封，大概需要400元左右，另外可能需要15元。”

总经理对此答案同样没表态度。但当他拿到第三个人的答卷，见上面写的答案是419.42元，不觉有些惊异，立即问：“你能解释一下你的答案吗？”

“当然可以，”该同学自信地回答道，“信封每个8分钱，4999个是399.92元。”从公司到某工厂，乘汽车来回票价10元。午餐费5元。从工厂到汽车站有一里半路，请一辆三轮车搬信封，需用3.5元。因此，最后总费用为419.42元。

总经理听了，不觉会心一笑。

每一件事情都值得我们去做。不要去小看自己所做的每一件事，即便是最普通的事，也应该全力以赴，尽职尽责地去完成。小任务顺利完成，有利于你对大任务的成功把握。一步一个脚印地向上攀登，便不会轻易跌落。通过工作获得真正的力量的秘诀就蕴藏在其中。

再看一个例子。

总公司的老板要招聘一位办公室主管人员，经过前两轮初试只剩下五名最佳人选，最后轮到总经理亲自主考。这位总经理，在他进门的旁边，把一把扫帚横倒放在地上。五位应聘者应试过后，只有一位一表人才、满腹才华的青年人被聘为办公室主任，这位青年人唯一与众不同的是，他一进门，就把倒在地上的扫帚扶正放在门角落里，而其他四位都没有这样做。事后，这位总经理发表了一通做人的"理论"：良好的道德修养，良好的行为习惯往往胜过一个人的才干。特别是干办公室这一行，除了眼观六路、耳听八方，上台能演戏，还要下台能扫地。

人生是十分具体的，由我们的每个表情、每个行为、每句话组成。优美的举止、得体的装束、整洁的仪容、礼貌的谈吐，都能表现出我们的教养和人生的境界。对于我们来说，学知识不易，学做人更难。知识渊博固然重要，但更要敏于行动，在行动中文雅、谦虚、和气、大方、诚恳、踏实，这些正是良好品质和习惯的具体体现。天下大事，必作于细；千里之行，始于足下；大处做人，小处做事。眼界宏阔，细处着手。我们要从"洒水扫地"做起，从"扶正扫帚"做起。这样，我们的事业才会渐渐获得成功。

2. 细处发端，先到为君

看秦末农民起义，樊哙屠狗之徒，彭越打铁之辈，萧何也不过一个县丞（县官幕僚秘书），因为跟了沛公刘邦打天下，后来都封侯拜相，什么道理？秦末农民起义，烽烟刚起，事情刚刚发生，他们就跟随刘邦如影随形，终生辅佐，这就是所谓细处发端，先到为君。

事物发展的规律总是由小到大、由弱到强，在挫折中成长，在失败中求生存，一步一步走到强盛辉煌时期的。因此，它要求我们在从事职业生涯时，要审时度势，看准社会需求，看好产品核心竞争力，看清老板、领导者的预见力、决断力、领导力，这样一旦加入了企业，特别是有前途的初创企业，就不要轻易跳槽，另换企业，另打旗帜，另换主人。等到企业发展到一定规模时你也就成了元老级人物了。

我有一位同乡，读书没门，家里也供不起，十八九岁就跟随我另一下海创业的同学到长沙去闯天下，先是搞化学试剂的销售，后来协助办厂制油漆。他能力一般般，人也老实，但跟老板久了，老实人也成了部门头头，到上海做个销售负责人，在长沙高桥厂区搞过行政管理，现在已成为公司里二三号的人物。水涨船高，他一个高中未毕业的农村娃，因为跟对了人，现在车进车出，在长沙买了两百多平方米的房子，还有不小数额的积蓄，比他在县里当局长的老兄阔绰多了。

四、辩证思维，趋利避害

办事情做事业，要辩证地看问题、发展地看问题。面对逆境和挫折不要认为一切都完了。经过努力说不定会柳暗花明，由弱到强，由愚变聪，因祸得福。反之，也不要心存侥幸，一蹴而就，一劳永逸。凡事欲速不达，事曲则全。

1.趋利避害，突破逆境

不要害怕灾祸和逆境。一切的灾祸和逆境只会吓坏意志薄弱者。意志坚强者，聪者智者，总能辩证地思考问题，趋利避害，扬长避短，化危机为转机。

和志刚，男，纳西族，1968年12月27日出生于云南丽江白沙，中国著名口书书法家、第十四届“中国十大杰出青年”、“全国五一劳动奖章”获得者、第五届“云南十大杰出青年”、第三届“丽江十大杰出青年”，丽江市残联肢残人协会主席。和志刚11岁时不境被高压电击失去双臂，但他没有向命运屈服，失臂不失志，始终保持了自信与坚强的心态。为了谋生，自食其力，他曾经脚踏三轮车，外出卖米线维持生活，最后他独辟蹊径，以超乎常人的顽强毅力以口代手写字，苦练书法，成为国内外著名的口书书法家。

和志刚的书法作品曾在“世界残疾人书画展”获金奖，参加过“中国国际书画博览会”、全国获奖艺术家精品博览会和故宫博物院举办的“首届中国当代名家书画收藏展”，其作品被博物院收藏。他曾在上海等地举办过个人书画展。党和国家领导人，美国前总统布什、法国前总统希拉克等国外政要都收藏有他的作品。他的精神和事迹感动了世界。

得了重病四肢不能动弹，但脚趾还可以动弹，就可以学会用它打字。四肢残疾，并不影响你文学天赋的发挥，你的眼睛可以阅读可以观察，你的想象通达万里以外。

爱尔兰有一位著名作家克里勘斯蒂·布朗，他一出生就不幸患了严重的瘫痪症，5岁还不能走路，不会说话，身体和四肢都不能动弹。父母为他四处求医，但都无济于事。一天，在绝望之中的母亲，忽然看见小布朗伸出左脚趾夹着粉笔在地上画。母亲十分高兴，并开始教他用脚趾写字，同时还让布朗读了许多文艺作品。后来，布朗又学会了用左脚打字、画画，开始写诗作文。他写作时，坐在一张高椅上，把打字机放在地上，用左脚翻纸、打字。布朗付出常人难以想象的代价，克服了常人难以想象的困难，终于在1954年出版了一部自传体小说《我的左脚》。后来，他又出版了另一部自传体小说《生不逢辰》。在小说中，他用自己的真情实感，叙述了一个全身瘫痪的残疾人不懈的努力和追求，使文坛为之轰动。这部小说成为国际畅销书，被十几个国家翻译出版。

扬长避短，是一个人成才的重要因素。人与人的天性相近但是确有差别，有人长于理性思维，有人长于形象思维，有人性情坚忍，有人勇冠三军，有人举重若轻，有人心细如发。因此，任何人都必须有所为有所不为。特别处在现代知识大爆炸时代，欲做通才不可能，也没这个必要，因此，要立世成业每个人都必须选择一二符合自己秉性的“技”藏在身上。我们很多的人总是在学习、工作和生活中碰壁、受挫，但这未必不是好事。为什么碰壁受挫？是不是选错了道路，迷失了方向？或许原来所做的本身就是错误的，一条路走到底，对你而言说不定是死胡同。俗话说得好，东方不亮西方亮，旱路不通走水路。这是辩证法，也是生活哲学。数学不行，文学的光辉同样可以照亮你璀璨的人生。

台湾著名女作家三毛上中学后，数学成绩很差，最好时也不过考50分。但其他功课如国文、英文、地理很不错。由于这原因，老师在课堂上投给她的目光非常冷淡，这使敏感的三毛受不了，“感觉她的眼睛像小刀一样随时会飞来杀我。”

可怜的三毛，因为一些不会做的数学题目，被老师在讲台的地上用粉笔画了两个圆圈当作“地牢”，让三毛站在“地牢”中间，面对老师，并侮辱地在她眼睛上也画了圆圈……若干年后，三毛仍痛楚地忆起当时的情景——“……全班同学哄堂大笑起来……老师等同学笑够了，叫我站到教室角落，一直站到下课，于是我带着满脸黑黑的墨汁站到教室的一角，我想等一下课就可以去洗手间把脸洗干净。……等到下课，老师又对我说：‘你不要走，你从走廊走出去，到操场绕一圈再回来，到教室来。’那时正是下课时间，走廊上许多同学在玩耍，他们一看到我的样子都尖叫起来，我乖乖照着老师的话，绕着操场一周才回到座位上，隔壁一姓杨的同学拉着我去洗手间，因为没有肥皂，只能清水泼在脸上，根本洗不干净，脸灰灰的，我用裙子擦了一下才回去上课。”

这件事的后遗症非常可怕。只要她一想到要去上学，便立即昏死过去，毫无知觉。这是一种心理疾病，患者的器官全部封闭起来，不希望再碰到外部的世界，只觉得呆在自己的世界里最安全。这叫做心理“自闭症”。

碰到这样的老师真是人生的悲哀。然而事情的结局却并不坏。三毛的父母专门为她请了老师开导她。那位老师极富爱心极策略极委婉地鼓励她说：“三毛，你的画有进步，但我看你的文章，却更有天分。”老师给她找了一个刚从台大毕业的姓陈的女孩帮忙。陈就是现在著名的台湾作家陈若曦。在陈的帮助下，三毛进了文化学院。她终于从囚禁自己的小房走出去，开始了新的生活。

三毛认为，那个数学老师是第一个改变她命运的人，她后来很感激她，如果不是她当年那场体罚，她不会走上文学之路，不是那暗淡的七年，她也读不了那么多的书。真是山不转水转，东方不亮西方亮。三毛终于成为文学艺术堂殿里的一颗璀璨明星。

就算得了残疾，只要扬长避短、专注一行，同样也能获得成功。

任何事物都是一分为二的，每个人都有自己的长处和短处。残疾人大都只是生理机能上有某些缺陷。而人的生理机能往往是此消彼长，比如，盲人失掉视觉以后，听觉、触觉会特别灵敏；聋哑人不会说话，大脑的机能则更为发达；下肢残疾者，手却特别灵巧；手残疾者，脚的技能则会增长；身残疾，头脑却越精明聪慧；等等。要善于从黑暗中看到光明，从不利因素中看到有利因素，扬长避短，驾驭命运，绝处逢生。奥斯特洛夫斯基因重病在病床上写出《钢铁是怎样炼成的》；先天性聋哑人张厚昭成为钢铁战线上的工程师；申沛农双腿残废，专学剪纸，成为了北京剪纸研究会的副会长；王叔培双目失明，学钢琴，现在是上海音乐学院的钢琴师；多次创造撑竿跳高全国纪录的胡祖荣下肢瘫痪后，发愤著书，荣获了“体育”运动荣誉奖章。

同样，每一件事情的出现，也需要我们辩证地去看待，比如说大学毕业生的就业问题，有许多大学生羡慕公务员的“铁饭碗”，朝五晚九，衣食不愁，可是许多进去端了“铁饭碗”的人，也有痛苦：一是这工作不见得是他喜欢的；二是这工作没有发挥的地方，是谁都可以干，他的才能不在这一行；三是国家的工作你不能随便调动、更换，离岗了，就回不来了；四是这工作平顺，没有挑战性，许多人感觉屈才；五是公务员、事业单位的工作人员收入有限，不能创造更多的收入；六是最重要的一点，端了政府的碗，你就得服政府管，从此你不是“自由”之身，你就老死一个单位了，不能干自己想干的事情，这种痛苦，没有经历的人是感受不到的。相反，国家不包分配，自己找工作或自主创业，主动权在自己手上，一年半载难找工作没关系，本事可以学，没经验可以慢慢经历，工作不理想可以炒老板的鱿鱼，换自己满意的喜欢的工作，最关键的是，你是自由的，你有一天可以自主创业，给自己打工，当老板。

2. 君子有所为，有所不为

“赠”予别人，其实就是“赠”给自己。“彼若取之，先必予之”。舍得舍得，有舍才有所得。君子有所为，有所不为，这也是成就人生和事业的重要策略和方法。

第二次世界大战的硝烟刚刚散尽，以美、中、英、法、苏为首的战胜国几经磋商，决定在美国纽约成立一个协调处理国际事务的联合国。一切准备就绪之后，大家才蓦然发现，这个世界性组织竟没有自己的立足之地。

买一块地皮吧，刚刚成立的联合国机构还身无分文。让世界各国筹资吧，牌子刚刚挂起，就要向世界各国搞经济摊派，负面影响太大。况且刚刚经历了战争的浩劫，各国都国库空虚，甚至许多国家都是财政赤字居高不下，在寸土寸金的纽约筹资买下一块地皮，并不是一件容易的事情。联合国对此一筹莫展。

听到这一消息后，美国著名的家族财团洛克菲勒家族果断出资870万美元，在纽约买下一块地皮，将这块地皮无条件赠予了这个刚刚挂牌的国际性组织——联合国。同时，洛克菲勒家族亦将毗邻这块地皮的大面积地皮全部买下。

对洛克菲家族的这一出人意料之举，当时许多美国大财团都吃惊不已。870万美元，对于战后经济萎靡的美国和全世界，都不是一笔小数目呀！而洛克菲勒家族却将它拱手赠出了，并且什么条件也没有。这条消息传出后，美国许多财团和地产商纷纷嘲笑说："这简直是蠢人之举！"并纷纷断言："这样经营不要10年，著名的洛克菲勒家族财团，便会沦落为著名的洛克菲勒家族贫民集团！"

但出人意料的是，联合国大楼刚刚建成，它四周的地价便飙升起来，相当于捐赠款数十倍，近百倍的巨额财富源源不尽地涌进了洛克菲勒家族财团的腰包。这结局令那些曾经嘲笑过洛克菲勒家族捐赠之举的财团和地产商目瞪口呆。

这是典型的"因舍而得"的例子。如果洛克菲勒家族没有做出"舍"的举动，勇于放弃眼前的利益，就不可能有"得"的结果。放弃和得到永远是辩证统一的。然而，现实中许多人却执著于"得"，常常忘记了"放弃"才是一种至高的人生境界。要知道，什么都想得到的人，最终可能会为物所累，一无所获。

得和失永远是一对孪生姐妹，如影随形。做人不能因得而猖狂，也不必因失而绝望。有舍才有得。故君子有所为亦有所不为；读书也应有所读有所不读；事有所做有所不做；与人交往，有所交有所不交。一切要有所选择。

当然，这要求我们有远大的眼光，有全局的胸怀，看得清事物发展的趋势，舍小是为了谋大。

3. 以迂为直，事曲则全

"以迂为直，事曲则全"作为一种人生成功的方法提出来，是要求人们有所领悟：第一，不要认为人生的道路总是一帆风顺的，要准备经受挫折、失败、痛苦、悲伤，然后到达胜利彼岸。第二，不要认为人生的道路越走越窄，困难重重、前途无望。其实事物发展总是由弱到强，由小到大，由低级到高级，由孱弱到兴盛的。因此，要有信心，要坚持忍耐，要重视量的积累，最终抓住机遇，达成质的提高，取得最后胜利。第三，作为一种人生策略，要懂得进退、迂直、曲全的辩证关系，学会走弯路为直路，艺术地走好人生路。特别在办事、处理人际关系时更要把握好这一方略。

按照中国人的行为习惯，有些明明可以直达的事，却要绕一个弯子，变一下口气，换一种形式，以求更有效更妥帖。

事曲则全是一种曲径通幽的行为模式，比如文学作品，就最忌直白、浅露和一览无余，语言凝练，意境深邃，情节起伏多变，读起来才有韵味，让人产生丰富的联想。在军事上，事曲则全是一种迂回曲折的策略。古典小说中，杨家善使回马枪，斗得难解难分之际，有人不是硬打硬拼，而是“拍马便走”，等对方追赶，失去警惕时突然回头一枪，反戈一击，取得最后胜利。在生活艺术中，说话直来直去固然爽快，而有些批评的话语，如果直通通，人家一时拉不下面子，难以接受，不但达不到批评的目的，甚至可能适得其反，结下“梁子”。如果采用委婉的语气，顾及人家面子，说清道理，人家就会口服心服。

值得注意的是，以迂为直，事曲则全不是搞阴谋诡计，也不是回避困难和矛盾，而是避开锋芒锐气。一事当前，难度较大，如果正面冲突，可能不利于解决问题。如果“绕道而行”、“委婉而言”就能消除阻力，最终达到目的。

因此，我们要善走弯路，特别是求职，我们要善于走弯路，放低姿态，先进得企业的门去，找到发挥能力的平台，再图发展。创业，不要浮躁，不要急躁，不要想一口吃一个胖子，想一夜暴富，欲速则不达，要绕绕弯子，先打工，先学习等待机会，从小事做起，从“没有面子”的事情做起，从与人合作创业做起，创造机会再发展。

五、让人三尺，忍小谋大

忍让不仅是一种美好的品德，同时也是一种成就大事的重要方法。让，不是软弱，谦让是礼貌是淡泊，礼让是谦和是宽容；能忍是金，忍小谋大、隐忍待机、隐忍求成是人生重要的方法和策略。

1. 忍让是美德，化解矛盾多

礼让，孔子认为是一种高尚的道德，孟子认为是人与生俱来的善性之一。人都有七情六欲，人与人交往总有利害冲突的时候，或为名或为情或为物或为气，因此利害相关之时，谦逊礼让则可以增进团结，化解矛盾。这也是求得人生成功的一大法宝。

我们常常看到一些同学因为鸡毛蒜皮无关原则的小事破口大骂，互相争吵，甚至大展拳脚。这又何必呢？俗话说“退一步海阔天空”。请看曾国藩“让他三尺又何妨”的故事。

“千里修书只为墙，让他三尺又何妨？长城万里今犹在，不见当年秦始皇。”

这首诗是清康熙时文华殿大学士张英所作。咸丰初年，曾国藩父亲与几个兄弟还未分居的时候，家中为建新宅黄金堂，与邻居为一墙之隔的地界发生争执，最后要打官司到湘乡县府。曾国藩收到此信后，联想起古人的这首诗，便写了一封长信，并将这首诗附上。曾家父子读过曾国藩的信和此诗后，胸襟豁然开朗。“让他三尺又何妨”！用这一思想，将地退缩了三尺。

据说，曾家的这一举动，深深地感动了邻居，其邻居不仅未与曾家争执，见自家的地很方便曾家，也秉着“让他三尺又何妨”的见解，转让给了曾家扩建黄金堂新宅。

与人相处，包括朋友、邻里、同事、同学、陌路人等等，以宽忍为怀，礼让有数，是以退为进、处世不败、善结人缘的一个秘法。

常言说：“一忍可以制百勇。”

礼让、忍让是广交益友和获得成功的最有力武器。在日常生活中忍让要体现在如下两个方面：

一是忍受不利于己的言行。在与他人交往中，不可能人人事事都顺你之意，他人的语言和行为不可能都有利于你，有时甚至会出现你“忍无可忍”的情况。每当这时，你必须忍住、忍让。忍让就有利于你，否则你就将失利。一方面，说不利于你的话，做不利于你的事的人，是由于对你不甚了解或误解，只要通过一定时间，就会了解你，误解也会解开，这时，不仅不利于你的言行会自消自灭，而且他会对你的克己忍让从内心生出一种感激之情，进而使他改变印象，对你更加敬重，使你又多了一个朋友。另一方面，如果你不忍不让，而去“以牙还牙”、“反唇相讥”，甚至“拳脚相加”，那么你能得到什么呢？你能得到的，只能是使对方更加误解你，更增加对你的敌意，即使他知道是自己搞错了，也不容易与你重新和好，你很可能就此多一个反对者。

即使有人是故意说、做不利于你的言行，你仍然应当忍耐。你的恼羞成怒、大发雷霆，可能正中那些人的下怀，你对有些话有些事的在意，便人为地扩大了不良影响，加之你在众人面前的失态，会使你的威信迅速降低，这正是那些人的目的。你忍让了，就为通过其他方式解决你们之间的矛盾奠定了基础，也可使对方受到一些感动，进而缓和你们之间的关系。

总之，为人需要忍让。忍让需要湖水的冷静，需要大海的胸怀。摩擦生热，怒火中烧的时候，如果没有冷静，就不能化解矛盾；如果没有胸怀，就不能熄灭怒火。一个富于理智的人，能忍一时之气；而感情用事的人，则逞一时之勇。忍一时之气，可免百日之忧；逞一时之勇，则可能酿成恶果。

一事当前，弱者有时为了维护自己的尊严，不可能抽身而退，应巧妙化解，善于变寒霜为春风，化干戈为玉帛。至于强者让人三尺，无疑会得到人们的敬重。

二是对你所要做的事，同样要善于忍耐。比如你要同某人结交更深层的关系，但通过几次努力都失败了，或收效甚微。在这种时候，你一定要耐住性子，继续坚持下去。只要你一直坚持，定会收到好效果。

善忍在生活中是一种好品质，也是一种好谋略。

宋代宰相赵普，就是善于运用这一谋略的人。只要他想做到的事，无论几次失败，无论遭到怎样的待遇，他都坚决地忍住，进而去赢得最后的胜利。一次，他向皇帝推荐自己的一个部下，赵匡胤一口回绝了。隔天，他又向皇帝提出相同的要求，皇帝还是予以驳回。当他第三次提起这件事时，皇帝大为愤怒，气得把文件撕掉，重重地摔在地上。但是，他仍然忍住失败的念头，一如平常地把文件捡起来，贴好后又把它呈给皇帝。皇帝见赵普这样不遗余力地坚持举荐此人，想必此人很有些才能，便决定召见此人，一见果然相中了此人。

凡办事遭遇挫折是常有的，只要有坚忍之气，提振勇气，再接再厉，定会成功。

2. 忍小而谋大，能做王者师

做任何事情要坚忍以待时机，反之，“小不忍则乱大谋”。

汉高祖刘邦曾说：“夫运筹帷幄之中，决胜千里之外，吾不如子房。”子房就是刘邦当年的军师张良。可谁知，开国名将张良的作为，某种程度上全赖他年轻时为下邳老人（据说是黄石公）拾鞋子呢。

张良，字子房，是韩国的公子，秦灭韩，张良以家财求刺客刺秦始皇，结果始皇未被刺中。从此，张良隐姓埋名，逃匿于下邳。有一天张良在桥头散步，对面走来一位身穿黄袍的老人（即黄石公），走到张良跟前说：“小子，我的鞋子掉落在桥下，给我把鞋子拾起来！”

张良本是个贵族子弟，从来没有人这样对待过他。听了老人的话，他很惊讶，认为此人太傲慢了，甚至想拔出拳头来揍他一顿。他想到对方年老，就强忍心头怒火，到桥底下帮他把鞋子拾起来。

老人又伸着脚用命令的口气说：“给我穿上！”

张良想，既然帮他把鞋子拾上来了，好事做到底，穿就穿吧，就跪在地上，帮助老人穿好鞋，老人穿完鞋，也不道声谢，笑了笑就走了。

张良更觉得奇怪了，站在那里看着老人走去。老人走了一小段路，又回头对张良说：“这孩子挺不错，可以教诲啊！五天之后的清晨，你到这里来见我。”张良跪下说：“好！”

五天之后的清晨，张良到桥上去时，老人已经先在那里了，他生气地说：“和老人约会，为什么要迟到？再过五天再来，得早一点。”

又过了五天，张良到桥上去时，鸡刚叫，老人又已经在那里了，又生气地说：“为什么来晚了？再过五天再来早一点。”

又过了五天，不到半夜张良就到桥上去了。过了一会儿，老人也来了，高兴地说：“应当这样。”于是，他传给张良一部《太公兵法》，说：“读此书可以为王者师。”后来张良熟读兵法，成为高祖刘邦的主要助手之一，多次为刘邦讲解《太公兵法》，并多次为刘邦筹划军机，多次为刘邦解开危局，直至取得最后胜利。

这位替老人拾鞋的名将实在值得后世的人多研究多玩味。最明显的教益是：老人是有丰富知识和经验的。只有尊敬老人，谦逊地听取老人教诲才有可能获得真传。张良替老人拾鞋，听从老人教导，终于感动黄石公，故有《太公兵法》相传，亦有张良名世。

然而仔细深思，下邳老人的用意并不在一本《太公兵法》。老人认为张良才能有余，而担心他度量不足，所以狠狠地挫折他那年轻刚锐的气焰，使他能够忍受小的仇恨而成就大的事业。为什么呢？两人不是多年深交，突然在野外相遇，张良却被当作奴仆一样使唤，居然能顺从而不感到奇怪，这样的人突然遇到危难却不惊慌，无故遭受侮辱却不发怒，抱定高远志向，不逞一时之强，强忍一时之愤，就可以做王者的老师，成就宏图大业了。

因此，张良拾鞋的最大教益应该是：天下有一种称为“大勇”的人，突遇危难而不惊，无故受辱而不怒，忍小谋大，志存高远，一心向着自己的宏大目标进取，而不为身边芝麻琐事，一时羞辱而铤而走险，丧失理智。

纵观项羽与刘邦的楚汉之争，凡有大大小小七十二战，几乎都是刘邦败北，几次刘邦还差点丢掉性命，连自己的父亲和妻儿都被项羽掳去。然而刘邦何以屡败屡战毫不气馁，得以坚持下来？这是因为有萧何为他守关中保证兵粮供应，张良、陈平设谋划策使之转危为安，韩信、黥布、彭越骚扰项羽后方声东击西，使项羽往来奔波、筋疲力尽。这样刘邦坚忍待机，终于汇集大军，于垓下一役而破楚，迫使项羽自刎于乌江。

刘邦屡败而能战，及至家破人亡时，仍能忍得住顶得起，毫不动摇。对此，苏东坡指出：“观夫高祖之所胜，项籍之所以败者，在能忍与不能忍之间而已矣。项籍唯不能忍，是以百战百胜而轻用其锋；高祖忍之，养其全锋而待其敝。”

3. 胸有城府，隐忍求成

忍让退让谦让不是懦弱，而是处世成事的技巧。忍小方能避祸，忍小方能谋大。为人处事没城府不足以立世。鲁莽急进者，成事不足败事有余；能屈能伸、知所进退者，方能成就大的事业。

隐忍的第一个要义是“忍辱负重，能屈能伸”。

耐心等待时机成熟是一种成事之道。忍辱负重，大丈夫就应当能屈能伸。在山穷水尽之时，忍辱负重，守静待时，在柳暗花明之时，持力而为，繁荣人生。

勾践念念不忘会稽山之耻，想要在此山建城郭，重立都城，就把这事情交给范蠡承办。范蠡日察地理，夜观天文，造成了一座新城。西北方在卧龙山上立了飞翼楼，示为天门；又在东南方挖了漏石窦，示为地户。外郭长长绵延十数里，却单独留了西北一个豁口，称道“已臣服于吴，不敢壅塞贡献之道”，表现服软姿态，其实是为了改日进取姑苏之便。

勾践急切要复仇，苦身劳心，夜不倦卧。他命人采了大批柴薪，积成丈高，夜夜栖息上面，不用床褥，又命人悬一苦胆于坐卧之所，饮食起居，必取而尝之。

这还不止，勾践每出游，必载饭与羹于后车，遇到年幼的小童，取饭羹哺之，问其姓名。遇耕时，亲自下田，夫人自织，与民同苦。七年不收赋税，食不加肉，衣不重彩。

20年后，在勾践如此的忍辱负重、励精图治下，越国渐渐强大起来，有了近乎称霸的资本，于是向吴国大举兴兵复仇。一天夜里，范蠡悄悄带来右军，离吴营不足十里处伏下；文种又带左军，溯江而上五六里以待吴兵；勾践自率中军，鼓声震天，前袭吴营。

结果吴国大败，吴王投身烈火自尽。

这个“卧薪尝胆”的著名故事向来也被当作“韬光养晦”的案例来讲。其实这里面同样蕴涵着“欲速则不达”的道理。为人处世，巧遇机会是非常重要的。忍住性情，慢慢筹划，等待时机成熟再下手才是智者的选择。

隐忍的第二个要义是“以退为进，渐进发展”。

隐忍有一层意思就是机会没到，条件不成熟，这时就要用“退一步”的策略，“以退为进”，先进入某一工作平台，徐图发展和进步。这同样要求我们懂得隐忍以等待时机的道理来做人做事。

有一位留美的计算机博士，毕业后在美国找工作，结果好多家公司都不录用他，思来想去，他决定收起所有的学位证明，以一个普通身份再去求职。

不久他就被一家公司录用为程序输入员。这对他来说简直是“高射炮打蚊子”，但他仍干得一丝不苟。不久，老板发现他能看出程序中的错误，绝不是一般的程序输入员。这时他亮出学士证，老板就给他换了个更高的职位。

过了一段时间，老板发现他时常能提出许多独到的有价值的建议，远比一般的大学生要高明，这时，他又亮出了硕士证，老板见后又提拔了他。

再过了一段时间，老板觉得他还是与别人不一样，就对他“质询”，此时他才拿出博士证。此时，老板对他的水平已有了全面的认识，毫不犹豫地重用他。

人不怕被别人看低，怕的恰恰是人家把你看高了。看低了，你可以寻找机会全面地展现自己的才华，让别人一次又一次地对你“刮目相看”，你的形象会渐渐地高大起来。可被人看高了，刚开始让人觉得你多么的了不起，对你寄予了种种厚望，可你随后的表现让人一次又一次地失望，结果是越来越被人看不起。

隐忍的第三个要义是“身藏利器，待时而动”。

冷静、清醒的头脑是一种被推崇的素养。耐心等待自己时来运转，不可轻举妄动。为人处事非有城府不足以立世。来到一个新集体、一个新单位、一个新公司，先要隐藏自己的锋芒，先张开双眼仔细观看，运用大脑仔细思考。做人做事不可过于直白把才能用尽。要把本事用在关键时期，平时要行事低调。要限制扬名，不能咄咄逼人过分嚣张。

南宋时，岳飞的部将董先奉命去迎击南侵的金兵。金兵有上万人，而岳家军则只有几千人。怎样以寡击众，以少胜多呢？董先想出一条妙计。

他首先纵兵深入，但一与金兵交锋便全身而退，一日退百里，连退三日，手下的兵士越退越少。有些部将极不满意，说与其现在接连退却，还不如先前战死疆场。一直到第三天，董先眼见大家的愤慨之情都已被激发起。这才告诉大家到了拼死作战的时候了。于是，全军上下齐心协力，一鼓作气打反击，压迫敌人步步后退。

当溃不成军的金兵退到唐州的牛蹄、白石二地的时候，正想放下兵器吃饭，谁知董先三天前纵兵深入时埋伏在此地的军队猛地掩杀出来，大败金军。

毛泽东有过一句名言：拳头收回来，是为了更有力地打出去。董先是依靠隐藏而取得胜利的，但如果没有最后的反击，他的隐藏有什么意义？

可见，隐藏自己并不等于埋没自己，不是与世无争，更不是逆来顺受任人宰割。

《易经》上说："君子藏器于身，待时而动。"隐藏也是如此，关键在于一个"藏"字，藏得要深，要有分寸，让人看不出破绽。关键在一个"动"字上。它不是单纯地为了藏而藏，而是为了更好地表现，为了取得更大的成绩、获取更大的成功而藏的。正是从这个意义上说，隐藏，作为提升生命境界的技能和手段，所追求的是和这个生命境界相应的辉煌。

每位大学生走上工作岗位后，既要知道"忍"，也要知道"隐"。在进入新的公司和企业的时候，要冷静观察，全方位了解公司的人脉板块结构，做到才美不外现，高调做事，低调为人，要广结人缘，而不要到处树敌，要抓住机遇看准时机，把自己的才能用在关键时期，争得最高负责人的青睐、欣赏和重用，这样方能成就大事。

六、注重合作，倚重他人

一个篱笆三个桩，一个好汉三个帮。你步入社会，一定不能单打独斗。如果你素有抱负，是个创业干事的有用之才，你出去闯荡，得找个帮手。如果你性格较软弱，遇事少主见，你出去闯荡，你得找个"有主意"、"有心机"、"有担当"的头儿。人不能落单，出门在外，要有几个铁杆的兄弟、姐妹精诚合作，共创未来。学会合作、倚重他人，是人生获得成功的重要思想方法。作为学生，从读书的时候就要有意识地注意学会结交志同道合的朋友，学会与人合作，借重他人的力量帮助自己成长。

1. 集人之长，补己之短

为什么要注重合作，倚重他人才能获得成功呢？有两个原因。一是自己的才能终究有限。寸有所长，尺有所短。一个人不可能包打天下，一个人绝不可能样样精通，因此要倚重别人的才能。

新版"龟兔赛跑"故事是这样的：第一次龟兔赛跑兔子失败后，很不服气，不就是自己停下睡觉了吗？这次自己一定赢。这次兔子让乌龟先跑半小时。谁知竞赛终点在河对岸。兔子不善于游泳，又输了比赛。大象爷爷再次提醒兔子要正确认识自己的长处和短处：你擅陆地跑，乌龟会水中游。人各有长短，不能骄傲自满，以为自己本事通天。

二是自己的经济实力、自己的美誉度、自己的威望资历有限，得借助别人：多拜师傅，多请高人，多交好友。古之成大事业者都善拜师请教，以匡己之过，补己之短。

商汤以伊尹为师，周文王、周武王以姜太公为师，齐桓公以管仲为师，刘邦以张良为师，刘备以诸葛亮为师，隋文帝以高颖为师，唐太宗以房玄龄、魏征为师，忽必烈以刘秉为师，他们各在其师辅助下去打天下治天下，完成了盖世伟业。

2. 组织起来，团结起来

要干事业，闯天下，单打独斗，一定成不了气候，要有一个领头的，要有一个组织形式。帮会帮派是黑社会的行径，当然不可取。恰当的是组织公司、组织企业，把身边的人团结起来，把优秀人才吸引进来。这一点尤其重要。

俗话说，一个好汉三个帮。为什么？

每个人的聪明才智和水平都是有限的，能干的“好汉”无法做好每一件事情，不能单枪匹马完成大业。“智者千虑，必有一失”，再聪明的人也不可能全知全能，没有万事不求人的超人。“独木难撑大厦”，“单丝不成线，独木不成林，一花不是春”，再能干的人能力都有限度，这是客观事实。一个人势单力薄，无法承担重大责任，如果硬充好汉，就是竭尽全力，也不一定会干好。有远大志向的人不会自视甚高，瞧不起他人，而是善于团结一切可以团结的力量，争取别人的支持和帮助，能看到自己的不足和他人的优势，善于处理好人际关系，使事业能顺利发展。众多好汉抱成一团就能移山填海。“独行侠”是寸步难行的。

团结就是力量，众人拾柴火焰高。每个人都有优点和长处，众人组织在一块，就会产生无穷的智慧和巨大的力量，克服个人的局限，将一滴滴水汇成大海。牡丹虽好还要绿叶相配，好汉只有借助别人的支持才能有更大的作为。“土帮土成墙，人帮人成王”，刘备就熟知这一点，先与关羽、张飞结成兄弟，又三顾茅庐请诸葛亮出山拜为军师，对其他众多武将如赵子龙、黄忠等视如亲兄弟，广纳贤才，义结能人，才建立蜀国，如果没有文臣武将献智献勇，一个刘备能成王吗？

怎么让别人来帮我？靠哥们儿义气结成兄弟，未尝不可，这是前人尝试过的好经验好方法。但现代社会更好更适用的方法就是把人组织起来、团结起来。因此我主张办公司当老板，然后纳人才。毛泽东在井冈山时曾说，星星之火，可以燎原。为什么蒋介石可以打败任何军阀，唯独打不垮红军？因为红军有党的领导，是有组织的军队。政党政治是力量的源泉，是力量的保证。

古人说谋士五人，心腹一人，你无论到哪里去求职，都应该结伴而行，你如果是为首的，一定要挑一两个副手，帮自己的忙。人不能落单，不能孤独。做事有商量，娱乐也有伴。

多交好的朋友，这不仅是学生情感的需要，也是学生求师、寻求合作、成就事业的需要。作为学生，要明了重视合作倚重他人的办事思想，在学习期间广泛求师择友，为今后事业打下良好的人际关系基础。

3. 分工协作

分工协作一般是组织内部的分工合作，要知人善任，任人唯贤，各尽其职。事不可能一个人做，钱不可能一个人赚。分工协作是行政、企业在管理、用人方面必用的一条办事原则和方法。它既是工作本身的客观需要，也是管理者组织者成就事业所必须倚重的行事方法。现代社会是一个分工越来越精细的社会，任何人想一手包揽、张口吃天，都是不可能的。因此，与人共事，必须在“分工协作”上多下工夫。我们认为，凡办事情，不要搞单干，而要发挥大家的力量，找几个志同道合的朋友，既分工又协作，共同来做成一件事。如要办黑板报，就要发挥各自特长，文字优美的，画插图的，搞设计的，书法写得好的，分一下工，各自出力，搞好协作，必定能使主题更突出，内容更丰富，设计更新颖，画面更漂亮，文章更精彩。

又如搞旅游或野炊，有的带炊具，有的带干粮、食物，有的带收录机、照相机、摄像机；途中大的照顾小的，某某打先锋，某某押后阵；男同学打柴，女同学做饭；谁人搞主持，谁人表演节目；等等，都需要好好地分工协作，才能做得完满。

如果你们兄弟几人都应聘到了某企业，那更要注意分工合作，最好不要干同一部门工作。在公司人脉板块中，自己要自成一块，要分工协作，要有人主动靠近顶头上司，要有人专于策划和调研，要有人当耳目，收集各部门情报。总之，在这个人脉板块中，你们要有自己的头，要求得到较快的晋升，要争取到最好的发展平台。

总之，分工协作是一种成事的好办法。遗憾的是我们在实际生活中总忘记，干什么事总喜欢单干，大包大揽，怕合作不好，怕有利益争端。因此，我们必须从小事分工合作起，尝了甜头，就会看重它。将来走出校门参加工作了，分工合作的意义会显得更为突出。可以说，没有合作就是没有好的事业。

4. 合作双赢

这里说的合作双赢是指我们在做事、经营公司的时候，往往自己一家公司势单力薄，必须跟其他有关公司有关单位合作共同经营才能顺利完成。怎么合作？一是选准合作的人才。有时我们的经营关键是缺少专业人才。这样就可与合作公司或合作公司某某人才直接洽谈。二是选准合作企业、公司、主管单位。三是合作要做到双赢或多赢。在利益上要各取所需。特别要注意的是，合作不要只看到眼前经济利益，要看到影响力和声誉，要看到更广阔的人脉关系和社会资源，如果能和有名望、有影响的大公司、大企业、大名人合作，就不要患得患失，要放长线钓鱼，首先赚起好名声，再图发展。一般地说是选择有实力有影响的公司和单位，拉动自己的声势和影响。

七、志坚意毅，决不放弃

我想对同学们作特别提醒的话，有很多，但最重要的一句话是：贵在坚持，决不轻言放弃。一个人要成就一番事业，不可能一帆风顺，人生逆境不知什么时候就突然降临。成就事业，需要钢铁意志的大力支撑。一个有坚强意志的人，总能排除万难，坚持到底，取得最后的胜利。意志的本质是一种积极的心态。世界上，没有别的东西可以替代坚韧的意志。意志是面对任何艰险危难时的自信，是一个人的血气和胆量。唯有意志，才能战胜艰难；唯有意志，才能脱离困境。唯有坚毅意志，才能坚持到底。

1. 钢铁意志成就伟大人生

自古英雄多磨难。富兰克林·罗斯福于哈佛大学毕业后不久，便正式开始了政治生涯。先是于1909年参加纽约州参议员竞选获胜，继而于1912年积极为威尔逊获得民主党总统候选人的提名和竞选总统出力奔走。威尔逊当选为总统后，罗斯福被任命为海军助理部长。1914年7月，第一次世界大战爆发，罗斯福请假三周与民主党党阀支持的詹姆斯·杰拉尔德竞争联邦参议员职位，结果党内提名遭到失败。1917年，美国对德宣战，宣布站在协约国一方参加第一次世界大战。为了增加实战经验，作为海军助理部长的罗斯福于1918年赴欧洲战场考察，目睹战争给人民造成的生命财产损失，留下了终身难忘的印象。1920年，在总统选举中，他被任命为民主党副总统候选人，结果被共和党候选人击败。正在这时，一场意外的大灾难降临到他的头上。1921年8月10日，他在他的海滨别墅扑灭了一个小岛上的一场森林火灾，汗流浃背地跳入芬地湾游泳，不幸患上了麻痹症。

一场严峻的考验摆在了39岁的罗斯福面前，它比生死的考验更为残酷，也更叫人难以忍受。

开始，他还竭力让自己相信病能够好转，但实际情况却在不断恶化。他的两条腿完全不顶用了，瘫痪的症状在向上身蔓延。他的脖子僵直，双臂也失去了知觉。最后膀胱也暂时失去了控制。每天导尿数次，每次都痛苦异常。他的背和腿疼痛难忍，好像牙痛放射到全身；肌肉像剥去皮肤暴露在外的神经，稍一触动，就忍受不了。

在刚得病的最初几天里，他几乎绝望了，以为“上帝把他抛弃了”。但罗斯福毕竟是罗斯福，他依然受着痛苦的煎熬，却又以平时那种轻松活泼的态度和妻子埃莉诺开玩笑。他理智地控制住自己，绝不把自己的痛苦、忧愁传染给妻子和孩子们。他不允许把自己得病的消息告诉正在欧洲的妈妈，以免母亲牵肠挂肚。

为了不想自己的病情，他拼命地思考问题，回想自己走过的路，哪些是对的，哪些是错的；回想自己接触过的各种各样的政治家，谁是可资学习的导师，谁是卑鄙的政治骗子。他也想到人民，想到饱受战争创伤的欧洲人民，想到那些饥寒交迫、朝不保夕的社会下层的人。到底今后应当怎样生活，怎样做人，他在思索，在探求。为了总结经验，他不停地看书。他比较系统地阅读了大量有关美国历史、政治的书籍，还阅读了许多世界名人传记。

罗斯福面对病痛是乐观而镇静的，虽然这并不能使他所遭受的苦痛减轻，但是，乐观的态度使他又像从前那样生气勃勃了。他虽然仍卧床不起，但他相信这场病过去之后，他定能更加胜任他所要担当的角色，重新返回政治舞台。他照医生的嘱咐进行艰苦的锻炼。为了使两腿伸直，不得不打上石膏。每天他都好像在中世纪的酷刑架上一样，要把两腿关节处的楔子打进去一点，以使肌腱放松些。不久，病情好转的迹象出现了——他的手臂和背部的肌肉逐渐强壮起来，最后终于能坐起来了。

为了重新走路，他叫人在草坪上架起了两根横杠，一条高些，一条低些。每天，他接连几个小时不停地在这两条杠子中间挪动身体。他给自己定的第一个目标就是能走到离家四分之一英里远的邮政街。每天，他都要拄着拐杖在公路上蹒跚着朝前走，争取比前一天多走几步。他还让人在床正上方的天花板上安装了两个吊环，靠这两个吊环坚持锻炼。到开春，他已经日渐好转，甚至能够到楼下在地板上逗孩子们玩，或者在图书馆的沙发上接见客人了。

1922年2月，医生第一次给他安上了用皮革和钢制成的架子，这副架子他以后一直戴着。架子每个重7磅，从臂部一直到脚腕。架子在膝部固定住，这样，他的两腿就像两根木棍一样。借助于这架子和拐棍，罗斯福不仅可以凭身体和手臂的运动来“走路”，而且还能站立起来讲话了。但做到这一步也不容易，开始时经常摔倒，夹着拐棍的两臂也经常累得发疼，尽管如此，他仍然以顽强的毅力和乐观的态度坚持锻炼。经过艰苦的锻炼，罗斯福的体力增强了。

1922年秋天，他重新回到病前任职的信托储蓄公司工作。开始，他每周工作2天，又慢慢增加到3天，最后每周4天。他的日程排得很满，每天早晨8点半在床上会见他的顾问和其他来访者，这样他就开始了一天的工作。两个小时后，他来到办公室，一直工作到下午5点。午饭就在办公室里吃。上午他处理公司的事务，下午办些私事。回家后，喝点茶，活动一下身体，就又会见来访者。事情往往要到吃晚饭时才完。由于重新回到了社会，罗斯福的名字又响起来了。

1924年又是总统选举年。民主党由于上届总统选举失败，所以迫切需要罗斯福出来竞选，重振士气。罗斯福表示：“在摔掉丁字形拐杖走路以前我不想竞选。”但他决定出席民主党全国代表大会，以发出他本人重新返回政界的信息。在儿子的协助下，他撑着拐杖走上讲台，这时全场响起雷鸣般的掌声。罗斯福巧妙地控制着讲演的节奏，完全把听众吸引住了。他呼吁大家团结起来，这时听众全都起立。他充满激情地号召大家：“要牢记亚伯拉罕·林肯的话：‘对任何人都不怀恶意，对所有的人都充满友善。’”他的讲话受到了与会代表的热烈欢迎。这是人们对他表示的一种少有的敬意。他的心好像又长上了翅膀，他的腿被架子夹得麻木了，他的手由于把全身的重量都撑在桌上而不停地痉挛。但他全然顾不上这些，他那浑厚有力的声音在大厅里回荡着。

罗斯福最终赢得了这次选举，他的胜利在于他那非凡的毅力和超人的意志。苦难并没有使他绝望，相反，他坚强地“站”了起来，“走”了出来，并最终得到了民众的一致认可。

苦难本身是一次洗礼，是一种考验。苦难使罗斯福变得更加坚强，无论是精神上，还是肉体上都显示了杰出人物那种固有的特质。罗斯福的朋友帕金丝就相信这一点，她写道：“罗斯福在他得病的那几年里经历了一场精神上的变化。我注意到，当他回来时，多年的痛苦与折磨扫除了他得病前有时表现出来的不太严重的傲气。他变得非常热心，精神很谦卑，思想很深沉。因为他经受了巨大的苦难，他变得更能理解苦难中的人……他相信神圣的上帝把他从彻底瘫痪、绝望和死亡中拯救了出来。”

2. 坚持到底就是胜利

做任何一件事，都要有始有终，坚持把它做完。不要轻易放弃，如果放弃了，你就永远没有成功的可能。出现挫折时，你要反复告诉自己：把这件事坚持做下去。成功在于坚持，坚持到底就是胜利。

开学第一天，古希腊大哲学家苏格拉底对学生说：“今天咱们只学一件最简单、最容易的事儿。每人把胳膊尽量往前甩，然后再尽量往后甩。”说着，苏格拉底示范了一遍：“从今天开始，每天做300下，大家能做到吗?”同学们都笑了，这么简单的事，有什么做不到的呢？过了一个月，苏格拉底问同学们：“每天甩手300下，哪些同学坚持了?”有百分之九十的同学骄傲地举起了手。又过了一个月，苏格拉底又问，这回，坚持下来的学生只剩下八成。一年以后，苏格拉底再一次问同学们：“请大家告诉我，最简单的甩手运动，还有哪几位同学坚持了？”这时，整个教室里，只有一个人举起手。这个学生就是后来成为古希腊另外一位大哲学家的柏拉图。

在奔向成功的路上，我们会遇到许多挫折，会面临着许多意想不到的挑战。这时我们应该怎么办呢？成功学家们考察了那些具有杰出的个人品质并取得巨大成功的人，得出了下面的结论：能够把一件事坚持做下去，是所有成功者共同拥有的优秀品质。

计多事情看起来败局已定，但是，只要我们坚持一段时间，并付出巨大的努力，往往就会看到“柳暗花明又一村”的结局。这往往是一个取得成功的人士的必经之路。

24岁的约翰逊是一位平凡的美国人，他以母亲的家具做抵押，得到了500美元贷款，开办了一家小小的出版公司。他创办的第一本杂志是《黑人文摘》。为了扩大发行量，他有了一个非常大胆的想法：组织一系列以“假如我是黑人”为题的文章，请白人在写文章的时候把自己摆放在黑人的地位上，严肃地看待这个问题。他想，如果请罗斯福总统的夫人埃莉诺来写一篇这样的文章是最好不过了。

于是，约翰逊便给罗斯福夫人写了一封请求信。罗斯福夫人给约翰逊回了信，说她太忙，没有时间写。约翰逊见罗斯福夫人没有说自己不愿意写，就决定坚持下去，一定要请罗斯福夫人写一篇文章。一个月后，约翰逊又给罗斯福夫人发去了一封信。夫人回信仍说太忙。此后，每过一个月，约翰逊就给罗斯福夫人写一封信。夫人也总是回信说连一分钟的空闲也没有。约翰逊依然坚持发信，他相信，只要他坚持下去，总有一天夫人是会有时间的。一天，他在报上看到了罗斯福夫人在芝加哥发表谈话的消息。他决定再试一次。他打了一份电报给罗斯福夫人，问她是否愿意趁在芝加哥的时候为《黑人文摘》写那样一篇文章。罗斯福夫人终于被约翰逊的坚忍性格感动了，寄来了文章。结果，《黑人文摘》的发行量在一个月之内由5万份增加到15万份。

这次事件成为约翰逊事业的重要转折点。后来，约翰逊的出版公司成为美国第二大的黑人企业。1973年，约翰逊又买下了芝加哥市的广播电台，经营起了新潮妇女化妆品。约翰逊认为他的成功得益于母亲的教诲：“取得成功总得去努力，有时候要经过许多失败。你应该像长跑运动员那样，不断向前，坚持下去，也许你会勤奋地工作一生而一事无成，但是，如果不去勤奋地工作，你就肯定不会有成就。”

人的一生不可能一帆风顺，多多少少总会有一些坎坷和波折。世界上的人之所以有强弱之分，究其原因是前者在接受命运挑战的时候说：“我会坚持下去。”后者说：“算了，我承受不住。”

意志力坚强的人懂得培养自己的恒心和毅力，并将它变成一种习惯，无论遭受多少挫折，仍坚持朝成功的顶端迈进，直至抵达为止。

3. 坚忍不拔的意志需要决心、恒心来支持

苏轼说：“古之所以成大事者，不惟有超凡拔世之才，亦必有坚忍不拔之志。”这“坚忍不拔之志”就是指要有顽强的毅力和意志。意志是人在有目的的行动中自觉调节行动和情感、克服困难的心理过程。它具有自觉性、果断性、自制性、坚持性。意志品质不是与生俱来的，是可以培养和锻炼出来的。

凡办事情必要意志坚如钢，决心如磐石。现实生活中，我们许多人惧怕困难，办事“三分钟热情”，一遇挫折便停滞不前，打退堂鼓，遇事不冷静，意气用事。所有这些事都是信念不坚定、决心不坚毅的缘故。

坚持的品质要有锲而不舍的恒心和毅力来支持。

所谓锲而不舍，就是指一旦下定决心，就要脚踏实地，排除万难，一干到底，连续作战，从不间断，不达目的不罢休。

“锲而不舍”，语出荀子，对此，他有精辟的论述，说：“锲而舍之，朽木不折；锲而不舍，金石可镂。”（《荀子·劝学》）意思是说，用刀子刻东西，半途而废，朽木也不能刻断；不停地刻，即使金属和石头也能刻出花纹。荀子用跛脚甲鱼和千里马作形象的比喻说：“跬步而不休，跛鳖千里”。“一进一退，一左一右，六骥不致。彼人之才胜之相县也，岂若跛鳖之与六骥足哉？然而跛鳖致之，六骥不致，是无他故焉，或为之或不为尔！道虽近，不行不至；事虽小，不为不成。”（《荀子·修身》）意是说，跛脚的甲鱼虽走得慢，不停地走也能达到千里之地；一会儿前进，一会儿后退，一会儿向左，一会儿向右，即使是六匹千里马拉车也不能到达目的地。在世上难道有比跛脚甲鱼和六匹千里马拉的车在速度上差别还要大的吗？但是跛脚甲鱼能行千里之地，而六匹千里马拉车却不能到达目的地，这无他故，只因前者在

往前赶，后者没有往前赶罢了，由此他得出结论说：路虽然近，停下来不走不能达到目的地；事虽然小，停下来不做就不会成功。

相传李白小时候在四川锦川昌隆县的紫云山读书。他年幼时读书不用功，中途想出山不读了。有一天，他在山下小溪旁看见一位老太太（相传姓武）在用力磨铁棒。他就问老太太磨它干什么。老太太说，要做针。李白奇怪了，说这么粗的棒怎么能磨成针呢？老太太说："锲而不舍，持之以恒，功夫到了，自然成针了。"李白很感动，忙回山认真读书，终于有所成就，成为唐朝大诗人。这故事记载在南宋祝穆著的《方舆胜览》中，那条小溪被称为"磨针溪"，溪旁岩石称为"武氏岩"。人称李白"梦笔生辉"，又说是金星投生人世。看来不是，真正的原因是李白"忙回山苦读"，锲而不舍，持之以恒，方有后来的"李白斗酒诗百篇"了。

八、君子自强，求人不如求己

做人成事，我们必须有自己的独立人格，奋发图强，自强自立，去掉依赖陋习，树立公平竞争的思想。不怨天不怨地不怨命不怨父母，你的成功永远只能依靠你自己。求人不如求己。

1. 大学生存在严重的"依赖"思想

当今大学生有一个突出的矛盾，这就是缺乏独立人格，有严重的依赖思想，存在"依附型人格"。概括来说，主要表现为：

一是没有主见，不独立思考问题，人云亦云，靠别人给自己做决定。我们许多同学对于升学选择专业、选择学校，毕业后选择工作，甚至选择自己的爱人，总是喜欢听老师、家长的意见，自己不独立思考。对的不敢坚持，无原则服从他人意见。而对一些明知错误的指示、命令和做法，也不敢"抗拒权威"、不敢讲真话，逆来顺受，明哲保身。在工作中，习惯等待老板、经理的指示，不会主动出击。

二是靠父母、“靠单位”。我们许多同学从小形成了依赖父母的习惯，离开了父母甚至连穿衣吃饭都成问题，生活自理能力很差，重大问题的解决更是依赖父母、亲朋好友出主意、想办法，自己则一筹莫展。大学毕业后，也一心只想挤进大锅饭行列。现在我们许多做父母的最大心愿就是想把自己的子女送进吃皇粮的国家机关，让子女安安稳稳过一生；而许多学生也把进机关、吃皇粮作为自己的人生目标。

三是无自己内心的志向与抱负，简单模仿他人，盲目跟随潮流。自己没主张，怎么办？“随大溜”，“傻子过年看邻居”。许多学生爱赶时髦，哪个学生买了什么好衣服，仿效之；“60分万岁，多一分浪费”，许多学生都在混日子、混文凭，我为啥苦读书，拿高分，重学问？仿效之；有学生进舞厅游戏厅唱歌跳舞打电游，仿效之；有学生盲目崇拜“明星”，收集明星各种各样五花八门的趣闻、爱好、身体状况等资料，仿效之……据有关部门调查，有高中、大学学生在交异性朋友、谈恋爱方面也赶时髦，一个寝室七八个女生，只要有一个谈了，大家都会跟上，听说有一个异性朋友，是一种能力的象征、价值的象征，所以大家都争先恐后，谁也不甘落后。

总之，现在我们许多学生没有做自己的主，没有自己的主观思考，一味地听从老师的，听从家长的，听从他人的，不知道自己将要干什么，不知道自己的理想到底是什么，怎样去实现。把自己的前途寄托在国家统包统分上，寄托在自己的父母给自己找好工作上面，寄托在找一个好夫婿上，找一个当官的岳父母、公公婆婆身上。而唯独没有想到要依靠自己的实际本领去争取机会，去自己创业，自己发展。

2. 独立思考，自强自立

我们说，并不是前辈、老师、家长的话不能听，他们有丰富的人生经验；并不是机关、学校等单位不可进，做公务员、事业单位职工当然也能做出成绩；并不是不能找好夫婿、好岳父母、好公公婆婆，关键的是我们要从依赖型人格向独立自主型人格转化，找工作、做事业关键还是要靠自己，也只有自己真正能靠得住。随着市场经济的深入发展，社会竞争越来越激烈，只有真正学有本领的人，才会赶上时代潮流，勇立潮头，否则，平庸无能、不学无术，肯定会被现实无情淘汰。

在工作生活中，我们要培养自己的自主意识。凡说话、办事都要经过自己独立的观察、分析、判断、思考，不能人云亦云，随大流，赶潮沉，要有自己的主张和思想，不依附，不盲从，不逆来顺受，不听天由命；在遭受冷落、挫折和误会时，要冷静思考，保持自己的思想，保持自己的“个性强”；如果深思熟虑认为自己是对的，就要坚持走自己的路，正如但丁所言：“走自己的路，让别人说去吧！”要有这种自主精神和做人的气魄。

早在五四时期，思想界就曾大力提倡个性解放。陈独秀当年在《新青年》杂志发刊词《敬告青年》里向青年提出六大希望，第一条就是鼓励青年要做“自主的而非奴隶的”青年，要有自主、自强的独立意识：“我有手足，自谋温饱；我有口舌，自陈好恶；我有心思，自崇所信；绝不让他人之越俎，亦不应主我而奴他；盖自认为独立自主之人格以上，一切操行，一切权利，一切信仰，唯有听命各自固有之智能，断无盲从隶属他人之理。”

人的主体意识同时又表现为自强意识。青年人要树立远大理想，找准人生目标，学好真正本领，要有自力更生、发愤图强的精神，要有改天换地、革故鼎新的气概，改造社会改造自然改造自己，要有成名成家、建立财富帝国、争当政治明星的气概和抱负。不要靠父母，不要吃大锅饭，不要满足于吃皇粮。要敢于创造属于自己的事业。

3. 从小事做起，破除“依赖”习性

破除“依赖”陋习，需要从如下三个方面去“做小事”。

第一，自己的事情自己办，学会自己照顾自己。在家自己吃饭的碗自己洗，自己的衣服脏了自己洗，父母不在家自己弄饭吃。这三样工作最平常最常见，破除“依赖性”要学的第一课就是这三件事。现在我们许多青少年都是独生子女，从小父母都视之为小太阳，往往流于“溺爱”，有学生甚至读大学了，还不会洗衣叠被，自己照顾不了自己，还要请父母去“陪读”。这样的学生怎能做大事？

孙明辉是一名优秀的学生，从小学到高中毕业，学习成绩一直名列前茅。然而

就是这样一个高智商的优秀生，在生活中却是一个低能儿。从进小学到中学毕业的12年，由于他学习成绩好，深得学校老师们的称赞和父母的厚爱。父母为了使他集中精力读书，成为一个有出息的人，家中什么活儿都不让他干，做饭、洗碗、洗衣服等事，甚至连他的床铺也是父母替他收拾的。每次吃饭都是母亲把饭端到他跟前。真可谓饭来张口，衣来伸手。到他十七八岁时，和他同龄的孩子，什么活都能干，也都会干，而他却连叠被子、洗碗的基本劳作都不懂。

孙明辉以全县第一名、全省第三名的优异成绩，考入了全国重点大学——清华大学。这一振奋人心的喜讯，给家里带来前所未有的欢乐，亲戚朋友都投以羡慕的目光，称赞他聪明。孙明辉以无比兴奋的心情，来到了首都，进入了令人向往的清华大学，实现了成为一名大学生的理想。然而，当他开始大学生活没多久，由于没有起码的生活能力，不会买饭，不会洗衣服，不能独立生活，他感到十分苦恼，尽管同学们给了他应有的帮助，但还是解决不了他的实际生活问题。在这种情况下，他只好向校方申请休学。学校根据他入学后的实际情况，批准了他的申请。

第二年开学时，学校给他寄去了复学通知书。但谁也没有料到，接到复学通知书的孙明辉，居然因惧怕离开父母后自己不能独立生活而悲观厌世，纵身从高楼跳了下去，过早结束了自己的生命。

第二，给自己安排一定的时间做自己喜欢的事。现在学业压力非常大，课程多，学生被父母、老师牵着鼻子团团转。学生要学会整体安排自己的计划和时间，特别要安排相对固定的时间做自己感兴趣的事儿。如把爱好与人生目标结合起来，不管学业多忙，总抽出时间看自己的文学书，做当作家的梦，总能安排时间写生、素描，做自己当画家的梦……这样自己的主张就渐渐蕴涵其中，说不定关键时刻起作用的就是自己自主的事。

第三，有了难题自己独立找答案。我们很多学生有一个不好的习惯，凡事都不爱自己多思考多想办法，学业上有难题是这样，生活上有难题也是这样，他们“好问”但不勤思；在工作中，只会挑剔提问题，而不会去解决问题，当他向领导提出一系列问题时，却没有一个解决问题的方向或方法，这样的人是得不到领导赏识的。他们主要是图完成任务，懒于思考，总喜欢依赖父母、老师、同学、领导出主意。这不好，久而久之，会成“没脑筋”的人。到了大学“抄作业”、“请人代考”对一些人更是家常便饭。

4.“孺子弱矣，无母则强”

现实生活一个铁律告诉我们：“孺子弱矣，无母则强。”

“孺子弱也”，“弱”而又“失母”，当然更不堪了，为什么“则强”呢？那是因为“失父”、“失母”即没有了依靠和保护，于是，“孺子”就不得不自力更生，特立独行，充分发挥自己的能量，以求继续生存下去且生存得好。这样，独立生存的实际锻炼必然使他由“弱”向“强”转化了。世界上许多貌似孱弱无靠之人，终成伟人，许多清贫困苦之士终于创立财富帝国，真是值得我们仿效啊。

我国古代伟大思想家、政治家、教育家孔丘三岁时父亲见背，十几岁，母亲又去世，然而孔子厄而作《春秋》，整编《诗》、《书》、《礼》、《易》等古籍，周游列国，设杏坛首创私学，成为儒家鼻祖，成为万世师表的“至圣”。

宋代出将入相的政治家、军事家、文学家范仲淹两岁时父亲不幸病故，母亲改嫁，稍大知道自己身世即离开朱家，独自到睢阳应天府书院求学。不羡佳肴喝稀粥，终成一代伟人，著有《岳阳楼记》，其“先天下之忧而忧，后天下之乐而乐”名扬千古。

抗金名将岳飞出生不久，父亲即丧，从小母子两人相依为命。少年岳飞面对国破家亡，勤于习文学武，决心投军抗金。临行前母亲在他背上刺下“精忠报国”四字。岳飞终成为宋朝伟大的爱国将领。

世界著名文学家高尔基小时父母双亡，成了孤儿，只读了三年级就被迫走向了社会，当过皮鞋匠，在轮船上洗过碗，在戏院里当过勤杂工，但他酷爱读书写作，后来成为列宁的挚友，成为无产阶级文学家。

丹麦著名的童话家安徒生也是幼年失父，与母亲相依为命，一生遭受坎坷和挫折，终于写出《丑小鸭》、《卖火柴的小女孩》等不朽名篇。

我国著名的京剧艺术大师梅兰芳4岁时父亲亡故，家道中落，过的是入不敷出、寅吃卯粮的日子。他8岁开始学戏，正是靠了勤奋努力，刻苦练功才登上“环球独一青衣”、“盖世四大名旦”宝座的。

香港工商界“天之骄子”、“财界猛龙”、“港人首富”李嘉诚，1937年随父亲流落香港，13岁时父亲病逝。从此李嘉诚稚嫩的双肩挑起照顾母亲、抚养弟妹的重担，被迫退出学堂，上街卖花，进厂打工。14岁时由朋友介绍到一家塑料玩具厂当推销员，兜售胶花，沿街叫卖，干了3年，后又在生产车间做了5年工。22岁时，他用平时省吃俭用积攒的几个钱，自立门户，开设了一间小小的塑料加工厂，生产胶花。由于经营有方，小厂越办越大，到20世纪60年代已经富甲一方。

海外华人，远离祖国，可谓“无父无母”。中国海外华人有5500多万（包括港台），英国《经济学家》周刊1992年7月18日认为“他们是全球的主要经济力量”。在世界独家经营资产超过10亿美元的12家银行中，他们占据5家，美国十大首富交椅中，他们占有一席。世界瞩目的“亚洲四小龙”，三个是他们搞起来的。在印尼，华人仅占人口的4%，却控制25大商业集团中的24家和80%的社会财富。在马来西亚，控制吉隆坡的十大企业家，七个是华人。而在华人仅占总数8%的泰国，他们则拥有90%的工商资产，半数以上的银行资本。在菲律宾，他们人口不到总人口的1%，营业额却占全国2/3。他们中电脑大王和建筑大王贝聿铭得到里根总统亲自颁发的美国自由奖章（美国自由女神像100年落成典礼，自由奖章共13枚）。他们中杨振宁、李政道，获得最高科学奖诺贝尔奖，朱南杨任尼日利亚共和国酋长，何才任多巴哥总督，亚瑟·钟任圭亚那总统。

然而谁会想到100年前，他们的身份是“猪仔”，他们的地位如同黑人。一艘艘“猪仔船”从中国南海出发，带着他们漂泊人生。镣铐锁着手脚，瘟疫伴随同行，洗盘子洗衣服是他们共有的职业。而他们居然活下来了，弹指之间，让世界对他们刮目相看。

事情就是这样，有依靠则有惰性，则不思进取，加之中国传统文化中强调的家庭亲情观念，使我们许多青年从小就有一种依赖父母的思想，特别是现在我们大都是独生子女，父母亲对子女的教育中有太多的溺爱成分，而我们的小皇帝、小太阳则渐渐习惯了被人服侍的生活，报上经常报道某某大学生到大学读书还不会洗衣服，不会自理，有的甚至要家里派人陪读云云。这些不能不引起我们广大教育工作者、做父母的极大关注。要多给子女一些“挫折教育”“吃苦教育”，使之能独立生活，独立思考；而作为学生则更应该从上面的一些故事中汲取益处，要从小自立自强自尊自重，在社会实践中不断锤炼自己，充分发挥自己的主观能动性，深入社会实际，锻炼自己的生存能力。诚如此，则必能有所成就。

九、得道多助，失道寡助

有同学一定会奇怪，道德修养也是追求成功的重要方法吗？是的。有两句话可以证明一个人的德性与成功有关。一句叫“得道多助，失道寡助”，另一句叫“德高望重”。伦理道德是一门大学问，需要我们用一生的时间去研修。本节只从成功学的角度，分析一个人的道德修养对于一个人获得成功的深刻意义和怎样进行自我道德的修养。有道德的人首先重道，所谓“朝闻道，夕死可矣”。得道多助，失道寡助。品德高尚，自成高格的人既能获得社会的尊重，也就会在成功的道路上跑得更快些。成功人生，离不开高尚的品德修养，许多人成功，是因为其德高望重，斩获人心，凝聚众人之力，终成伟大之业。

1.品德胜于才干，老板喜欢德才兼备的人

企业老板在聘用人才、重用人才时，心里都有一杆秤：德才并用，以德为先。因为他们都知道：德才兼备是精品，有德无才是次品，有才无德是“危险品”，无德无才是“废品”。因此，他们特别注重员工忠诚老实、诚实善良、公平正直、有责任感、讲诚信，是个可以依靠和放心的人。让我们一起分享下面的故事：

杨、张、李三个好朋友大学毕业后南下广州求职。他们在一家电子厂找到了工作。上班第一天，经理把三人带到车间生产流水线旁，他对领班说：“这是几位新来的员工，你要让他们尽快熟悉岗位。”然后对他们说：“你们的试用期是一个月，一个月后我们再决定是否继续聘用你们。”

随着日复一日的简单重复劳动，大学里憧憬的美好未来似乎离他们渐行渐远了，但他们心里还存有一份期望，期望过了试用期后厂里会让他们做一些技术工作，至少

不会还让他们当流水线的操作员了。

公司订单很多，一天24小时开足马力生产，三个人白班、中班、夜班交替着上。最难熬的是从凌晨1点到早上8点的夜班，他们不但要上好班，还要和阵阵袭来的瞌睡虫较量。当他们下班后疲惫不堪地回到宿舍，连早餐都不想吃了，倒在床上就睡。

一个月的试用期转眼就要过完了，三人计算着日子，怀着忐忑不安的心情等待着经理最后的裁决。

试用期的最后一天是一个夜班。三人自认为表现不错，通过试用应该没问题。

那天去上夜班时，很远就看见经理在厂房门口站着。见到他们，经理就说："实在抱歉，你们三人都没有通过公司的试用，这个夜班上完后，请你们离开工厂。"说完，他把这个月的工资交给三人后就走了。三个人呆呆地站在那里一言不发。

过了很久，杨说："上班时间到了，我们还是去上班吧！"

"把我们炒了鱿鱼，还上什么夜班？你傻啊！"张冲杨吼道。

"反正工资已经拿了，最后一个夜班我才不去呢！"李说。

杨心里其实也很难过，但他不愿看到因为不来上夜班而影响整条生产流水线。

"就站好最后一班岗吧！"杨对另外的两个朋友说，但他们却头也不回地走了。

最后一个夜班，多了一份疲惫，更多出一份失落，杨强打精神，尽量使情绪不影响工作。下班铃响了，杨离开工作台时又忍不住朝那里多望了几眼，毕竟它伴随了自己整整一个月，竟有些依恋了，不知不觉，他的泪水涌了出来。

杨走出厂房，意外地发现经理正站在厂房门口，他微笑地对杨说："小杨，你的试用期正式结束了，明天到厂办公楼接受新职位的任命！"杨简直不相信自己的耳朵，经理看到杨满脸的疑惑，意味深长地说："你们三个人都很优秀，但我们要选择一个最优秀的。你和他们相比，多了一份难能可贵的品德，多了一份责任，多了一份情谊，因此我们选择了你！"

同学们，杨是谁知道吗？杨就是我杨老师？不，杨是我的弟弟。他大学毕业后与同学到广东某电子厂应聘一份用手组装电子产品的工作，想求个落脚之地。为什么单单我弟弟被录取了？因为他到广东打工之前，我给他上了很多课程，其中重要的一课就是"品德往往胜过一个人的才干"。半年后，他被调到销售部任经理助理。

2. 得道多助，失道寡助

对每个人来说，道是人们应该共同遵循的准则和行为规范，是人类生活的自然状态；德是个体对规范的自我觉悟和自我遵循，人若得到了这个准则，掌握了这个准则，就是德。道德既是指人们的社会性行为准则，又是指一个人的心理或内在的品质，是一个人内心对是与非、善与恶、美与丑的一种自觉的正确判断的认识和实践。道德准则内化为道德品质，道德品质外化为道德行为。

简言之，道即人与人交往应遵循的规律和行为准则，你遵循了就叫做有德，或叫有道德品质。那么人与人交往相处，到底要遵循哪些行为准则呢？要尊老爱幼，要互相尊重，要互相帮助，要团结友爱，要锄强扶弱，要见义勇为，要公平正义，要乐善好施，要助人为乐，要廉洁奉公，要勤劳俭朴，诚实守信，待人以诚，光明磊落，要孝顺父母，等等。

人的基本德性包括仁慈、公道、诚实。仁慈表现为同情、友爱、关怀；公道表现为正直、勇敢、率直；诚实表现为忠诚、守信、厚道。我们倡导的道德修养一般包括人文修养、科学修养、道德修养，寓于真善美之中。

我们为什么要进行道德修养，讲究“德性”呢？大而言之，是为了“齐家、治国、平天下”的需要。小而言之，也是个人实现自我价值、追求自我成功的需要。良好的道德品质的培养是一个人正确认识自我、找准“我”的社会位置，发挥“我”的人生价值的需要；良好道德品质的培养是一个人正确处理好个人与他人的关系，既自我发展，也善待他人，形成良好人际关系的需要；良好道德品质的培养是一个人正确处理好个人与社会，既追求个人利益，又自觉考虑群体利益，形成良好社会关系的需要。

有人乐善好施，热心公益事业、慈善事业，也有人为富不仁，欺男霸女，欺压良善，草菅人命，无恶不作，为所欲为。得道多助，失道寡助。日常生活中我们经常可以看到，那些富有爱心，关心同学，正直勇敢，不畏邪恶，忠诚老实，厚道守信的同学总是受到教师、同学和社会的一致肯定和赞扬，这些同学在一片赞扬和肯定声中成长，心情舒畅，学习状态非常佳，一般都是品学兼优，个性全面发展。而另一些学生则在校品质败坏、脾气暴戾，以大欺小，恃强欺弱，不懂得怎样去爱人，去同情人，缺乏社会公德心和责任感；在家不思报父母养育之恩，不尊敬父母，好逸恶劳，甘当“小皇帝”；在社会不能吃苦，不愿吃苦，不会与人合作，也不愿与人合作，只损人利己，不知牺牲奉献。不思进取、不思改过、冷漠、自私、无礼、自傲和贪婪。这样的学生不得人心，老师、同学都不喜欢他们，他们也自暴自弃，破罐破摔。由此可知，一个人的道德品质的好坏往往决定一个人的成与败。有德有才，则离成功不远；丧德少才，则众叛亲离。

3. 积善成德，防微杜渐

道德修养要求我们树立正确的是非观念，善于区别真伪、善恶和美丑；学会运用批评和自我批评的方法，自我改过，自我完善。为此，我们必须掌握好两个环节。其一要做到“积小善成大德”。俗话说：“冰冻三尺，非一日之寒。”我们决不要认为，下一点修养的功夫，在个人的品德上就会有一个重大的变化出现。道德修养只能用“积”的办法，通过一点一滴的努力，逐步实现自己所追求的目标。我国古代哲学家荀况早就指出：“积土成山，风雨兴焉；积水成渊，蛟龙生焉；积善成德，而神明自得，圣心备焉。故不积跬步，无以至千里，不积小流，无以成江河。”在荀子看来，道德修养必须通过个人的不断持续努力才能达到质的升华。

“于细微之处见精神”，我们要节俭，就从拾起一颗衣扣、节约一粒米饭开始；要助人，就从给陌生人引路，给老爷爷、老奶奶、孕妇、小孩让座，给困难的同学以帮助开始；讲礼貌，就从尊敬师长，孝敬父母，友爱同学，随时注意讲“谢谢”、“对不起”开始；讲勇敢就从战胜自己、克服困难、不畏强暴、讲求信誉开始……这样积善成德，积习成性，长此以往，就一定能培养自己的道理意志和道德责任，得道必多助，这样必为自己追求自己的事业打下良好的基础。

其二是做到“防微杜渐”去小恶。蝼蚁之穴可溃千里之堤，一趾之疾可丧数尺之身。在道德修养中，善恶之别是泾渭分明的。善虽小，仍不失其为善；恶虽小，也终究是恶。但是人们往往容易疏于防范“小恶”。一般说来，当一种错误言行在微小的萌芽状态时，纠正起来要比发展到严重程度时容易得多。但小错又往往容易被人忽视，不引人注意，如果让小错在我们的思想上扩散，那就是放纵自己，原谅自己，此乃修养大忌。正如宋代著名的政治改革家王安石所说：“禁微者易，救末者难。”

积善成德、防微杜渐并不是一件容易做的事，它需要顽强的意志力，因为这是一个长期修炼的过程。中国古代有“从善如登”之说，就是说从善如登山一样困难，稍一放纵，稍一松懈，就如同“逆水行舟，不进则退”。

道德修养，大的方法是“积德”、“防恶”，必须经过立志修行、身体力行、习德成习三个基本环节。具体来说，要坚持“学习、自励、自省、慎独”四个基本方法。

第一，加强学习。学习能提高一个人的认识水平。学习也能让一个人进一步认识自我。学习首先为读书。英国著名哲学家培根认为读书可以使人增长才干，读书可以塑造人的性格，塑造人的品格。赫尔岑也说：“不去读书就没有真正的教养，同时也不可能有什么鉴别力。”书籍不仅给人以知识和智慧，更重要的是给人以教养和高尚。

第二，自我激励。自励就是通过肯定某种道德意识和道德行为，并运用这些意识和行为时时督促、鞭策和勉励自己，从而使自己的道德品质得到培养和提高。我们在实践中可根据自己的特殊情况和爱好，采取不同的方式激励自己。

①座右铭。座右铭一般文字不多，但是言简意赅，赫然置于案首榻边，给人以强烈自策、自励之效。林则徐为了控制自己容易冲动的感情，在墙上挂上“制怒”二字的条幅，时时提醒自己，将感情、情绪控制在理智之中。著名京剧艺术家郝寿臣的床头贴有“睁眼即起”四字，多少年来他以此自勉，果然没有睡一天懒觉。同样，我们把“如果容忍自己的缺点一次，就能容忍一千次一百次”、“小处不可随便”这样的箴言贴在床头案边自勉，谁又能说不会起作用呢？教室里“请为老师擦黑板”，水房里“请节约用水”，厕所里“请便后冲刷”的标语无不是这些箴言的变异，其作用不是显而易见吗？

②约法三章。这是一种通过与小集体、集体或与他人的约定而自我鞭策和约束的修养方式。青年毛泽东在湖南第一师范求学时，引导同学要多关心国家和世界的大事，应少考虑个人和家庭小事，并和同学们相互约定“三不谈”，即不谈金钱、不谈男女间的事、不谈家庭琐事。否则，就不能做朋友。有一次，毛泽东等同学到一同学家去讨论社会问题，结果这位同学为买菜之类谈了很长一段时间，结果毛泽东以后与他很少往来了。现在我们也有同学在寝室里采用约法三章的形式督促道德修养，如规定“说脏话一次，罚扫地一次”，“乱泼脏水一次，罚打开水一周”，“失信一次，罚洗寝室脏衣服一次”等，不失为帮助自我养成良好习惯的方法。

③记日记。托尔斯泰说过，记日记并不是什么孩子气的事，“而是跟自己的我，跟每个人的内心都有的、真正的、神圣的自我谈话”。这是很有道理的。教育家魏书

生要求他的学生记日记，进行新我与旧我的斗争，谓之“德育长跑”。每天记日记，积善去恶，剖析心灵。功则记功，过则记过，是之为是，非之为非，反省内心，提出要求，督促自己。今天日记之“我”将为明天生活之“我”提供很好的借鉴，如此天天鞭策自己，得益必当匪浅。

第三，在自省中自觉。自省就是自我反省，自我审视，自我批评，是在否定的意义上对自己身上的不良道德意识和行为进行克服和纠正的一种自我教育的方法，表现了一种自知之明、实事求是、永不满足的进取精神，表现出行为主体的内心对社会道德标准的真诚信仰和强烈的社会责任感，是深刻的道德认识、强烈的道德情感和顽强的道德意志的有机统一。同时也表现出道德主体内心的理性行为，具有内在约束的特点。

中国古代的思想家就非常重视“自省”这种方法。孔子的弟子曾参就是按照孔子“内省”的教导以律己。他说：“吾日三省吾身：为人谋而不忠乎？与朋友而不信乎？传不习乎？”（《论语·学而》）曾参正因重视修身，每日能从是否“忠”、“信”、“习”三方面检查自己，故能一生坚持学习，以“忠”、“信”做人。他的“三省吾身”也成为历代儒者修身的指导原则。

人生修养的过程，实质上就是不断克服错误的行为，培养和树立正确高尚的道德品质的过程，是一场破旧立新、旧我换新我的思想斗争过程。人总是难免有缺点错误的，因而必须经常反省和解剖自己的一切言行。通过自己内心的一系列活动，促使自己树立起强烈的社会责任感，不断调节自己的行为，检查自身行为的优劣，以保持正常行为。鲁迅先生说得好：“我的确时时解剖别人，然而更多的是更无情地解剖我自己。”周恩来同志曾坦率地对同志们说：“如果我有时间写一本书，我就写一生中的错误。目的不是别的，正是要让活着的人们都能从过去的错误中吸取教训。”

第四，在“慎独”中当真君子。慎独是道德修养的一种重要方法和应达到的一种境界。作为方法，它要求人们在道德修养中持之以恒地从日常生活中的具体事情做起，防微杜渐，形成一种坚定的道德习惯和信念。作为境界，它要求人们做到个人独处、无人监督的时候，也能够谨慎自觉地坚定地按照一定的道德要求行事，不做任何坏事。

“慎独”一词出自《礼记·中庸》：“莫见乎隐，莫显乎微，故君子慎其独也。”意思是说，君子在人们看不见的时候，总是非常谨慎，在别人听不到的情况下，也很警惕。最隐蔽的东西最能显出人的品质，最微小的东西最能显出人的灵魂，这表现了高度的道德自觉性。

刘少奇在《论共产党员的修养》中，对“慎独”作了新的解释。他说：“一个具有高度修养的共产党员，他也可能最诚恳、坦白和愉快，因为他无私习，在党内没有要隐藏的事情……即使在他个人独立工作时，无人监督，有做各种坏事的可能的时候，他能够‘慎独’，不做任何坏事。”

西方的一些思想家和哲学家也很注意慎独精神。古希腊哲学家德谟克利特说：“要当心，即使当你独自一人时，也不要说坏话或做坏事，而要觉得在你自己面前比在别人面前更知耻。”古希腊另一位哲学家毕达哥拉斯也说：“不论是别人在跟前或者自己单独的时候，都不要做一点卑劣的事情，最要紧的是自尊。”法国哲学家孟德斯鸠曾经说过：“衡量人的真正品德，是要看他在知道没人发觉的时候做些什么。”

“慎独”要求人们做到“思想和行为的统一，说和做的统一，人前和人后的统一，个别和整体的统一”，这是一种崇高的道德修养境界。

十、术业专攻，一以贯之

我主张经过反复的思考和比较后，经过实践的磨炼后，找准了人生定位后，寻到人生理想和目标后，一生只做一门学问，一生只做一样事业。我赞成围绕自己的抱负、兴趣爱好，一辈子坚持干好一件事。如爱迪生一生追求科学发明创造，特别是电器的发明创造。梅兰芳一生追求祖国的国粹京剧事业。毛泽东一生追求国家民族的独立，国家振兴和繁荣昌盛。成功学家拿破仑·希尔深信，只要你专心一致，一以贯之，那么整个世界都将成为一本公开的书籍，供你随意读。科学家爱迪生说，成功的重要要素是：能够将你身体与心智的潜能锲而不舍地运用在同一问题上而不知厌倦。我每次只做一件事，将时间运用在一个方向、一个目标上，所以就会成功。

1. 将军路上不追兔

儿时，我们全家住在一所乡村学校。我们姐弟三人，跟着乡村的孩子捕鱼捞虾，父亲端起我们捞的一盆鱼虾全掀翻在河沟里；我们跟着其他孩子上山打柴，父亲狠狠地说，谁要你们上山砍柴。其实，当时我们家并不富裕。父亲在这样做之后，总恶狠狠地留下一句话：将军路上不追兔！对父亲乖张的行为，我们大惑不解。大姐翻着白眼说："我们没有追兔子呀？"弟弟挠挠头说："何况我们又不是将军！"我们姐弟三人都不理解父亲这句话的意思。

后来，父亲给我们讲了一个楚王打猎的故事：在狩猎的现场，一只兔子从草丛中窜出，楚王弯弓搭箭，正要射猎时，突然从他的左边跳出一只山羊，于是他把箭头对准了山羊。正在此时，右边又跳出一只梅花鹿，楚王又重新掉转箭头对准了梅花鹿。而此时树梢又飞出一只珍贵的苍鹰。楚王最终选择了苍鹰，待要瞄准时，苍鹰已迅速在空中划过一道弧线远遁而去。待到楚王回过头来找其他的猎物时，前面的目标早已无迹可寻。楚王拿着箭比划了半天，结果一无所获。

听懂了故事，才明白父亲前面说的话。自此，姐弟三人心无旁骛，终以优异的成绩完成学业。

大学时代，一位学术成就很高的老师，深有感触地现身说法：人生有三只兔子不可追。少儿时代，教室之外嬉戏玩耍是一只诱人的兔子，你若去追赶它，它就带给你荒废的一生；青年时代，校园之外名利富贵是一只诱人的兔子，你若去追赶它，它就带给你虚荣的一生；中年时代，社会之上灯红酒绿是一只诱人的兔子，你若去追赶它，它就带给你堕落的一生。老师学贯中西，名满天下，他对我们说，你们别羡慕我，要在人生之秋收获丰硕的成果，说难也难说容易也容易，只要抵挡住诱惑，不去追那三只兔子，业绩往往水到渠成。

与其挖许多井，不如挖一口最深的井。放弃多个目标是为了突出放大一个目标。我主张，一生只做一门学问，一生只做一件事业。所以，当你要赶路时，不要被草丛中窜来窜去的兔子弄得眼花缭乱，从而偏离了前进方向。记着自己是在赶路，唯一要干的是：看脚下，看前方！

2. 成就事业的一个重要法则：专心致志

专心致志既是一种为学、做事的良好品质，也是为学、成事的一种实用方法。曹雪芹《红楼梦》，披阅十载；李时珍写《本草纲目》用了27年；达尔文写《物种起源》用了28年；徐霞客写《徐霞客游记》用了34年；马克思写无产阶级"圣经"《资本论》用了40年；歌德写《浮士德》花了整整60年。这从一个侧面说明，做成一件事要专心致志，盯紧一处，一以贯之，甚至为之奋斗终生也不悔初衷。

反之，朝三暮四，眼高手低，这山望着那山高，样样想干，结果一无是处，事事都没有做成。

俗话说："什么都捞不如咬紧一处。"这道理听起来易懂，但做起来却容易被忽视，我们一些人总喜欢贪多求快，不能集中力量，不能对准目标，结果欲速不达。

人的精力是有限的，只有把有限的精力集中到一件事情上，才能把这件事情做好。这同毛泽东同志的"集中精锐兵力，各个击破敌人"的战术很相似。

最成功的人，都是能够迅速而果断做出决定，然后盯住目标，一以贯之，坚持不懈的人。伍尔沃斯的目标就是要在全国各地设立一连串的"廉价连锁商店"，他把全部精力都花在这件工作上，最后他终于完成了此项目标，获得了成功。

史塔勒专心经营"亲切服务的旅馆"，成为富翁，也使得住进旅馆的几百万房客满意之至。

李特顿在听过一次演讲后，内心充满了成为一名伟大律师的愿望，他把一切心力专注于这项目标，结果成为美国最成功的律师之一。

林肯致力于解放黑奴，并因此而成为美国最伟大的总统。

陈景润专心于哥德巴赫猜想，最终成为杰出的数学家。

卡尔·马克思致力于为人类最美好的理想而奋斗，这使他成为伟大的导师。

写到这里，突然想起一幅漫画《挖井》：一个人拿着铁锹已经挖了深浅不同的很多口井，其中有几口离地下水层已经很接近，但是他却没能坚持下去，而是懊丧地自言自语道："这里没有水，换个地方再挖吧。"

这则漫画告诉我们干工作要咬紧一处，只要目标正确，坚持下去，总会成功的。

因此，我们在为学、成事的过程中，要专心致志，持之以恒，坚持到底，不要做朝三暮四的挖井人。

3. 要学有专长，要有自己的核心竞争力

兴趣爱好广泛是可以的，学法律、学钢琴、学绘画、学英语、学舞蹈、学电脑、学演讲、学模特秀，对提高个人综合素质当然有好处。但就是这些工具学科的学习，

也要选择自己认为重要的，自己感兴趣的学几样，天女散花式的、浅尝辄止的学习，学了等于没学。大学读书，不可只专一业，但绝不可能一业不专。无论怎样，我们要选我所爱，爱我所选。

我们说时代变了，要学有专长。现代社会是一个社会化程度极强的社会，很多的工作需要多方的合作才能完成；而现代化社会更是一个专业化程度极高的社会，你只有业有所精，学有特长，使自己在某一个领域中有过人之处，你才能获得更多成功的机会。否则自认为是多才多艺，实则是样样不通，样样不精，那么你只能在竞争过程中黯然失色。

极负盛名的管理大师哈伯德在电脑化新技术还未面世前就曾经这样说过："一架机器可以取代50个普通人的工作，但任何机器都无法取代专家的工作。"

果然，数以万计的普通工作都已经由机器取代了，但专门人才的地位还是稳如泰山。因为如果没有这些专家来操纵机器，机器就会像废物一样，毫无用处。

法国的化学家兼细菌学家巴斯德说："只要学有专长，就不怕没有用武之地。"

自主创业，更要发挥自己的专长与优势，干好自己拿手的行业和项目。

北京的王麻子只是菜刀做得好，他却凭它成功地开创了自己的事业。

现在有些用人单位抱怨说，我们有的大学生，乍一看什么都懂，好像万金油，但深一层用，这些学生又什么都不懂，用不上、顶不住，没有专长，没有真本领。社会分工越来越细，在某一行业"懂得越多，机会越多"，只有出类拔萃，学有特长的人才有用武之地，反之，则被社会所淘汰。

因此，亲爱的大学生们，请你们在全面学习、打好基础的时候，不妨情有所钟，早下决断，技精一门，力争在某一行某一领域成为专家里手。

4. 集中精力，做自己想做的事

专心本身并没有什么神奇，只是控制注意力而已。中国古代医学专著《黄帝内经》中主张"独立守神"，老子、庄子主张返璞归真、抱元守一。汉代儒家主张"凝心"、"入定"。《西游记》中，吴承恩对于唐僧的性格不免讥讽的笔墨，但是他对唐僧执著于目标的专注精神，不为外界诱惑所动的"定力"还是大加赞赏的。当唐僧师徒路过车迟国的时候，被逼与妖怪斗法，其中一个重要的内容就是与妖怪比试"打坐入定"的本领，由此可知"定力"的重要性，佛教中也讲"坐禅"。专注力的培养在日本也很受重视。日本的“茶道”、“剑道”、“棋道”（围棋）、柔道、空手道都是训练高度的专注力的。

《成功杂志》庆祝创刊100周年时，编辑们节录了一些早期杂志中的优秀文章，其中最令人印象深刻的是一篇摘录文章。作者西奥多·瑞瑟在爱迪生的实验室外面，扎营三个礼拜之后，才访问到这位著名的发明家。以下就是访谈的部分内容——

瑞瑟：“成功的第一要素是什么？”

爱迪生：“能够将你身体与心智的能量锲而不舍地运用在同一个问题上而不会厌倦的能力……你整天都在做事，不是吗？每个人都是。例如你早上7点起床，晚上11点睡觉，你做事就做了整整16个小时，他们做很多很多事，而我只做一件事。假如你们将这些时间运用一个方向、一个目标上，那么就会成功。”

人的精力总是有限的，一个人如果同时做几件重要的事情，必然一件也做不好。杂技演员经过长期的训练，足以同时抛掷七八个球，但是也只能玩上10分钟，时间长了，他的脑子就会疲劳，所有球都会掉下来。要做善于把自己的精力集中于重点工作的人，有成就的科学家和各行各业的专家进行某项研究时，废寝忘食，在实验室里连续工作数天至数周，才能出成果。有成就的决策者、管理者，就是善于集中精力和集中使用力量的人。毛泽东说过，集中优势兵力各个歼灭敌人，又说过，没有重点就没有政策。

世上更多的，是不善于抓重点的人，大部分人都不同程度地存在着“眉毛胡子一把抓”的毛病。这就是世上真正有成就的人不多的一个重要原因。

十一、控制情绪，自制有力

伟大的导师列宁曾经说过：“没有‘人的情感’，就从来没有，也绝不可能有人对于真理的追求。”良好的情感不仅可以促进人的智力发展，而且更有利于健全人格的形成。因此可以说，良好的情感是一个人前进与成才的动力源泉。但是不良情绪却又往往使人难以驾驭，致使很多人因为情绪冲动、情绪不稳定、情感难节制、情操不高尚而与成功失之交臂。

1. 情绪化：当今大学生存在的通病

情感是人对待外界事物的态度，是人对客观现实是否符合自己的需要、愿望和观点而产生的体验。

情绪，是一种低级、简单、原始状态的情感，通常以激情和心境两种形式表现出来。激情带有冲动性、突发性、情景性，往往通过人的面部体态、语言反映出来。心境即通常所说的心情，它是一种比较持久、扩散弥漫式的情绪状态。一般来说凡是愉快、乐观的心境，就会使人精神饱满、奋发向上，学习效率高。凡是悲观的、烦乱的心境，就会使人萎靡不振，不思进取，学习效率低。

情绪这东西往往是一个人长期的情感体验，往往内化于身心，很难对付。当今大学生有一个通病：情绪化，易冲动，自制力不强。

中国青年心理学家唐映红在1996年11月针对现代青年人的成功心理素质进行一项调查，发现妨害现代青年人最严重的成功心理障碍就是情绪化。我们经常看到这样的场面。

——兴奋时，高兴得忘乎所以。无论是干什么兴之所至，明天的重要工作就搁在一边，什么也不管了。

——情绪低落时，消沉得垂头丧气，心情不好，常发无名怒火，干什么都没劲，有的甚至轻生。

——自我感觉良好时，仿佛一只骄傲公鸡。谈得来的，跟别人有事没事穷侃瞎聊，胡吹乱扯；对谈不来的，爱理不理，好像是别人借了他谷子还了糠似的。

——自我感觉欠佳的时候，宛若没气的皮球。跟谁见面都是落汤鸡，一副灰溜溜的形象……

情绪化无论从哪个角度，都是一种不成熟的表现；如果一个人不能很好地控制住自己的情绪，他必定会被自己的情绪所打败。

2. 驾驭情绪这匹烈马——学会制怒，学会控制情绪

著名成功学家拿破仑·希尔在事业生涯的初期，发现自己缺乏自制，会对自己的生活和事业造成极为可怕的破坏。这是从一个十分普通的事件中发现的。这项发现使

拿破仑·希尔得到一生当中最重要的一次教训。

有一天，拿破仑·希尔和办公大楼的管理员发生了一场误会。这场误会导致了他们两人之间彼此憎恨，甚至演变成激烈的敌对状态。这位管理员为了显示他对拿破仑·希尔的不悦，当他知道整栋大楼里只有拿破仑·希尔一个人在办公室中工作时，他立刻把大楼的电灯全部关掉。这种情形一连发生了好几次，最后，拿破仑·希尔决定进行“反击”。某个星期天，机会来了，拿破仑·希尔到书房里准备一篇预备在第二天晚上发表的演讲稿，当他刚刚在书桌前坐好时，电灯熄灭了。

拿破仑·希尔立刻跳起来奔向大楼地下室，他知道可以在那儿找到这位管理员。当拿破仑·希尔到那儿时，发现管理员正忙着把煤炭一铲一铲地送进锅炉内，同时吹着口哨，仿佛什么事情都未发生似的。

拿破仑·希尔立刻对他破口大骂。一连5分钟之久，他都以比管理员正在照顾的那个锅炉内的火更热辣辣的词句进行痛骂。

最后拿破仑·希尔实在想不出什么骂人的词句，只好放慢了速度。这时候，管理员站直身体，转过头来，脸上露出开朗的微笑，并以一种充满镇静与自制的柔和声调说道：“呀，你今天晚上有点儿激动吧，不是吗？”

他的这段话就像一把锐利的短剑，一下子刺进了拿破仑·希尔的身体。

想想看，拿破仑·希尔那时候是什么感觉。站在拿破仑·希尔前面的是一位文盲，他既不会写也不会读，但他却在这场战斗中胜利了。而且更糟糕的是，拿破仑·希尔是主动的，而且是错误的一方，这一切只会更增加他的羞辱。

拿破仑·希尔转过身子，以最快的速度回到办公室。当他把这件事反省了一遍之后，他立即看出了自己的错误，但是，坦率地说，他很不愿意采取行动来化解自己的错误。

拿破仑·希尔知道，必须向那个人道歉，内心才能平静。最后，他费了很久的时间才下定决心，决定到地下室去，忍受必须忍受的这个羞辱。

拿破仑·希尔来到地下室后，把那位管理员叫到门边，管理员以平静、温和的声调问道：“你这一次想要干什么？”

拿破仑·希尔告诉他：“我是回来为我的行为道歉的——如果你愿意接受的话。”管理员脸上又露出那种微笑，他说：“凭着上帝的爱心，你用不着向我道歉。除了这四堵墙壁，以及你和我之外，并没有人听见你刚才所说的话。我不会把它说出去的，我知道你也不会说出去的，因此，我们不如就此把此事忘了吧。”

这段话对拿破仑·希尔的触动非常大，因为他不仅表示愿意原谅拿破仑·希尔，实际上更表示愿意隐瞒此事，不使它宣扬出去，以免对拿破仑·希尔造成伤害。

拿破仑·希尔向他走过去，抓住他的手，使劲地握了握。在走回办公室途中，拿破仑·希尔感到心情十分愉快，因为他终于鼓起勇气，化解了自己做错的事。

在这件事发生之后，拿破仑·希尔下定了决心，以后绝不再失去自制。因为一旦失去自制之后，另一个人——不管是一名目不识丁的管理员还是有教养的绅士——都能轻易地将他打败。

在下定这个决心之后，希尔身上立刻发生了显著的变化，他的笔开始发挥出更大的力量，他所说的话更具分量。这个事件成为拿破仑·希尔一生当中最重要的一个转折点。他说：“这件事教导我们，一个人除非先控制了自己，否则他将无法控制别人。它也使我明白了这句话的真正意义：上帝要毁灭一个人，必先使他疯狂。”

怎样控制情绪？

奥格·曼狄诺在他写的被誉为商业“圣经”的著作《世界上最伟大的推销员》一书中提出了如下忠告：

潮起潮落，冬去春来，夏末秋至，日出日落，月圆月缺，雁来雁往，花飞花谢，草长瓜熟，自然界万物都在循环往复的变化中，我也不例外，情绪时好时坏。

今天我要学会控制情绪：

沮丧时，我引吭高歌。

悲伤时，我开怀大笑。

病痛时，我加倍工作。

恐惧时，我勇往直前。

自卑时，我换上新装。

不安时，我提高嗓音。

发怒时，我冷静对之。

穷困潦倒时，我想象未来的财富。

力不从心时，我回想过去的成功。

自高自大时，我要追寻失败的记忆。

纵情享受时，我要回想挨饿的日子。

洋洋得意时，不要忘了那耻辱的时刻。

自以为是时，看看自己是否能让风止步。

腰缠万贯时，想想那些食不果腹的人。

骄傲自满时，要想到自己怯懦的时候。

不可一世时，让我抬头，仰望群星。

请记下这诗一般的语言吧，每天都做记录，并写下心得体会；甚至加上每天的自省和反思，那么，上面的原则可以成为你生命的一部分，每一句话都可以烙在你的心灵里，并通过你的行为表现出来。无论你是想取得商业上的成功，还是想取得事业上的成功，你都需要每天都这么对自己说："今天我要学会控制情绪。"只要能够控制好自己的情绪，就一定能够理智地处理好每一个问题。

3. 把握情感导向，慎踏爱情路

焕发着青春气息的男女学生，由于频繁的接触，"爱情"也会向他们悄悄走来，鸿雁传书，眉目传情，萌动的心，企盼花前月下的低语，希望与恋人双双漫步河边，共享一份温馨与浪漫的风景……的确，爱情是神秘的，爱情是一种高尚、纯情、美丽的情感，充满甜蜜。但是，作为长知识长身体的青年学生却不能单单为了寻找浪漫、刺激而盲目地涉入爱河。爱情确实像春天的小草不知不觉之间长得郁郁葱葱，是人们精神生活不可缺少的一部分，但人生不仅仅是爱情。人生在世还有许多比爱情更重要的事情，必须认真对待和解决。不能只为爱而盲目地爱，却将自己的人生追求疏忽了。大学生可以享受爱情，但我个人的观点是不能游戏人生，许多大学生受到西方性解放性开放思潮的影响，道德滑坡，泛性爱主义，追求单纯肉体享受。

许多大学生盲目地追求异性，达到痴迷程度。陪吃、陪玩、陪旅游，形影不离，什么理想、什么人生追求统统抛诸脑后，学业因之荒废，经济因之更为拮据，时间因之而浪费。及至另一方“变心”更是痛不欲生，从此精神沉沦，一蹶不振。

因此，在这里我要慎重告诫青年学生：请慎踏爱情路。要避免过早陷入爱情的漩涡。要抑制那份对爱的萌动及对伊甸园的美好向往，把握感情导向，做个人生的出色水手。作家张洁在小说《爱是不能忘记的》中说得好：“人在年轻的时候，并不了解自己追求的、需要的是什么，甚至别人起哄也能促成一桩婚姻。等你再长大一些，更成熟一些的时候，你才明白自己真正需要的是什么。可那时，你已经干了许多悔恨得让你感到锥心的蠢事。”

作为一所美国人开办的私立学校中最为优秀的男生，男孩得到了一个情窦初开的少女的追求。当然，向他示爱的女生也并非平庸之辈。那位名叫依丝米忒的少女是伊斯坦布尔赫赫有名的皮草大王的女儿，貌若天仙，伶俐可爱。依丝米忒常常在校园拦截他，有时会送给他一些小物件，比如手表、瑞士军刀、皮带什么的，都是男孩喜欢的东西，有时只为了和他说几句话。说实话，这样漂亮多情而又率性热忱的女孩子几乎没人能够抗拒。所以，他也不知不觉地陷进了依丝米忒用温柔和热情织出的情网。他们开始约会……

他的变化被父亲看在眼里。作为过来人，这位一直受西方思想熏陶的大个子葡萄酒商人，敏锐地察觉儿子一定是有了心上人。可是，儿子还是如此稚嫩孱弱，虽然个头已经快和自己差不多，但是，他除了学习，其他什么也不会，甚至连衣服都不会洗。沉醉初恋不知归路的儿子是在走可怕的感情钢丝啊！他决定和儿子好好谈一谈。父子之间的谈话是在一次晚餐时进行的。父亲直言不讳地问儿子：“奥罕，告诉爸爸，那个入你法眼的女孩子叫什么？”

他因意外显得非常吃惊，只是怔了片刻，随即垂头轻声告诉了父亲。他不敢抬头直视父亲，等着父亲大发雷霆。

父亲说：“还是到此为止吧，听爸爸的话。”他见父亲态度温和，胆子渐渐壮了起来。他为自己辩解：“爸爸，是她主动的。况且，她的条件的确不错呀！”他觉得更像是在为他们的那份感情辩护，心底有一股豪气油然升腾。

父亲轻轻摇头：“奥罕，你还太小。”“太小？爸爸，我已经19岁了，是一个男子汉了。而你，当年只有17岁不就和妈妈好上了？”他自认为抓住了父亲的把柄，情绪越发激动起来。

他说的确是实情。他等着父亲妥协。

可是，他听见依然和蔼的父亲说了这样一番话："你说的没错，可是，你知道吗，我17岁的时候已经在葡萄酒作坊当酿酒师傅了，每个月能拿2000万里拉。我是说，我当时已经能够自食其力，有一定的经济实力为爱情埋单。你呢，一个里拉都挣不到，你凭什么心安理得地钟爱自己心仪的女孩？"

他桀骜的心被父亲的话征服了，埋头扒饭，一声不吭。

父亲又语重心长地安慰他："奥罕，不是爸爸古董封建。你想想看，一个男人，如果没有经济基础，不能为他的爱人提供必要的物质保证，如果你是女子，你会怎么看待这样的男人？儿子，我告诉你，我一直都认为，一个男人，如果没有一份赚钱的工作，不能自食其力，哪怕他40岁甚至50岁，都不配谈恋爱，谈了，就是早恋，相反，只要他有立业挣钱养家的本事，15岁恋爱也不算早恋！"

父亲的一番话，可谓语出惊人，是他闻所未闻的逻辑，但又是那么入情入理，无懈可击。经过思想斗争，他做出了从依丝米忒身边安静地离开、从这段虚幻缥缈的无根之爱中抽身而退的决定，尽管为此他承受了半年痛苦。

牢记着父亲的嘱咐，他知道自己涉足感情还为时过早，于是集力于学业，最终一举考上伊斯坦布尔科技大学——土耳其最好的国立大学，并在这里牢固地奠定了日后事业的基础。

他就是奥罕·帕慕克，2006年度诺贝尔文学奖获得者。

荣获巨奖之后，奥罕·帕慕克曾在重要场合多次提到这件鲜为人知的早年趣事，坦言自己感激父亲当年"温柔地扼杀了一种愚蠢而羞赧的情绪"，让自己避免了蹉跎年华。土耳其国家级大报《自由之声》的一位资深评论员发表评论，说奥罕·帕慕克父子当年的交谈"是人类文化史上绝无仅有的经典细节"。

十二、良好习惯，内化于心

习惯有好坏之分，坏习惯是成功的最顽固的敌人。好的习惯助你走向成功。坏的习惯只有用好的习惯、新的习惯去制服。孔圣人解释人的成就有大小，有人成功有人失败时说“性相近，习相远”，就是说人与人之间本性、天赋相差并不大，但人与人之间的修养、习性相差就很远了，一个人成功与否，往往决定于一个人的修养和习性啊。作为青年学生，我们要从小注意培养良好的习惯，使之内化于心，成为你思想和身体的一部分，这样成功就离你不远了。

1. 形成守信、节俭的习惯

孔子说：“人而无信，不知其可。”做人说话要言而有信，对自己所说的话要承担责任和义务，不要信口开河，夸夸其谈，不要轻易许诺，要有兑现的把握才说，否则会失信于人，招惹麻烦。

古人注重承诺，崇尚信用。“食言”为众人所鄙弃。言而有信是做人的基本要求。传统道德中，信是五伦之一，君主有信，臣民忠诚；父母有信，儿女孝敬；丈夫有信，妻子忠贞；朋友有信，彼此尊重和信赖。

楚汉相争时，季布重诺，时人说：“不愿得千金，愿得季布一诺。”季布曾答应将宝剑送与徐君，徐君死后，季布就将宝剑挂在徐君墓前，以示承诺，真是“片言九鼎”。

春秋时，魏斯与管理山林川泽的虞人相约第二天正午到郊外射猎。可那天早晨天降大雨，天气寒冷。于是他招待群臣喝酒，君臣正欢洽之间，魏斯突然问左右的人：“什么时辰了？”左右说快到晌午了。魏斯便命令马上撤去宴席，率领众人赶到郊外。

左右的人说：“天正下雨，不能打猎，又何必虚此一行？”

魏斯说：“已经和虞人约好了，未曾说过下雨不来。虽然不能狩猎，怎么可以不赴约呢？”

国人闻说此事，感叹道：“国君对人如此守信用，我们做他国民的，怎么可以不竭诚尽忠为他干事呢！”

古人崇尚信用，我们也要向古人学习。要养成好习惯，不要认为说话是小事，不必太认真，总是爱吹牛，结果出尔反尔，不能承诺，失去信用。我们在日常生活中，不要随便乱讲话，乱许诺，而应该养成一诺千金的好习惯，说话算数，决不食言。给人许诺，就要想方设法去兑现。办不到的事情，不要硬充好汉，大包大揽，既得罪了朋友，又伤面子，失了信誉，因此要改掉吹牛夸海口的毛病，如果说了话，哪怕是开玩笑的话也要说话算数，坚决兑现。

节俭是一种好品质也是一种好习惯。节俭，首先要珍惜劳动成果。“锄禾日当午，汗滴禾下土。谁知盘中餐，粒粒皆辛苦。”没有劳动不知粮食来之艰苦。由俭入奢易，由奢入俭难。现在我们一些青年学生没有节俭的好习惯，经常三个一群五个一伙，借口生日啦、节日啦、考试得了好名次啦、获了奖啦、穿了新衣服啦搞庆贺，名目有请客吃饭、请客跳舞、请客上网、请客电游、请客唱卡拉OK等，铺张浪费，极其不好。平时吃饭要吃好的，剩饭剩菜丢掉毫不痛心，穿衣也赶时髦，非名牌不穿，找父母强要强买。这些小事不能小看，要认真克服才好。

2. 养成高效有秩序的工作习惯

拿破仑·希尔给人们提出了四种高产、有秩序的工作习惯：

第一，消除你桌上所有的纸张，只留下你正要处理的问题有关的。一切混乱、繁杂都是无秩序的，不利于工作的开展。

第二，按事情的重要程度来做。这是成就事业的一个金点子，据说值100万美金。

第三，当你碰到问题时，如果必须做决定，就当场解决，不要迟疑不决。这是效率原则。

第四，学会组织、分层管理和自我监督、组织监督。

这里重点讲一下第三条，学生有拖拉懒散毛病的必须坚决克服。正如清代学者钱泳在《明日歌》中所唱的那样：“明日复明日，明日何其多。我生待明日，万事成蹉跎。”攻克此病：

其一，要对症下药。拖拉懒散的原因不外乎意志不坚定，避重就轻，认为有的是时间，缺乏工作计划等，要找准原因，对症下药。

其二，要立即动手。今日事今日毕。文嘉说：“今日复今日，今日何其少。今日又不为，此事何时了？”

其三，知难而进。困难像弹簧，你弱它就强，你强它就弱。知难而进，难者亦易；知难而退，易者亦难。拖拉成性，一事无成。

其四，坚持临睡前自检。季米特洛夫说："青年人谁在睡下时，不想想一天中学会了什么东西，他就没前进。虽然日常工作很多，你们必须好好组织自己的工作，要找出时间来考虑一下一天中做了些什么，是正号还是负号？假如是正号——很好；假如是负号，那就要采取措施。"在临睡前，我们不妨采取季米特洛夫的建议，进行一次认真的清算，检查一下自己该做完的事做完了没有。如果还没做完，则不妨有点"事不过夜"的精神，即使晚睡一点儿也要把事情做完。

3. 养成提问思考的习惯

行成于思毁于随。每个人都要从小养成深入思考的良好习惯。"经常向自己提问"则是一个好习惯。向自己提问，牛顿发现了伟大的万有引力定律；向自己提问，霍英东成了香港建筑大王。

霍英东原来是一个"水上穷光蛋"，但他是个颇有心计的人，时时都在留心寻找发展事业。朝鲜战争以后，霍英东慧眼独具，他看出了香港人多地少的特点，认准了房地产业大有可为，于是毅然倾其多年的全部积蓄，投资到房地产市场。1954年，他着手成立了立信建筑置业公司。他每日忙于拆旧楼、建新楼，又买又卖，大展宏图，用他自己的话说，他"从此翻开了人生崭新的、决定性的一页！"

以前的房地产业，都是先花一笔钱购地建房，建成一座楼宇后再逐层出售，或按房收租。他则来了一个反问自问：何不先出售，后建房？这一先一后的颠倒，使他得以用少量资金办了大事情。原来只能兴建一幢楼宇的资金，他可以用来建筑几幢新楼；同时，他又能集中较雄厚的资金购置好地皮，采购先进的建筑机械，从而提高建房质量和速度，降低建造成本。他还可以比同行低得多的价格出售那些地点优越的楼宇。他还创造了分期付款的预售方式，开创了大楼预售的先河。

为了推广先出售后建筑的"戏法"，霍英东率先采用小册子及广告等形式广为宣传。他说："我们开展各种宣传，以便更多有余钱的人来买。譬如来港定居或投资的华侨、侨眷，劳累了半生略有积蓄的职员，赌博暴发户，做其他小生意涨满了荷包的商贩，都来投资房地产。谁不想自己有房住？要有众多的人关心它、了解它、参与它，我们的事业就有希望。"霍英东的广告宣传十分奏效，短短几个月内，霍英东利用先售后建的办法营建出售的高楼大厦布满了香港、九龙地区，打破了香港房地产买卖的纪录，成为香港房地产业的巨头。

霍英东名下的公司有60余家，大部分经营房地产和与之有关的生意，由他担任会长的香港地产建筑商会，占有香港70%的建筑生意。

霍英东给自己提问，成就了成功创富的大业，值得我们学习和借鉴。

4. 养成珍惜时间的习惯

谁在浪费时间谁就在浪费青春浪费生命。时间是以秒来计算的。小小水滴，汇成大海；细细沙粒，聚作良田。短短分秒，本不起眼，积年成代，永恒非凡。时间有长度，有宽度，也有密度。

一天24小时，一年365天，无论是什么人，王侯将相也罢，贩夫走卒也罢，莘莘学子也罢，都拥有同样的时间长度，不可拉长，也不可缩短，时间不可以买卖，也不可以赠送。时间老人是那么公平、正派，它不趋炎附势，将时间多给富人；也不刻薄吝啬，将时间少给穷人。在“嘀嗒嘀嗒”的均匀响声里，它不急不慢地走来，不愠不火地走去，让大家都享有白天黑夜，也享有春夏秋冬。

然而时间长度每人都相同，但利用时间的宽度和密度则不同，有的人一天工作16个小时，工作起来高效，有的则当一天和尚撞一天钟，白白浪费了时间。少壮不努力，老大徒伤悲。人生易老，日月如梭，浪费光阴，万事皆休。

因此，我们要珍惜时间，爱惜时间，利用时间，节约时间。为了做到这四点，有人主张以“假如明天我将死去”为背景充分利用时间，选最重要的事情做，尽最大的努力做最多的事情，决不把能做好的事情留到“死后”去做。

习惯决定人生，习惯决定成败。还有许多好的习惯，如养成从善纳谏的好习惯，养成不为小事困扰的好习惯，养成镇定自若的好习惯，限于篇幅不能一一列举。这里就不再提及了，请同学们在日常工作、学习和生活中多加注意，及时养成各种好的习惯，早日踏上成功之途。

第七篇　人际关系：人脉就是力量

人际关系专家认为，一个人赚钱，15%是靠自身的知识和技能，85%则来自人脉关系。现在办企业、做公司，有一句话，叫“三分靠实力，七分靠人脉”。人脉就是力量，人脉就是钱脉。人际关系专家总结说：天资好不如学习好，学习好不如做事好，做事好不如做人好。

一个人的人际交往能力大致分为两种：第一种是与他人特别是与陌生人打交道的能力。这种能力。主要表现为个人形象魅力及其影响力，让别人喜欢你，乐于与你打交道。这种能力主要表现为善于沟通表达、交际应酬、察言观色、看人说话、看环境说话，善于跟别人打交道的能力。第二种是维护巩固人际关系并整合人脉资源的能力。

从成功学的角度看，这两种能力是一个统一的整体。第一种能力主要通过应用交际技巧方法拓宽交际面，善于、易于与人沟通，特别善于与陌生人沟通。第二种能力，就是要维护、巩固、整合人际关系，使之成为自己发展事业的一种资源。

这么说吧，一位同学若是来到一个举目无亲（无任何人脉）的地方，那么他与陌生人打交道的人际交往素质和技巧就显得特别重要。有了和人交往的能力，就会在举目无亲的外乡逐步发展自己的人脉关系，结识新的好朋友，逐步开展自己的事业。这里起作用的主要是第一种能力。

假如这位同学背井离乡来到同样举目无亲的这个地方，但他有一个大学同班同学在这个城市，由于在大学他俩是拜了把子的铁哥们，老同学相见，格外热情，“来来来，不住宾馆，不租房，住我家里，少花枉冤钱”，“来来来，先带你玩一玩，熟悉熟悉环境，找工作等一等，万一不行，到我父亲的企业搞营销，慢慢来，慢慢来”。

这里，起作用的是这位同学在这个城市有人脉资源，他在大学读书时对人脉的维护和巩固狠下了一番工夫。他的迅速发展是第二种能力在起作用。

一、塑造形象，广结人缘

社会学家、心理学家、成功学家在进行了大量名人和成功人士的个案分析后，得出一个结论：是一个人的个性造就了一个人的伟大和成就。俗话说“福入笑门”。学会做人，广结人缘是每一个社会人都必修的重要课程。作为学生这一门功课越早修炼越好。

1. 塑造迷人个性，“让大家都喜欢我”

我们要把自己塑造成为一个积极向上、奋发有为、自强自信、不卑不亢、风度翩翩、举止大方、谦虚好学、热情开朗的人。做一个有亲和力、有吸引力、有无穷魅力的人，这样的人，别人喜欢你，喜欢你，你才能更好地与人搞好关系。具体来说还要从12个方面多努力。

（1）做一个“大美人”

无论男女，都要做大美人。性别作为人的自然属性，使男女两性在社会生活中不可避免地具有自身特点和行为规范。心理和生理的差异，使男女具有不甚相同的人际交往方式和思维感受。同时，社会在接受男女行为时，已有一个大致的规范和一个约定俗成的行为模式。因此，在交际时，能把握住自己的性别特点，使自己的举止更符合性别角色，就能充分地为社会各个阶层的、各个层次的人所接受，那么，交际形象也就越具魅力。

男性的性别美在刚强。如你是男性，在交际时应表现得目光远大，心胸豁达，切忌流露出“白衣秀士”般的狭隘和嫉妒心理，杜绝斤斤计较、睚眦必报的做法；应有“计利当计天下利，求名当求万世名”的社会责任感和抱负。“无情未必真豪杰，怜子如何不丈夫”，男子汉应有丰富的感情世界，但表达方式却有独到之处。男人的性别美，是一种粗犷的美，内涵的美，真正的男子汉应该有性格，有棱角，有力度，有一种阳刚之气。而一些忸忸怩怩的奶油小生则时常令心理健康的人反感。因此男性更主要表现在目光远大、感情充沛、有阳刚个性。

女性的性别美在于温柔。自有文字记载以来，人类所推崇的女性美的形象一直是娴静的、温柔的、甜美的。女性容貌清秀，线条柔和。其体态所表现出来的友好、温情比男人更强烈动人。交际时，女性如能巧妙地利用自己的生理特点，表现得谦恭仁爱，热情温柔，所产生的社交力量，有时比“刚强”的力量要大得多。

当然，柔情并不等于卖弄风情，故作媚态。女性之温柔美，美在自然，美在坦诚，美在无瑕。因此端庄、清纯的女性最为男人所喜爱。如果天生而有柔媚的体态和性情，则请善待之。把握好为人处事的分寸，必能事半功倍。

（2）做一个彬彬有礼的风度人

讲礼节、重风度是社交的必备知识。彬彬有礼、措辞雅洁、谈吐文明、声调适度、举止端庄大方，衣着装饰适合自身的性格、气质和条件的人，常会受人的尊重、信赖；而粗俗、莽撞、拖沓、不修边幅、衣冠不整的人，则常会遭到轻蔑和厌恶。言谈举止是否得当，衣着打扮是否得体，风度、气质是否高雅，在当代人的社交生活中，这已成为一个极为重要的条件。彬彬有礼的风度使人格外器重你。人们往往通过外在风度观察一个人的内在修养，判断一个人的为人处世经验，决定是否交结朋友，建立友谊。

1972年，美国总统尼克松访华，并对周总理作了一番评价：“通过接触，我终于了解了他，并对他产生了极大的敬意。他待人谦虚、沉重稳定，他优雅的举止，直率而从容的姿态，都显示出了巨大的魅力和泰然自若的风度。”由此可见，风度在社交中具有多么重要的作用。

（3）做一个多才多艺的人

古人云：“谈笑有鸿儒，往来无白丁。”此为令人欣赏的社交生活、社交情境。当今世界，人的才能结构更是多层次、多维度、多侧面的。平庸者常会自惭形秽，而多才多艺可使你洒脱地出入各种社交场合，并成为活跃人物，你独特的气质、情趣，个性与风格，超脱了大众化、一般化给人留下的平平之感。人人都喜爱多才多艺的人，与之歌与之舞与之弈与之乐，由此而生敬意。

（4）做一个幽默、诙谐的人

在交际场合，幽默的语言极易接通感情的频道，迅速地打开交际局面，人们会在轻松的欢笑中，牢牢地记住你的风采，对你产生亲近感，在出现争论、意见分歧的难堪场面时，幽默、诙谐便可成为紧张情境中的缓冲剂，使朋友、同事、师生之间摆脱窘境或消除误会。此外，幽默、诙谐还可用来含蓄地拒绝对方的要求，或进行一种善意的批评等。

（5）做一个宽厚、大度的人

海纳百川，不拒细流，莽莽人海，形态各异。日常交往中，磕磕碰碰的事屡见不鲜。耿耿于怀，寸步不让，忽而满天乌云，忽而倾盆暴雨、电闪雷鸣，的确得不偿失。人生需要宽容和大度。宽恕、容忍可使你保持心理平静，泱泱大度可使你赢得宝贵的时间，不是去恨、去敌视、去攻击，而是以柔克刚，对一些不损原则的小事、琐事付之一笑。这样，别人便会因此而钦佩你的人品，投给你赞成的目光，付给你更多的好感与友爱。

（6）做一个自然、坦率的人

人在人格上都是平等的，不必刻意奉承，虚于敷衍。坦诚相见、显露真实的自我，比故意掩饰、做作、虚伪要好得多。女孩子无意中流露出的腼腆、娇羞、天然纯情，令人感到可亲可爱，妩媚动人；男孩子自然表现出的稳健、信心、力度、谦让等令人感到可靠、轻松而愿意与之相处。自然坦率的心境和举止会让你最大限度地表现自己的才能和潜力。

（7）做一个性格刚强的人

许多富豪迷人的性格气质最优秀之处在于他们性格刚强喜欢不断接受挑战。他们的座右铭是："跌倒了，爬起来！再前进。"

性格刚强的人，自然流露出一种顽强、勇敢，一种宏大魄力，一种坚忍不拔、不达目标誓不罢休的精神。这样的人是有魅力和凝聚力的人。这样的人一不惧困难，二不怕风险，三不畏强暴，四不怕挑战。

（8）做一个干练的人

干练的形象是别人评价你"会说"、"会做"、"组织能力强"、"有真本事"等的认可，这为你今后与人相处和开展工作打下了良好基础。"干练"的形象也是可以培养的，这里提供几个要点供参考。

①说话先说重点。

②不论文章或说话都要简短。

③展示自己在某一方面、某一领域的专业才能。

④表现自己的特殊才艺，如能歌善舞，会外文，懂武术，擅医道等。

⑤挺直脊梁做人。说话声音洪亮，步伐稳健有力。

（9）做一个热忱的人

热忱是块磁铁。具有热忱心肠的人总是会对与他接触的人们产生磁石般的影响力。因为你予人热忱别人便以热忱回报你。

热忱是发自内心的激情，热忱是随时准备投入工作，热忱是笑口常开。

热忱能够化解矛盾，热忱能够填平等级的壕沟，热忱的作用甚至胜过才干。

有人问美国最著名的成人教育家、演讲家卡耐基，他是如何获得成功的。他微笑着说：“我除了掌握大量的知识和技巧以外，最重要的是，我热爱我的听众。”

卡耐基表现了他的热忱。

卡耐基的成功来自热忱的追求，他的课程把热忱作为最基本的一课，用他的热忱感染着他的学生。卡耐基在课堂上比较喜欢这样一句名言：我愈老愈能感觉到热忱的感染力，成功的人和失败的人在能力上差别并不大，但正是由于各方面条件相近，热忱就显得尤为重要了。热忱的人有信心和勇气去克服困难。

那么，如何表现自己的热忱呢？

①站着发言。

②办任何事都比别人早到。

③背部挺直快步走，给人积极的印象。

④强而有力与人握手。

⑤注意用写字塑造自己积极的形象。

⑥说话尽量改“否定式”为“肯定式”。

⑦用手势助说话容易感染人。

⑧可笑时尽量去笑，能有效提升自己的积极性。

（10）做一个诚信的人

真正的魅力是一种诚实的自我表现。每个人的独到与魅力之处，可能是笑容，可能是安详，可能是友好的表示，可能是对事业的专注，有时某种羞涩甚至是失礼也可能是一种魅力，因为它们是发自内心的，是诚实的。刻意去表现魅力是愚蠢的，也是不会灵验的。

著名主持人勒羽西说："当我看上去最美的时候也是我工作最出色的时候。""一个将身心投入创造中去的人，是富有魅力的，同时也是最美丽的。"

诚信要发自内心，但表现诚信仍然有"技巧"。

①不隐瞒自己的缺点。

②敢说自己不知道。

③对不在场的人表示关心。

④说话算数，一诺千金。轻易不许诺，说了话要算话，要一诺千金。哪怕开玩笑的话也要兑现。

（11）做一个令人感觉亲切的人

表现亲切的魅力，在于与人沟通时表达出态度亲切随和、话语语重心长、个性坦率真诚。它的神奇之处，在于表现一种姿态，让人产生一种"自家人"、"他真心关心我"的感觉。

①多向他人打招呼。

②多听人说笑话，自己多说笑话。

③从赞美他人服饰的小变化开始。

④称赞他人不为人知的优点，对他会画画、会打球、会玩小魔术等微小的“长处”加以称赞。

（12）做一个开朗的人

说话要字正腔圆，声音洪亮。

如果你想把自己表现得具有开朗感，那么穿着较亮丽的衣服大有帮助，而相反的，如果要去表现得较为沉重，就应穿着暗色的服装。

整理表情与人见面。

来一点幽默自嘲。不妨看一个老师的例子：

在一次学校与学校之间举行的青年教师联谊会上，一位自觉身材不太理想的女教师一直沉默不语，轮到她讲话时，她先取笑自己的体态容貌来：“我的好处，在于我不雅的体态，丈夫在给他的朋友介绍我时说了五句话：罗圈腿、水桶腰、饼瓜（南瓜）脸、灯笼眼、酒糟鼻。不过，我很丑但我很温柔。作为教师我们当然要把自己美的形象、美的气质、美的风度奉献给学生，但我以为，作为教师更主要的是要把自己美的品德、美的行为奉献给学生，把自己的满腔热情和热爱奉献给学生……”这时，老师们都把目光齐刷刷地投向她，只见她容貌端庄，并不丑陋，却气质高雅，温婉可爱。她的话音未落，立即引起了与会年轻老师的热烈鼓掌。在后来的联谊舞会上，她轻而易举地成为中心人物。自嘲式幽默使她独辟蹊径，受人瞩目，充分展示了自己的自信、大方、温婉、高雅的精神和气质。

与人交往应该这样幽默大方。

尽量露出你的额头。给人以阴沉感觉的人，只要把头发往后梳一点，小小的变化，即可使原来的印象改变。因为头发垂下盖住额头的样子，确实会给人一种“畏畏缩缩”的感觉；尤其是往下垂时，会使对方看不清你的脸，会令人有种不知道你在想什么的缺点。因此，把自己的脸光明正大地露出来，可说是表现开朗最简单的方法。

2. 若要别人喜欢我，我先喜欢别人

（1）真诚地对他人感兴趣

人际关系中有一个“你喜欢我，我就喜欢你”的原则。若要别人喜欢，我必先喜欢他人。这是人际关系中又一条秘诀，主要表现在对他人的态度要友善、热情。一个对周围的人真诚感兴趣的人两个月结交的朋友，比另一个力求周围的人对他感兴趣的人两年结交的朋友还要多。人就是这样，你真诚地对我感兴趣，那么我也对你感兴趣。

著名魔术师霍瓦特·土斯顿，40年里走遍了全球，他的魔术令观众目瞪口呆，6000万观众看过他表演，他挣了近200万美元。

当有人请求土斯顿披露他成功的秘密时，他说，魔术书有上百种，人们读的书并不比他少。但是，土斯顿有两个常人没有的优势：第一，他善于在台上表演。他是一个技艺非凡的演员，深知人的本性。每一个手势、语调、微笑都经过详细的研究。第二，土斯顿对人们真正感兴趣。很多魔术师看着观众，心里自言自语：“来的都是些头脑简单的人，我随便玩弄他们。”土斯顿完全持另一种观点。他每次出场，用他自己的话讲，都这样对自己说：“我感谢这些来看我演出的人。靠他们的帮助，我的生活才有了保障。我应尽量为他们表演好。”

这样，你应遵循的第一条交际准则是：“对人们表示出真诚的兴趣。”

（2）真诚地把自己的微笑送给别人

行动比语言更富有表现力，而微笑似乎在说：“我喜欢您，您使我幸福，我高兴看见您。”这就是我们为什么喜欢狗的原因。狗总是高兴看见我们，满意地跳来跳去！自然，我们也高兴看见它。也有装出来的笑容，不过这种笑谁也瞒不过，发自内心的微笑，是很容易被人感受到的。

因此，您若想在别人心目中留下好的印象，遵循的第二条准则是“微笑”。

（3）真诚地倾听他人谈话

成功交谈的秘密在哪里？著名学者查理·艾略特说：“一点儿秘密也没有……专心致志地听人讲话，这是最重要的，什么也比不上注意听——对谈话人的恭维。”

内战时期，林肯给朋友写信，请他到华盛顿来。林肯信中写了将讨论某些问题。他的朋友来到白宫。林肯同他谈了几个小时关于解放奴隶的合理性，分析了所有反对和支持这一提案的论据，然后谈了几封信和报纸摘要。在这些材料里，一些人指责他没解放奴隶，而另一些人则说他准备解放奴隶。林肯说完以后，握了握老朋友的手，祝他晚安，就把他送回去了，根本没问他的意见，林肯总是自己说。看来，这样使他轻松些，他不需要建议，只需要一个坐在他面前听他讲话的人。

每一个经受过困难的人都需要别人听他的讲话。要记住：与你谈话的那个人，他对自己的事情感兴趣的程度比对你的事情感兴趣百倍。你如果想成为被人喜欢的人，请记住第三条原则："要善于注意听别人讲话并鼓励其讲话。"

（4）真心地尊重别人

有一条十分重要的涉及人们品质的交际准则，你如果不轻视这条准则，你几乎永远不会落入困难的境地。谁遵循这一准则，谁就将有众多的朋友并经常感到幸福。谁违反这条准则，谁就会遭受挫折。这条准则是："尊重他人。"

你想得到你所接触的人的赞扬，你想让别人承认你的优点，你想在你那个小天地感到自己能起些作用，那么，请先尊重别人。有一点要特别注意：一些人有天生的残疾，如手残、脚残、破相、秃顶等，要同情他们，更要尊重他们，决不能戏弄嘲笑人家。还有一些人由于缺乏教育背景显得无知、土气，还有一些人缺乏财富背景，生活贫困，决不能小瞧他们，鄙视他们，而要尊重他们，真诚帮助他们。

对于任何一个人都是这样，你越是注意他，看重他，表扬他，尊重他，他越是感激你，回报你，尊重你。

这样，人际交往中我们应遵循的第四条准则是："努力让人感到他受到了你的尊重。"

（5）真心地称赞别人

俗话说："一句话说得人一笑，一句话说得人一跳。"用另一句俗话叫做："良言一句三冬暖，恶语伤人六月寒。"

拿破仑·希尔认为：称赞别人是最高形式的语言艺术。

莎士比亚曾经说过这样一句话："赞美是照在人心灵上的阳光。没有阳光，我们就不能成长。”心理学家威廉姆·杰尔士也说过：“人性最深切的需要就是渴望别人的欣赏。”赞美具有一种不可思议的推动力量，对他人的真诚赞美，就像荒漠中的甘泉一样让人心灵滋润。许多杰出的音乐歌唱者或运动员之所以在后来的专业领域中能大放异彩，大多是年幼时参与活动时受到赞赏，激发出一股自信与冲动而引发出潜力的。

许多伟人都是在众人的赞美声中成长起来的，他们对赞美的需要程度有更深的情感体验。林肯是位相貌相当丑陋的美国总统，他曾以这样一句话作为一封信的开头：“人人都喜欢赞美的话。”安徒生也是因相貌丑陋而得不到别人的亲近和喜爱，后来他写了《丑小鸭》童话来寄托自己的渴望。

对赞美的需求来源于人之本性，胜过灵丹妙药。

一句轻轻的夸奖，能使别人如沐春风。

一声诚意的致谢，能使别人飞腾上天。

因此在生活中，我们要以鼓励代替批评，多给人肯定，多给人鼓励，尽量赞美别人一丁点的进步，尽量赞扬他人具有的潜力，及时赞扬他人最需要赞扬的地方，善于从小事上赞扬他人，还要特别注意称赞有缺点的人，这种人更需要你的肯定和赞扬。

一个经常赞美别人的人，总是令人倍觉随和善良，富有爱心和同情心，因而也是富有人际魅力的人。

3. 与同学相处的四个秘诀

（1）不小视寒暄招呼的作用

与同学在一起，学习上要配合默契，生活上要互相帮助，就要注意从多方面培养感情，形成团结友好的气氛。比如，早上上学见面时脸上露个笑脸，问个好，晚上放学时打个招呼，道声“再见”等。寒暄、招呼看起来微不足道，但实际上它又是一个体现同学之间相互尊重、礼貌、友好的大问题。

（2）不在同学面前过分吹嘘、显示自己的才华

我们一些学生确实喜欢恃才傲物、自命清高，看不起同学。人的能力总会有大有小，才华也总会有差异，如十个手指不会同样齐一样，如果你的能力比同学强一些，才华也比同学出众一些，一定不要在同学面前不屑一顾，这样你就会失去更多同学的合作和帮助，就会把自己置于孤立无援的境地。有能力、有才华，又能谦虚和帮助他人，就会获得更多的尊敬和爱慕。

（3）不在同学面前炫耀自己取得的成绩

学习中取得了成绩，心情喜悦和高兴，这是可以理解的，但要注意不在同学面前自吹炫耀。过多地谈论自己的成绩，就会使同学感到你有抬高、显示自己，轻视或贬低他的感觉，要懂得，自吹自擂并不能获得别人的夸赞。

（4）不在同学间搬弄是非

和同学相处，不搬弄是非，这一点也是很重要的。有同学喜欢搬弄是非，传播小道消息，有的还有诽谤中伤同学的坏习惯，这些都不利于同学之间的团结。因此，我们要谨言慎行，防止“口腔疾病”的传播。

“学会做人”是一个值得每个人研究一辈子的大课题，青年学生涉世未深，许多东西一时难以理解，这更需要在生活中慢慢体会和用心揣摩。

二、人际交往的禁忌

1. 指责和批评是人际关系的大敌

发现别人的长处和优点及时地真诚地赞美他人是人际交往的法宝。反之，指责和批评他人是人际关系的大敌。

我们许多人因为自尊、敏感，因为时间、背景、场合的不同都害怕受到别人的指责和批评。如果你希望你身边的朋友认识并且改正错误，你能采用的最愚蠢的方式，就是对他的过失大加指责。然而不幸的是，这种最愚蠢的方式，恰恰是人们最常用的方式。用这种方式，不能达到你所期望的效果，还有可能使你们的关系闹僵。请记住，即使是最好的朋友，也不要开口指责他人。作为诤友，也要善意规劝朋友，说话要异常婉转，决不能伤了对方自尊。心理学家史基诺通过大量的动物实验，得出如下结论：因为好行为而受到奖赏的动物，学习的速度更快，学习效果会更好，因为坏行为而受到处罚的动物，学习效果都比较差。这个原则在人身上也同样适用。批评不但不会使错误改变，反而会招致怨恨。好友犯了不可饶恕的错误，实在要批评他，怎么办？规过于密室，当面独自交心。方法要得当，态度要诚恳，要与人为善。

2. 得理不饶人不利于人际交往

人与人相处，总是难免会发生一些矛盾和纠纷。这本很正常。但我们有些人，爱和人争辩、喜欢挑是非、喜欢争强好胜，没理也要强词夺理，争个输赢论个长短。若是自己有理则更是咄咄逼人，一定要讨个说法，绝不轻饶对方。其实这种得理不饶人的做法是不利于人际交往的。许多人出于自尊，输了理也心服口不服，不愿当面道歉。因为你在占理的情况下步步紧逼，老想让对方服你，这很容易激发对方的抵触心理，对方甚至会以同样的方式对你。一旦撕破脸面，矛盾就会激化。反之，若是你得理又饶人，你的宽容和大度说不定能感化对方，使你们的关系真的融洽起来。许多人交往从“不打不相识”开始，以成为好朋友告终。这期间往往是有一方宽容忍让，得理也饶人而促成的。

3. 直言直语易伤人自尊

小张是一家公司的中级职员，大家公认他心地“好”、能力强，可在公司一直升不了职，朋友也并不多，不但下班没有“应酬”，在公司里也常独来独往，好像并不太受同事欢迎。为什么呢？只因小张有一个不好的毛病：为人心直口快、直言直语、得罪了太多的人，大家都不愿意跟他交往。

人就是有这样的劣根性。都说做人要大度、要听得进批评意见，可就是在实际工作中听不得“直言直语”。对许多人而言，直言指陈其处事的不当，或纠正其性格的弱点，这不会被认作“爱之深，责之切”，而会被看作和他过不去，是“典型的抬高自己，打击别人”。而且，你的直言直语也不会产生多少实效，因为每个人都有一个“内心的堡垒”，“自我”便躲藏在里面，你的直言直语恰好把他内心的堡垒攻破了，让他的“自尊”受到了伤害，他当然不喜欢你，甚至害怕你，讨厌你。

很多直言直语的人，总认为自己是非分明、善恶分明、美丑分明，具有“正义倾向”性，批评人时往往言语的爆发力和杀伤力很强，批评人时只考虑到自己的“不吐不快”而不去考虑批评场合，不考虑旁人的立场、观念、性格。鞭辟入里的“直言直语”因为直指核心，让当事人不得不启动自我防卫系统，若其招架不住，恐怕从此就对你怀恨在心了。“直言直语”的人，人称“大炮筒”，这种人容易被别有用心的人利用，你“直言”别人，结果你必成为别人的眼中钉，是排名第一的报复对象。

4. 揭别人的伤疤和隐私，绝对的大恶

每个人都犯过错，每个人都有隐私，每个人都有伤疤。罗曼·罗兰说：“每个人的心底，都有一座埋葬记忆的小岛，永不向人打开。”马克·吐温说：“每个人像一轮明月地呈现光明的一面，但另有黑暗的一面从来不给别人看到。”“埋葬记忆的小岛”、“黑暗的一面”就是人的伤疤和隐私。

朋友之间是应该坦诚相见推心置腹，但在隐私问题上，这一道理是行不通的。在隐私世界中，一般总有些令人不快、痛苦、羞愧的事情，比如恋爱的破裂、女子的受骗失身、不小心加入黑社会、有过当小偷的不光彩的行为、当过第三者、做过三陪女、与他人有不正当关系等。我们有些人就好打听别人的隐私，津津乐道，以此为快。有的同学好翻朋友的抽屉，乱拆朋友的信件，擅自翻同学的日记。

如果你无意中知道了朋友的隐私，最好把它从记忆中抹掉，至少要守口如瓶，永不泄露。谈论朋友的隐私，撕开朋友的伤疤，只能使朋友尴尬、不快、饱尝痛苦和羞愧。不要搬弄是非，为小人提供中伤、打击、散布流言蜚语的材料。更不能到处宣扬，或以此要挟朋友。就算两人关系很僵了，矛盾很大了，也决不可揭人隐私。矛盾是朋友之间的矛盾。你若揭人伤疤说了他人非常忌讳的隐私，撕破了脸皮，则你们的矛盾往往成了“敌我 ”之间的矛盾，这是人际交往的大忌。

5. 嘲笑他人，不得人心

我们许多人因自己的一点优势，就瞧不起他人，喜欢嘲笑他人，讽刺别人，揭别人的短处，冷言冷语，百般挑剔，这也是人际关系的大忌。我们说笑人即是笑己，厚道获得人心。

以前有一个秃子，一天他出门在外，住进一家小店，对面住了一个麻子。月光照在麻子的脸上，秃子越看越有趣，就忍不住吟出一首嘲笑麻子的宝塔诗：

脸
天排
糯米筛
雨洒尘埃
新鞋印泥印
石榴皮翻过来
豌豆堆里坐起来

秃子把麻子骂个痛快，有些得意忘形，就对麻子说："老兄，你也能从一个字吟到七个字吗？"

麻子说："你吟罢了，我再模仿便没有味道，我从七个字吟到一个字如何？"麻子也吟出一首诗：

一轮明月照九州
西瓜葫芦绣球
不用梳和篦
虫虱难留
光不溜
净肉
球

秃子一听羞得满脸通红，再也说不出话来。戏弄别人，却被他人嘲笑，这便是嘲笑他人的下场。

上面当然是一个故事。为什么笑人即笑己，因为人无完人，都有自己的缺点，你不尊重他人，他人也就不尊重你。因此嘲笑他人是人际交往的大忌。做人要厚道，看到别人的缺点、缺陷和不足，可以规劝、同情，但决不可嘲笑、讥讽。卡耐基警告人们："要比别人聪明，却不要告诉别人你比他聪明。"这告诉人们，任何自作聪明的批评都会招致别人的厌烦和怨恨，而缺乏感情的责怪和抱怨更有损于人际关系的发展。

三、人际交往策略

1. 以信心十足的面孔出现

无论何时何地，无论在什么人面前，你都应该“以信心十足的面孔出现”，这是赢得他人信任、尊重及广交益友不可缺少的谋略。

如果你在他人面前经常表现出怯懦、软弱、卑微或忧虑、心神不定等，别人就无法相信你。因为你本身对事业、生活就缺乏信心和勇气，谁又能相信你，同你建立更深层友谊呢？事业、生活本身充满着矛盾，只要干事业，只要生存于人类社会，就无可避免地会遇到各种矛盾。同样是生活在矛盾之中，你为什么就这样缺乏信心、勇气呢？你自己表现出你是生活的弱者，怎么还能指望别人信赖你呢？

如果你在他人面前经常表现出急躁、暴怒、忍无可忍或无可奈何，就会给别人留下你缺乏知识、经验和智慧不足及性格修养欠缺等不良印象，这同样无法赢得他人的信赖。人活在世上，就是要去克服战胜一个又一个困难。品性优良、有聪明才智的人都能笑迎困难，能怀着愉悦自信的心情和态度去战胜面前的困难。急躁、暴怒及忍无可忍，无可奈何的表情，都说明了你才智平庸，品性修养不好，这样，就没人信赖你。

但是话说回来，只要是人不是神，就都有七情六欲；当遇到一些使人气愤、恼怒的事，不可能一丝也不往心里去，相反，都可能会有些异样的表现。所以我们并不强求每个人都去做十全十美的强者圣人。主张运用这一谋略的要旨是，尽量克制自己的不良情感，努力给他人留下最佳印象。这种最佳印象表现为有风度、有气质，声音洪亮，言语谦恭有礼、举止大方得体。

每当你想到这一谋略将给你带来的利益，你就一定会尽快地放弃和忘却不良情绪。当你信心十足地与他人交往时，就真的会冲淡、削减不良情感。有时不良情感会被“挤兑”得无影无踪。

2. 重视每一个初识的陌生人

思想感情相一致，情投趣合，有共同语言的朋友及业务上能相互帮助的朋友，并非只有在身边的熟人中才能找到，许多时候，邂逅相逢，同样可交上好朋友。

许多姻缘都是通过邂逅相结合的，朋友的结交，更可通过邂逅实现。

所以，无论你在火车、轮船、飞机上，还是在旅馆候车室中，还是在音乐歌友会上，博览会上，旅游途中，都应当去“重视每一个初识的陌生人”。当然，由于好人坏人掺杂难辨，交往应当谨慎行事，以防被坏人所用。

正确的交往方式应当是：热情而有礼貌，相助而互通信息。你很热情而有礼貌地对待他人，如果对方是个有道德、有修养的人，也会以同样的方式回敬于你。你热心为对方做事，哪怕打一杯开水，对方如果是个喜欢结交的义气之人，也会积极相助于你。你主动与对方攀谈，将信息不断输出给对方，对方也会将信息输出给你。这样，彼此间便会很快相互了解，进而建立初步的友谊。

如果你表现得热情而礼貌，积极相助于他，并主动与其交谈，而不能得到对方的回报，这也不会受到什么损失，只能进一步培养你优良的品质。在交往、交谈中，你会很快了解到对方的气质、性格及人品，还会了解其学识、才能及志向，在此基础上你再决定是否与之建立朋友式的联系。只要你方法得当，即使一个小时的交往，也会了解个大概。但也不排除有的人将自己伪装得使陌生人难以看透。这毕竟是极少数。即使这样的人，也并非一点破绽也没有，只要善于察言观色，伪装再巧妙，终能觉察一些真情的。

总之，从邂逅的人中寻找朋友，这是交际中不可不用的交际谋略。

3. 男人对女人交往要留一半

男女交往是人际交往中的半壁江山。上帝造了亚当、夏娃这一男一女，给了我们无穷启示。男女之事，一阳一阴，一刚一柔。俗话说，男女搭配，干活不累。这些男女互补，特别是异性相吸引，此乃人之大欲。因此经营人脉关系，其中最重要最有效的就是经营好男女性之间的朋友关系。许多人感慨，自己事业的成功，虽然得力于哥们几个，但关键时刻，更得力于过去的红颜知己、女性朋友。这是因为男女交往除了利益上的利害关系，还融合了更多的个人情感。而女人，特别是一个高尚、贤淑的女人，情感更细腻、更真诚、更持久，一个男人若是有几个难得的红颜知己，则此生幸福矣。反之，一个女人，若有几位男士是自己的铁哥们，喊得应，叫得动，则更是幸运人生，富裕人生。

然而，男女的交往却有其特别的谋略，不管你们是同乡、大学同学，还是战友，要倾心交结之，就要像恋爱一样，就要像找情人一样讲究交往的方法、技巧和谋略。这里单讲一条，男人对女人要留一半。

男人与女人初次接触，千万不要热情过度。第一次接触就十分热情、周到，一方面易使对方产生误解，如误认为你是在献殷勤而有所图，另一方面可能会给她留下“此人是专爱讨女人喜欢的无能之辈”的不良印象。这些都不利于你们的进一步交往。

正确的做法是：露一半留一半。

不论是热情礼貌，还是才华，既不能尽情地去表露，又不能完全含而不露，要恰到好处地露一半。如言行举止热情而不殷勤，礼貌而不讨好，说话不多不少，要表露才华但不显示才华，要介绍自己但保守部分秘密。

这样，女性就会对你产生或强或弱的神秘感，进而使你在她的心中更具有魅力。人是一种心理奇特的思维动物，对所有人的秘密都充满好奇心，都有揭开秘密的强烈愿望，女人表现得尤为突出。所以你的留一半正是吸引女人的最好谋略。

露出一半一定要想方设法表现出与众不同，只有表现出自己的才华，才能使留下的一半充满神秘和魅力。当你在女人那里有了神秘感和魅力时，无论你想去与之结交为朋友，还是想达成协议都将不费吹灰之力，所以，无论你是什么目的，先不要直接进入主题，运用这一谋略进行一番出色的表演，便可达到你预期的目的。

这可不同于欺骗，是不违道德的交际谋略。

4. 假信真疑

在与各种人交往时，完全听信他人，易上当受骗。对他人的话总是用疑问的眼光去扫描，易使人感觉你的不信任，一方面会使许多诚心诚意与你交往或与你说真话的人受到冤枉，进而疏远你，使你失去一个又一个结交益友的机会，另一方面易得罪那些虚伪的说假话之人。你的公开怀疑，将给人一个“目中无人”“吹毛求疵”“不相信人的印象”。这样一来，你将陷于孤立的深渊之中，因为你的态度、目光，无视、怀疑了他们。

那么到底怎样跟别人交谈，以怎样的态度去倾听别人的谈话呢？请你运用“假信真疑”的谋略，即表面看去，你在认真倾听，你是完全信任对方，但实际上你并不全信，你在怀疑。常言道，对他人之语，不可不信，也不可全信。这意思再明显不过，凡事要经过大脑的思考、辨别，不应盲从。

无论对谁的话，你都应耐心地听、专心致志地听，即使有些话不能使你相信，也不表露出怀疑的态度。如果当时你就能够对真假对错辨别得十分清楚，做到心中有数即可。如果当时分辨不出，那么，就该在过后，用逻辑推理、调查研究、请教他人等方法去伪存真。这样既不会冤枉好人，又不会得罪他人，还能保证不上当受骗，这怎能不说是条上好的计谋呢？

但是，对待朋友及长期共事、彼此了解的同事，就不一定采用这一谋略。这应视具体情况而定。这种谋略主要用于初交或交往不多彼此了解不多的人，或用于喜欢说点假话、谎话，喜欢吹牛的同事、朋友。这与坦诚待人、光明磊落等优秀品质并不矛盾；坦诚、磊落不能在所有场合都直露于外。外交策略，无论哪一级，无论什么人都应讲究，没有必要的外交谋略，必将失利。

四、经营整合人脉关系的不传秘诀

1. 时空规律

亲者近，疏者远。反之亦然，近者亲，远者疏。你要和谁搞好关系，除了上述所有的交际要点需要掌握外，还有最重要的一条不传秘诀——人际交往的时空规律。人际的亲疏主要看时空规律。凡经常在一起同吃同住、同学（学习）、同乐、同事（干同一件事情）的人，关系最为亲密。以男女谈恋爱为例。俗话说：“情人只会投入身边人的怀抱。”即所谓近水楼台先得月。一个女人同时与两个人产生恋情关系，但A在另一个城市那边有千里之遥，但B却就在同一个城市甚至同一个单位。这个女人往往嫁给了后者。为什么？时空规律在起作用。身边的男人有时间、有精力、有机会与她在一起（空间）。交往频率越多，呆在一起的时间越长，两人的友情恋情越深。两人交往空间越小，空间越私密，两人的感情越深。

一位学生大学毕业（读高中时是我的学生）想留校任教，班上优秀生不在少数，请教我怎么办。我问谁对留校任教有发言权。他说某教授（他是学院副院长）。某教授对他的学习和前途很重要，要与教授关系融洽，怎么办？我告之时空规律，尽量多地和教授在一起。教授上课赶快去听。下课马上与教授交流，向他请教。教授在礼堂作演讲赶快去听，给他热烈鼓掌。教授在图书馆看书，你赶快去，与他邻座不远，给他递秋波传眼色，表达善意。教授在家里，赶快去拜访，让他传经论道。教授在家里，把他请出来偶尔去“声色一番”，陪他跳个舞（近距离），给他的美声唱法鼓个掌。教授上街，赶快去上街，与他“邂逅”在街头，请他到酒吧，吃顿便餐。春天来了，踏青的队伍，不要少了教授。教授与你“熟了”，顺便送给他家乡土特产，不算行贿。“融洽”了，关系好了，教授就会更为关心你的学习，尽量给予你帮助。

果然，在研究决定谁留校任教和保研时，某教授一锤定音，我那位学生终于留校任教了。

2. 倍增规律

人生要获得巨大成功，单靠自己一个人的力量是万万不够的。俗话说，出外靠朋友，我们要“把一切人当成自己的援手”，因为“人脉就是钱脉”。因此，我们必须积极主动，想方设法去结交所有的朋友。这其中有一些人因为其背景、能力的关系，我们更应倾心结交、用尽心思结交，因为他们是自己一生事业的“贵人”。我们要用心结交贵人，倍增人脉关系。

我有一位同学，现在已是路桥建筑一行的亿万富豪。当年大学毕业，他是学桥梁建筑的，加入了第一批闯深圳人群之列。到深圳后，我这位同学发现，自己一穷二白，白手闯天下，孤掌难鸣，没资金、没项目、没人才，没自己的公司，纵有天大的抱负，也难展其才，也难有大的作为。于是他先应聘在一个老板手下打工，搞的是路桥设计兼办公室一类工作。

老板有一位千金，漂亮非凡，大学刚刚毕业，也被安排在办公室工作。由于她父亲及其家族的富有，很多人都拜倒在她的石榴裙下。她的大学同学有许多是高级干部的公子哥儿，有许多是富豪的后代，都是车进车出的对她迎来送往。我的这位同学虽然也是一表人才，但总感到地位悬殊、“财”气不足，一直对这位千金小姐暗恋而已。但是他发现这位千金小姐确实才气过人，又端庄贤淑，加之她的家庭背景，更是不可多得，若是抱得美人归，则一通百通，一顺万顺，因此他觉得那个女人一定是他一生中的贵人，也是她最好的妻子，更让他对她的感情升级。

除了工作上做得更好，让她的父亲欣赏外，他采取的办法就是尽量多地与她在一起，但只是为了工作。殷情恭维做得恰如其分，态度不卑不亢，并不像其他人一样肉麻地吹捧她。只用微笑、表情、眼神等表示对她的欣赏，平时连跟她说话也不多。为更多地与她在一起，他还学会了开车，成了她的义务司机兼保镖。然而，他的竞争对手个个不是等闲之辈。于是他和他的几个哥们策划了一场特殊的“邂逅”——“英雄救美”。这是一个老得不能再老的笑掉牙的故事。美女正遭到别人“调戏”、“胁迫”的时候，这位“英雄”及时出现在美人面前，力敌多人，尽显了他的“少林功夫”和“英雄本色”。故事编排得惊心动魄，我的这位同学脑袋挨了拳头起了肿包，屁股受了刀伤，鲜血直流。然而当她把他从医院接出来的时候，他们已经亲密得如同一人，不久他们举行了婚礼。原来一个为了女人连命都不要的男人，最容易获得女子的爱情。

我的这位同学有了这位娇妻，便有了自己的公司，有了岳父的关系，政府、工商、税务、银行、企业等一路闯关，项目一个接一个，钱也由百万赚到千万，由千万赚到亿万。

3. 助人原则

点头之交，不算朋友。同学、同乡、战友，也只是一般朋友，真正起作用，能施以援手的是知心姐妹铁杆兄弟。交朋友要有三分投缘、三分真诚、三分侠气。朋友经济有困难、朋友遭到他人围攻、朋友遭到突然变故要挺身而出，哪怕两肋插刀，也在所不惜。这种侠义之气，总能感动人心，让人铭记一生。

有一位姓姜的人，自己并没有什么特殊的本事，能力也一般般，但却做到一个大集团公司的副老总兼人事主管，年薪近百万。许多人都不解，老板为什么对这么平庸的一个人委以重任，并高薪聘用。原来这位副总是老板的大学同学。读大学时，老板出身贫寒家里经济条件非常差，常常缺钱花，而他的这位同学家在江浙一带，父母早年经商家境较为殷实，是当地最早的万元户。这位同学学习成绩并不好，各项能力也差，但有一点好，为人仗义，家里寄来的钱，两人各用一半，有时还多给一些他。你不要认为这位同学一无是处，他其实挺有眼光，他发现了他的这位同伴，学习优秀，有领袖气质，有组织才能，是班上最优秀的同学，他倾心交结了这位“贵人”，与他义结金兰拜了把子，成为最好的“兄弟”。大学毕业后，他的这位同学留校任教，三年后，毅然辞职下海，干的是太阳能电器的研发和营销一行，资金流动困难时，又是姜姓同学找家里借贷，倾其所有帮助老总渡过企业困难期。滴水之恩，当涌泉相报是中国人知恩图报的传统，加之，姜姓同学生性敦厚、勤恳踏实、办事令人放心。老板聘请姜姓同学当副总当然是理所当然的事情了。

4. 诚信原则

你要维护巩固自己的人脉资源，让别人继续跟你保持良好的合作关系，继续给予你支持、信赖和帮助，其中一个重要原则是你必须坚持诚信原则，建立“言必信，行必果”的守信用形象。

一个国家要图强变法，必须取信于民。

战国时期应秦孝公求贤令入秦的商鞅要变法图强，颁布新的法令和政策之前，为了取信于民，把一根木头放在城市东门，出告示说谁把这根木头从东门搬到西门，奖黄金50两，众人都觉得不可思议，皆不相信。其中有一个人壮着胆子把木头从东门扛到了西门，商鞅真的命人送上50两黄金给他，并举行隆重的赠金仪式让他领奖，同时宣布政府今后做所有的事情都一诺千金，说到做到，鼓励大家垦荒屯田，做得好的有奖，鼓励大家当兵上前线征战，打破世袭制，只要有军功，就奖励就提拔当将军。这样一来，秦国百姓都相信商鞅说的是真话，纷纷按他颁布的政令去做。秦国于是国富、民强、兵壮，为秦统一中国奠定了良好的物质基础和军事准备。

一个人要获得朋友、同事、亲戚的支持和援助，同样必须讲求信誉。孔子说，人无信不立。说明信誉是人的立身之本。一个说假话、说空话、说大话，说话不算数，说十句听不得一句，说一句要打八九分折扣的人，在朋友之间是没有信用的。一旦失去了别人的信任，当别人认定你是一个不可信任的人的话，那是你人生最大的悲哀。从此你将没有一个真正的朋友，没有人愿意帮助你，也没有人敢帮助你。

小孩在山上放羊，突然在山上大喊："狼来了，狼来了。"山下耕田的农民连忙放下手上的工作，拿起锄头、扁担上山帮小孩去驱赶狼群。可上山一看，根本没有什么狼，小孩正哈哈大笑。农民批评小孩一顿后都下山去了。过了一会儿，小孩觉得好玩，又在山上大喊："狼来了，狼来了。"农民们又拿着锄头、扁担上山去驱赶狼群，结果又没有见到狼群，便都很生气地下山去了。过了不久，山上再一次传来小孩"狼来了，狼来了，狼真的来了"的声音，可是这一次再也没有一个人上山去了。这一次狼群真的来了，任凭小孩怎么哭叫呼救，却再也没有一个农民上山来帮他驱赶狼群了，这个小孩也就被狼活活地吃掉了。

这个故事小时候便在我心里留下深深的记忆，曾经震撼我的心灵。小时候，妈妈给我讲这个故事的时候，只说不能讲假话，不能说谎话，不能欺骗人，欺骗人就会害人害己。

为什么说假话、谎话，就会害得小孩送了命呢？因为说假话、说谎话就是没有讲真话，不讲真话，就是欺骗人，欺骗人就在他人面前失去了信用，失去了信用，他说的话就没有人相信了。

在我们国家，社会经济发展正在逐步向市场经济、法治经济过渡，这种社会形态有一个最大的特点，就是要求公民讲求信用，不弄虚作假，公平竞争，遵纪守法，应交的税收要如实上交，在银行贷了款要按规定还上，要尊重知识产权和专利，商人与商人之间、企业与企业之间要讲究商业信誉，可是，遗憾得很，我们有的是偷税漏税，有的是做假账，有的是坑蒙拐骗，有的是造假产品、冒牌货，等等。我们许多人道德滑坡，不讲信用，到了非常严重的地步。

一个留美博士，说了自己在美国的见闻，说在美国汽车加油也无人监管，是自己加油自己付账，现场根本没有人员监督。为了环保，美国政府鼓励市民停用自己的小汽车，坐公交车，如果一月坐公交车40次，政府就有很高的奖励，每次只要到指定网站去填报坐车次数就可领取可观奖励。我们开玩笑说，那每个月填假数字不就每月都可领奖了。博士说，信誉是美国公民最核心的价值观念之一，犯其他错误可饶恕，一旦失去信誉就无地自容，寸步难行。你每次填报虚假数字，只要调查部门跟踪调查你的作假行为，你就是信用扫地，在银行、在企业、在公务行政等一切范畴内你将被登上信用黑名单，你将在银行贷不到一分钱，在政府、在企业找不到工作，这个代价太大了，所以谁也不去做这个没信用的事。

相反，一个人如果讲求信用，则能得到大家的信任和拥戴。一个人受人信任和拥戴了，做什么事也就能获得大家的支持了。

在生意场上更是如此，要想获得朋友的帮助和支持，最重要的莫过于取得他人的信任了。

我有一个朋友是经商的，小本生意，并不很大，但为人极讲究信誉，每次借贷总是按时还贷款从不拖欠。一次为了货物周转向我的另一位同学借了10万元钱，天有不测风云，人有旦夕祸福。一次意外车祸，自己的运货车撞伤了人，赔款五六万，加之生意萧条，货物积压严重，眼看到期不能还款，他很着急，一边向同学解释，一边降价走货，宁愿失利也不肯失信，一边准备将自己的住房卖掉，如果一时卖不掉，还准备上医院卖血还款。

他妻子将丈夫要卖血还款的事情告知同学，同学深为感动，说自己并不那么急要钱，不至于要卖房卖血。后来那位同学知道自己妻子向同学反映了情况还跟她大吵了一架，说："说到做到，有借有还，再借不难。今天这个理由，明天那个理由，岂不可以赖着不还？我有困难，还了可以再借，但不能不还。"说着真的上医院去卖血。妻子被感动，流着眼泪要一起去卖血。丈夫说，借钱的是我，还债的也应是我，我经营无方，你尽了力，不关你的事。坚持只让自己输血。直至昏死过去。

妻子的长辈们听说了这事都异常感动，都去帮他凑钱。凑足10万元后，如期赶到长沙，交付欠款。长沙的同学收了欠款，立马又借了他10万元，连欠条都不要他写。同学感慨地说："兄弟啊，你的名字就是你的信用。今后有什么困难，一个电话，老弟一定帮你送来。"

5. 用心结交、交心为上的原则

用心结交人、尽心笼络人，是结识人才、交际朋友的秘诀。看一看刘备三顾茅庐的故事，我们就知道什么叫用心结交人。

刘备投靠刘表驻军新野，痛感自己智术短浅，征战多年，竟无立足之地，于是向司马德操、徐庶打听贤能之士，希望有能人出山辅佐自己。他俩一致推举南阳诸葛卧龙先生，说他有经天纬地之才，可助皇叔匡扶汉室，遂有三顾茅庐请孔明的故事。

第一次与关羽、张飞一块去，结果只碰到他的几个朋友在唱歌，到了草庐，书童说先生外出野游未归。第二次去时，正值下雪，兄弟三人，不避风雪，只听得室内有人一边纵酒，一边高谈阔论。然而仍不见孔明。第三次去时，三弟张飞生气了，说，一请不见二请不见，哥哥何必硬要三次亲自拜见。不必大哥亲往，等老弟拿根绳子把那厮捆绑来算了。刘备连忙严词斥责。及至草庐，书童通报说，先生这回在家，不过正在午睡休息，问要不要叫醒。刘备连忙嘘声制止，立于门外，等候诸葛醒来。过了许久，诸葛亮睡醒，刘备方才拜访，宾主畅谈甚欢，刘备直言自己智术短浅，每每受挫，虽有匡复汉室之心，然至今仍无立足之地，恳请孔明先生出山辅助自己。

诸葛孔明被刘备三顾之情所感动，“遂许先帝以驱驰”，当即献“隆中对”向刘备指出东联孙权北拒曹操，经略荆州，夺取益州作为根据地，形成三国割据鼎立之势，然后北进长安，复兴汉室指日可待。刘备闻言大喜，拜孔明为军师，节制各部军马。刘备得孔明如鱼得水，后连年征战终于称帝西蜀。

刘备三请诸葛可谓用心结交人的典范。何谓用心结交？用心交结人有三个要点：第一是诚心，第二是有心，第三是交心。

用心结交人，首先要诚心待人。因其诚心，所以不是派人去下命令叫诸葛来，也不是叫人去游说请他下山，更不是像张飞说的，索性拿绳子捆绑来。刘备三顾茅庐，一顾不见二顾，二顾不见三顾，每次都是亲自去拜访，第三次见面时更是执礼甚恭，在外等候诸葛醒来再见面，见面后又虚心请教恳请出山。作为皇叔，刘备地位不可谓不尊隆，这样，还礼贤下士，诚心拜谒，怎么不感动诸葛孔明这年方27岁的年轻人。刘备一生以诚心待孔明，换得孔明以忠心报效刘家，鞠躬尽瘁，死而后已。

用心结交人，有一个前提是有心结交人。何谓有心结交人？有心结交人，是指能看到自己的不足，真心希望结交道德胜过自己、能力超过自己的人一起开创事业。我们结交人，要善于集人之长，补己不足，借人之力，助己发展，在人际交往上做个有心人。那么到底有心结交谁呢？说来惭愧，我们要倾心结交有权有势，有家庭背景的人；我们要倾心结交财力雄厚、富甲一方，有经济背景的人；我们要倾心结交学术泰斗、理论权威，有学术背景的人；我们要倾心结交能言善辩，精通律法，有司法背景的人；我们要倾心结交，影视明星，有交际背景的人。总之，我们要倾心结交各种有用人才，为我所用，方能成其大事。战国时期，孟尝君、春申君都养士上千，各自门下，奇能异士不少，故能成其大事。

用心结交人的第三个含义，是交心为上，什么叫交心为上？交心为上，就是指交一个人要以交到这个人的心为上策。这里的心是共同的价值观、道德观，共同的责任感、使命感。诸葛亮为什么愿意出山辅佐刘备？除了君示臣以义，臣待君以忠的封建忠义思想以外，还在于刘备、孔明乃是神交已久的人，他们都有匡扶汉室、结束动乱，济世爱民的宏愿，都想尽自己的才能，做一番惊天动地的大事业。反之，如果刘备请孔明出山，参加一个抢劫团伙，要他当军师，指挥杀人越货，你说孔明会不会出山？肯定不会出山。因为济世之才，只会把自己的本事授予有为之君。正因为他们君臣有共同的“心事”，所以才有刘备与诸葛的故事。一般地说，物以类聚，人以群分。正直善良的人与正直善良的人一拍即合，胸怀抱负、积极向上的人与素有大志、志坚意毅的人容易成为知己；为人豪爽，好善乐施之辈，与为人侠义，锄强扶弱的人更易走到一起。

因此，有共同志向、共同抱负者同心，有共同主义、共同价值观、共同责任感、共同使命感的人同心。因为有共同心志，故容易交心。

交心更普遍意义上是指交结其心。这就要洞悉人心，知道他人的“心”到底要什么。如有人能力较差，办事不力，经常受到别人的讥讽、嘲笑，甚至侮辱，但是你知道他、了解他，不责怪他，还表扬他已经尽力了，在别人嘲笑他时，你维护他、帮助他，并严厉批评别人。这样你维护了他的自尊，帮了他的忙，你就交到了他的心。说不定什么时候，他会想办法报答你。如有人出身贫苦、经济压力比较大，急需人帮助，在他急难之际，人家皆袖手旁观，你若借钱给他，或自己没钱发动大家借钱给他渡过了难关。你就交到了他的心。说不定什么时候，你找上他帮忙，那时候他也会想办法帮助你，报答你。如有人生意上遇到难题，茫然无解，束手无策，深陷困境，一些人冷眼旁观，一些人墙倒众人推，做落井下石之事，这时你主动上门为他献计献策，为他穿针引线，为他铺路搭桥，最后让他走出困境，咸鱼翻身。这样你就交到了他的心，日后他会想办法帮助你报答你。

总之，从精神上、财力上、智力上帮助他人，急人所急，解人所难，他人就会从内心感激你，进而转化为对你的信任、尊重和热爱，这样你一定能交到他的心。只有交到了他的心，让他动心动情动容，你们才算是知心朋友、交心朋友，这个朋友才算得上真正的有用的"人脉资源"。

6. 宽以待人原则

我有一位好朋友，在县政府上班，做的是县长秘书、秘书科长，负责给县长写报告，负责政府系统重要文件的制订和签发，是个能人，算是个才子了。可是其仕途并不畅通，人缘关系也并不好。问我是什么缘故，我说："水至清则无鱼，人至察则无友。"你一双火眼金睛，看到县长大人也不过是个民办教师出身，你的同事，什么政工股长、机要员、打字员、小车司机都是靠关系进来的，一没文凭，二没水平。跟你拿一样工资，你看不顺眼，瞧不起他们，看到的是他们的缺点，你虽没明讲，但你的眼神、态度都写在脸上。你不喜欢他们，你不宽容他们，他们怎么喜欢你、抬举你？人有人的难处，是人都有缺点，你不能宽待他们，所以他们也瞧不起你。他们也要生活、要生存，他们干他们的事，干好就行。你要宽待他们。"

"宽以待人"既是人的一种美德，又是为人处世结交人际关系，维护人脉关系的一种谋略。只有忍让、宽容他人的过错，甚至是严重的过错，才能得到他人的忍让和宽容，甚至感恩和报答，才能广交益友，才能有力维护好良好的人脉关系。封建社会权臣驾驭人的一个重要方法就是保护犯过错误的、有罪的官僚，借此收买人心，纳为死党，为己私用。这动机当然不可取，但其驱人用人的方略却不能说不高明。我们说，就是要善于与有缺点的人打交道。他们的缺点正是你与他交好关系的突破口。

如果你投身工商界，更应讲究“宽以待人”。自古有这样的俗语：“和气生财。”这和气就包含着宽容，没有宽容哪有和气？在买卖之中哪能全与道德高尚的人打交道？正相反，要与社会上的三教九流发生利益关系，因此就无可避免地会遇上各种“不讲理”的事，如果不能宽容，就要天天与人吵嘴打架，那生意还怎么做？还有什么信誉、“回头客”可言？虽然人类已进入文明生活社会，但人的道德水准及脾性仍然千差万别。在利益交往中，仍然会出现一些为己利而失仁义的事。如果在生意中，不去运用“宽以待人”的谋略，是无法与各色人类相处好的。

“瓜甜蒂苦，金无足赤，人无完人”，任何人都会有缺点、错误和不足，你没必要去寻找十全十美的完人交往，而应善于与各种有缺点、毛病的人交往，他人的缺点正是你与他处好关系的突破口。你应多宽容他们的缺点，并应努力发扬他们的长处。这样才能得到更多的朋友，你的事业才能得到众人的支持。

相传，楚庄王设宴款待群臣。突然一阵大风把蜡烛吹灭了。黑暗中一臣子拽住了楚王宠姬的衣袖，她一气之下拉断了那人的冠缨。她要求楚王点上蜡烛查明。楚庄王说：“怎么能为了显示妇人的贞节而使士人受到污辱呢？”于是他说：“今晚玩得开心，为了尽兴，请各位大臣扯断冠缨，纵情欢乐。这才更有趣。”

那个调戏宠姬的武将非常感谢楚庄王，一直想报答他。一次楚庄王领军出战，遭敌包围，已到山穷水尽，正处危急万分之际，只见一武将横冲直撞，拼死搏杀，豁出性命赶来救驾。战后楚庄王要重赏此将，武将双腿跪地而拜，说自己正是当年被宠姬扯断冠缨的武将，感楚王不杀之恩，故而冒死相救，不图楚王奖赏，只图有机会报恩于楚王。

试想，当时楚庄王如果不容他，对他加以惩处，会有什么益处呢？所谓的益处只能让众臣知道谁也别想占他宠姬的便宜。这又有什么用呢？所保护的是于己于国家都无益的私宠，而失去的却是众臣的信任。为了自己的宠姬就惩治臣子，这不是重姬轻臣吗？反之，宽恕了武将一时“好色”的过错，才留下一名忠勇的将军。

我们应当学习楚庄王的做法，在交往中，无论他人有怎么的“个性”怎样的“毛病”，都应在忍耐的同时去加以适应和宽恕。有些时候，乍一看是难以忍耐的，但只要你忍耐一下，就觉得不那么难了，甚至很适应。

在交往过程中，他人出现过错，如果只是因一时的疏忽无意过错，你应完全原谅。有意的过错，只要不是原则错误，也应当在阻止的同时给以谅解。

一般来说，常人有了过错都会产生罪过感，这时如果你谅解他，他会从内心生出感激之情，进而转化成对你的信任、尊重和热爱，这就是友谊的基础。你就最容易交下这个朋友。楚庄王只是略施这一谋略，就赢得了一个心甘情愿为他去死的忠臣。

总的来说，以和为贵的原则要经过妥协、化解、承担、受过四个过程。

7. 增加自己的能量和美誉度

人与人的交往是有目的的。人际交往的内在法则是互利互惠，借由人脉的整合，不断增强自己的生命能量，以帮助自己的事业发展。

处在生理和生存需要层次的人，与人交往的主要目的是为了满足生理或生存需要，如有的同学希望在经济困难时获得别人的帮助。

处在安全和安稳需求层次的人，与人交往的主要目的是为了满足生活或工作的安稳，如某同学父母是大企业总裁，她的同桌倾心结交她，是希望通过她进入她父亲所在的大企业上班，好有一份安逸稳定的好工作。

处在被认同接纳、被重视、被欣赏要求层次的人，与人交往的主要目的是为了获得权威的、更多人的赞美、重视，如超级女声比赛的歌手，她们希望她们的同学、老师、亲人、粉丝给她们赞扬、荣誉、投票，希望她们熟识的、认可的权威评委重视她、赞美她。

处在自我实现需求层次的人，与人交往的主要目的是为了有助于自身潜力的发挥；处在真我实现需求层次的人，与人交往的主要目的是为了纯粹地帮助别人和爱护别人。

根据上面的价值需求学说，可以知道，人与人交往除了“真我”层次的人是无私地帮助别人、爱护别人以外，较低层次的人，与他人交往时是带有明显目的的，因此，有一些人是为了权势、钱财与你交朋友；有一些人是为了事业发展与你交朋友；有些人是为了共同的思想观念、价值观念而和你交朋友；有些人是为了打发寂寞，需要娱乐才和你交朋友；有些人是因为心灵相通才和你交朋友。他们与你交朋友的目的，是想借助你而增加自己的能量，并最终借助你的帮助成就自己的事业和实现自己的目的。

人际交往是互动的。你与他人交往是带有目的的。反过来，他人跟你交往，成为好朋友也是有目的的。你们能否成为真正的好朋友，往往要看自己能否真正满足对方的需要。

因此，你能否交到很多的朋友，特别是能否交结到很多“贵人”，这与你人际交往的态度、技巧有关，但更与你本人的能量、能力、美誉度有关。如果一般的学生到湖南广电总局，可能没人理睬你；但若是李宇春来了，则局长、台长、艺术总监、知名主持都会亲自出来接待她，甚至还会派人去机场去接机。李宇春凭什么？凭她是超女冠军。粉丝多，名声大，美誉度高。但你今年是一个普通学生，三年后，你成了某知名电影的女一号，在影视圈迅速蹿红，电视台长、艺术总监又会主动邀请你上节目，做“艺术人生”的采访了。所以，要想拓展自己的人脉关系，首先还得自强，还得有高尚的道德，有高超的演技，有强大的企业实力，有突出的学术贡献，有较好的政治前途，有超强人气和美誉度。从这个意义上来说，我们要打造个人声誉的“形象品牌”。

《水浒传》中的宋江就是个“个人品牌”操作的高手。宋江杀了人之后，投奔柴进，道上遇到生病落魄的武松，两人一见如故，当武松要去清河县看望兄长武大郎时，宋江不仅十里相送，还拿出十两银子相赠。武松知道宋江正落难不肯受。宋江道：“贤弟不必多虑，你若推卸，我便不认你做兄弟。”宋江被刺配江州后，得到戴宗照顾，在一酒楼遇到李逵。初次见面，李逵开口就向他借钱，宋江问也不问，立即拿出十两银子，交给李逵。一旁的戴宗来不及阻止，便埋怨宋江不该借钱给李逵，因为李逵贪酒好赌，肯定骗你银子去赌博了，赢了还好，输了就别指望还了。宋江微微笑道：“这些银两何足挂齿，由他去赌吧，若要用时，再送一些给他。”宋江在江湖上人称“及时雨宋江”，仗义疏财，不是浪得虚名。宋江几次大难不死，得李逵等兄弟死力相救。宋江名满江湖，朋友遍天下，后来领导梁山兄弟开创了辉煌的“替天行道”的事业。

作为学生，在学校要广交朋友，也要凭本事凭能力，凭影响力。学习上冒尖，每次得奖学金，竞赛拿大奖，风云校园；辩论会上，思维严谨，语言犀利，最佳辩手；篮球场上，纵横驰骋，灌篮英雄；周末舞会，风度翩翩，舞林王子；文艺演出，一展歌喉，校园歌手。这样通过一系列活动，既充分展示了自己的才华，又进一步增加自己的曝光度、美誉度，这样，你就会不断地被全校同学、班主任、院领导所知晓。这样你要拓展你的人脉就容易多了，许多人会找上门来与你交往，请你去演讲，请你去表演，请你去做顾问，做指导，等等，只要你为人热情，有心拓展人脉关系，就一定会事半功倍，达成心愿。

很多同学问我，杨老师我也想交一些好朋友，可为什么我交不到朋友，交到的也往往交情不深厚，过一阵也就疏远了。为什么？

交不到朋友，原因很多，比如你性格不好，难于结交人，你没有掌握交际技巧，但最主要的是你自己能力、能量不够，“交朋须胜己，似己不如无”，别人结交你没有价值，别人当然不愿结交你。交往的朋友交情不深厚，那一定是你没把握好人脉整合的各种原则，故交往不深，人际关系维护不力。

8. 表现自己的重要性

攀龙附凤、趋炎附势是人的劣根性，也是人的本性，其实也符合成功规律。你要成功，你一定要与成功者打交道，学习成功者的经验，你要成功你一定要借助成功者的权势、地位、口碑资源。因此，只要是一个诚实的人，总会承认，我也想攀一条龙附一只凤，找一个有权势的人作背景往上爬，找一个有钱财的人作依靠发大财。

这个世界上的人，人人都愿意与成功的、有钱的、有权有势的人交往，与他们交往不仅利用价值高，而且你会倍感自豪，仿佛自己地位得到提高。我们说钱生钱容易，成功者要再成功不难。难的是取得第一步的成功——掘得第一桶金，取得第一次名。前面一节我们研究了人要想获得成功，获得更大的生存空间，必须增加自己的能量，增加自己的美誉度。这是对的，你有能量，有了一定的范围内的美誉度，说明你自己取得初步成功。有了名誉的光环——有了成功人士的光环，你的人际交往就会更加广阔，你要斩获成功就是举手之劳，因为更多的人已愿意跟你打交道、已愿意主动跟你寻合作，你就有了吸纳人才、融入资本、获取信息的各种便利和途径，并且往往事半功倍。别人利用你赚了钱，你也凭借别人发了财。

人性就是这样趋炎附势，任何人都无法逃避。既然如此，那你要想成功，你要想获得别人的尊重，巩固扩大你的人际关系，为什么不努力表现出你已经成功了呢？这样大家都会来巴结你、讨好你，与你交往，你也就更容易取得成功了。

那么到底怎样表现自己的重要性呢？有很多具体方法可以采用。

一是注重自己的穿着和仪表。一个人特别是一个商人，更应该注重自己的衣着和仪表。人总是以貌取人的，看你的穿着、佩戴，决定对你的态度。你要出去谈一笔生意，没办法，你得破费买一套名牌服装，佩一块贵表，不妨向朋友借一只大戒指戴在手上，另外提一个名贵皮包。而气质上你一定要表现得沉着、稳健、豪爽、大方，儒雅而有风度。

二是摆谱讲究气派。与重要的客商见面，更要显示出自己的身份、地位和重要性。因此不妨借一辆车或租一辆小车，请自己的朋友当一回秘书为你开门为你提公文包为你泡茶送水。这样你的总经理成功人物形象就会凸现，与人商谈生意，才有分量和影响力。这里介绍一下成功学培训大师丁远峙老师创业初期成功“摆谱”，抬高身价，最后成功举办深圳首届公关大奖赛的故事。

1990年丁远峙和他的朋友一起在深圳成立了一家公关培训公司，为了扩大宣传，造成影响，他们决定举办公关大奖赛。当时，他们请的评委有电视台的副台长、报社主编、知名教授等。为了不让他们产生大奖赛只是几个乳臭未干的黄毛小子心血来潮之物的感觉，邀请他们时，丁老师煞费苦心，特意请别人通过拐弯抹角的关系，用各种方法打动说服他们去当评委，但主要组织者始终没有露面，具体洽谈者都是办公室主任、培训部长、公司女秘书等。

但丑媳妇总要见公婆，“特别公关”是一门新兴的科学，评分没有统一标准，如果A评委欣赏某位小姐，亮出高分9.9分，而B评委却不欣赏这位小姐，亮出5分，在电视台转播时，就要闹笑话了。怎样让这帮老头子权威人士听他们的，按他们定的评分标准行事呢？总得把这些专家名人召集起来开一个会统一一下思想吧，为此，评委开会的那天，他们特意租了一家大酒店的会议室，包了一部高级的小轿车。当评委陆续到齐后，丁老师他们就乘高档小车来到大酒店。

车一停稳，就有人恭敬地为他们拉开车门，他们便神气十足地走出来。

这时秘书上去报告：“香港公关总部的丁总到了！”

然后，丁远峙老师等二人在前呼后拥之下，以非凡的气派走进会议室。只见众下属将他二人带到总经理、艺术总监的座位上，拿杯倒茶，执礼甚恭。大哥大响了，秘书连忙递过去。别看那些名流，他们也没有见过这种阵势。听着丁老师带广东腔的普通话，他们还真以为哪位香港大老板公子来了呢。

会场气氛特别严肃、安静。一切就绪，丁远峙老师简短讲了一段话，感谢各位名流对大赛的鼎力支持，感谢协办赞助本次大赛的各个单位各个企业的大力合作，然后讲述了此次大赛的重要性，公关管理是个新事物，大赛要办好要办出水平，要开风气之先，为深圳的公关事业公关人才的培养做出贡献。最后落到最重要最关键的问题上来，评分要有统一标准和要求，具体怎么评分，请各位专家发表看法并与培训部长具体商量和衔接。刚一说完，大哥大骤然响起，秘书说：‘丁总，香港公司那边电话。”丁老师接过电话嘀咕一阵，赶忙顺驴下坡说：“各位评委各位名流，香港公司那边还有些事，我就不多奉陪了，李总、陈部长等陪你们拿出具体评分方案和意见。李总、陈部长，你们一定要尊重各位评委，一定要多听专家们的意见。”末了还打趣说，不要忘了给评委们打红包。辛勤劳动了，不能没报酬。又说，评完了，把各位得奖佳丽请来，陪各位评委唱唱歌，跳跳舞，乐一乐，放松放松。

回到公司，丁老师一拨人笑得捂着肚子直不起腰，原来那些开车门的、端茶水的、副总、艺术总监都是他的朋友，只不过为了抬高他们的身价临时演戏罢了。但这出戏却取得了明显的成效。最终评委们按他们的要求，认认真真、兢兢业业地办事，公关大赛搞得很好。有了这次成功的公关大赛，他们也得到了全方位的锻炼，同时储备了优秀公关人才。后来他们的事业成功发展，与这次公关大赛活动有很大的关联。

三是装修门面。胡雪岩在自己经营钱庄的时候，第一个举动就是要求把钱庄的门面修得很风光，富丽堂皇。为什么？门面就像一个人的仪表和衣着。门面气派就是繁荣昌盛、实力雄厚的显示，钱庄是信得过的钱庄，老板是信得过的老板。从某种意义上说，豪华车，漂亮秘书，高级笔记本电脑，豪华气派的办公场所，都是拉抬身价的门面。

我有一个同学经营一家贸易公司，由于工作失误，连连亏损，日子已经很难过下去了。别人劝他把小车停了或卖了，漂亮女秘书也辞了，几个跟班也暂且回家。他摇摇头说，这绝对不行，没了他们，我孤家寡人一个，更翻不起风浪。不仅如此，他还到他大学同班同学那里借了10万元，把办公室重新装修了一遍，搞得更高档更豪华，另聘请了一位懂英、日两种语言的漂亮女秘书。后来与香港一家贸易公司老板洽谈了一桩大业务，三个月就咸鱼翻身了。

讲到这里，同学们一定非常惊讶！这不是骗人的把戏吗？我不否认，这出戏中有故意制造的成功假象。但我认为只要不以害人为目的，这种抬高自我的身价和重要性的方法和技巧正是人际交往中不传的奥秘和技巧。许多时候，是需要这种技巧的。你有天大的本事，但你找不到用武之地，你不能走出成功的第一步。岂不白搭？

为什么有人做人做事走向成功？为什么有人做人做事总是失败？难道都是天意吗？没有人谋吗？没有方法和技巧吗？

9. 建立人际关系网

人际关系网的建立需要自己精心拓展、小心维护和用心巩固。为了便于自己掌控，可以对不同类型的朋友分类登记，以备联络和查用。

一类人脉：直系亲戚

父亲一族：伯伯、叔叔、堂兄、堂弟、嫂子、弟媳、侄儿、侄女

母亲一族：舅舅、姨妈、表哥、表姐、表弟、表妹

二类人脉：同乡（同村、同乡、同县、同市）

三类人脉：小学同学（含任课老师）

中学同学（含任课老师）

高中同学（含任课老师）

四类人脉：大学同班同学（每人必登）

大学同年级同学（择人登录）

大学其他知名校友同城学友

同队战友

同部队战友

五类人脉：大学老师（含知名教授）

院长（含副院长，其他主要负责人）

系主任

班主任

任课老师

辅导员

六类人脉：社会各类朋友，包括行政、工商、税务各部门、各企业的朋友

七类人脉：我的贵人（你认为对自己最重要的人脉关系）

一般按姓名（含昵称）、职务、详细住宅地址、办公联系电话、手机联系号码登记造册，并配备专门登记本。对于自己认为的贵人，更要多加联系，常来常往，倾心结交。

在电子文本里，还可以刊登他们的照片、人生格言、性格、特点、优势长处、政经背景、生日时间、家庭概况、家人简介。个人跟他们的交往概述、合照、题字，联系电子信箱及QQ号码、有关博客，等等，都要记录。

建议对你的每一个同学及贵人，做如下工作：一是与他们照一张照片或多张照片；二是写一篇关于他的记述文章或评论；三是收藏他有特色的纪念品，包括他自鸣得意的文章、题字放在博客里。

第八篇 职场：就职创业要有心机

大学生一毕业就要踏入竞争激烈的社会这个大熔炉。一般来说，大学生毕业后会选择求职上班和自主创业两条工作途径。在当前大学生就业率较低的残酷现实面前，要谋生计、要成事业确实不是很容易，但并不是无职可就无业可成无路可走，而像广州某学校的女生一样悲观到要跳楼自杀的地步。俗话说，世上无难事，只怕有心人。你即将走向社会，即将走向职场和自主创业，我送你八个字：做人做事要有心机。什么叫心机？心机就是心计，就是一个人做人做事要用脑子，凭智慧、会思考、讲策略、有城府、有方法。心机所到之处，洞悉人心，明察世事；大智若愚，藏露有时；退让忍耐，能屈能伸；头脑灵光，善于变通；假物借力，因人成事；转劣为优，化解困境；笼络人心，如鱼得水；从容淡静，升迁有术；顺势而为，成就伟业。具体来说，求职应聘你不要太厚道，要有心机；到什么地方工作，到什么公司企业找工作，做什么工作要有心机；选择老板、取悦老板求得晋升要有心机；与同事相处要洞悉人心，和睦相处要有心机；经商创业，借力借物借人智慧借人网络（销售组织）要有心机。总之，做人做事要有心机，是大学生就职创业全方略的总纲。

一、写求职简历要技高一筹

大学毕业生求职应聘是一个非常热门的话题，也是大学生不能回避的一个问题。求职应聘找到自己的工作是你人生的第一步。而求职应聘可能就是你要面对的第一件事情。应聘成功，除了你本身素质过硬外，也需要你有点心机。

1. 善于包装自己

酒香也怕巷子深。做人要打造形象，打造形象要从穿衣戴帽做起。办酒楼要重金打造门面，门店金碧辉煌，美女迎宾，是为了吸引人，留住人。董事长办公室豪华气派，也是为了展示实力，推销形象。这些都属于形象策划、自我包装。所谓包装，直白地说，就是通过掩饰你的短处和缺点突出优点来塑造产品形象。求职应聘的过程其实就是一次自我推销、自我展示的过程，将自己作为一件产品推销给自己中意的用人单位。深圳鸿儒文化传播有限公司董事长覃彪喜，2002年毕业于中南大学，先后应聘任大学教师、房地产策划师、IT项目经理等单位，对应聘求职很有经验和心机，他认为大学生求职不必太厚道，要善于包装推销自己，要写出令主试官满意的求职简历。

企业要打开市场，要有拳头产品，要有自主创新的新技术，要有自己的品牌和核心竞争力。求职应聘，就是推销自己的过程，因此，在整个应聘过程中，你必须突出自己的优势和特长，充分展示自己的核心竞争力。

求职简历必须突出自己的核心竞争力，让审核简历的人一眼就能看出自己最适合从事什么工作。如果你是一个技术人才，简历中的自我介绍、获奖情况等方面都要围绕某项技术的特点展开；而如果你想应聘市场营销类的工作，整份简历就要围绕交际能力、表达能力、组织能力等方面来展开。

具体写简历时，要做到两点：一是放大你的工作经验和工作成绩。不论你在班级当个“班长”、“学委”、“宣委”，在学校当过什么主席、部长之类，无论应聘过何种工作，做过哪一部门的主管，都要总结你工作时实实在在的心得和体会，让人觉得你锻炼有素，经验丰富，可以信赖。二是突出你的专业能力和专业素质，突显你的核心竞争力。其实许多企业对新毕业的大学生在工作经验上的要求是比较宽容的。没工作经验可以慢慢学习实践，关键是你要具备一些工作的潜能，具有可塑性。

有人主张“以小夸大”、“无中生有”地拔高自己，根据需要，简历表上，把自己只干了一年普通干事说成当了两年部长，只做了一年的宣传部长却说成学生会主管宣传方面的副主席，甚至可以凭空臆造一些经历和奖项。如果你想应聘市场营销、市场策划等方面的工作，而自己大学期间并没有相关的社会实践经验，在简历中则说自己大三的时候参加了某个公司的市场调研活动，大四又担任了某某品牌化妆品在学校的销售代理等。如果你想应聘教师、培训专员方面的工作，而自己却从来没有上过讲台，也说自己担任过几个学生的家庭教师，或在附近民办学校做过兼职老师，或者说自己在班级、校级演讲比赛中得过名次和奖项。他们认为上述在简历中“注水”是一种善意的“假话”，是为了推销自己。我不主张“以小夸大”、“无中生有”式的制造假简历来拔高自己。因为这毕竟事关一个人的人品。主试官往往是有识别“假经历”的能力的，一旦被人识破，后果不堪设想。没有一个老板喜欢一个不诚实的员工。今天你可以造假应聘，明天你就可以在企业造假糊弄人。谁都不敢要不诚实、不实在的员工啊。

应该说，我们大学生见多识广，也参加了一些社会实践活动，只要善于总结，善于归纳，善于借鉴，善于包装，放大自己的优点和优势，突出自己的核心竞争力和专业能力，写出一份“令人满意”的简历并不特别难。在制表陈述你的优势和竞争力时，一般可以采用倒叙陈述法，把你最大最近的成就、经验、能力放在前面陈述。

2. 狡兔三窟

为了能够扩大求职面，你可以根据应聘的需要准备三到四个甚至更多的应聘简历的版本。如果一个毕业生既想找技术方面的工作，又想找市场类的工作，还想找办公室文秘类工作，也想找教育培训类工作，你不妨根据每种工作的特点，准备四份不同版本的简历，每项简历要针对应聘工作的性质特点和需要。写好自己的简历，就要突出自己在这方面的素质和核心竞争力。应聘技术方面的简历，要突出自己的技术研发能力和成果；应聘市场营销类工作要突出自己优秀的市场拓展能力和人际关系协调能力；应聘办公室文秘工作要突出自己的勤勉、细致的性格特征，较强的文字表达能力，左右逢源的人际沟通能力；应聘教育培训类工作，要突出自己的组织能力、语言能力和思考能力，突出自己的教育理念和思想价值取向。

如果你准备了多种版本的简历，那就更加应该学习韦小宝同志左右逢源、灵活应变的能力，不能把针对技术类、市场类、文职类、教育类的工作及能力要求搞混淆了。不能让主考官看出你任何的破绽，而认为你是个撒谎者，因而怀疑你的品质有问题。

毕业后求职跳槽多了，对社会各行业更熟悉了，自我包装起来就容易多了，你可以挑选自己比较熟悉的行业拔高自己的能力和经验，写出更好的应聘简历，更从容应对应聘考官的面试。

3. 展示特长要具体

简历除了展示自己的核心竞争力外，还应亮出你的特长来。每个人都有喜好，每个人都有自己的各种缘分。你的命运，往往与主考官对你的欣赏、喜爱大有关联。物以类聚，人以群分。主考官也有个人爱好，也有个人的情感要求，他也喜欢和自己同质同类的人。应聘者能力相差不大的时候，主考官与应聘者是否有共同的兴趣和爱好，往往决定你的去和留。

我有一位同事，20世纪90年代中期闯荡深圳，到贵族、私立学校应聘中层行政人员。他是英语专业科班出身，口语呱呱叫，喜欢哲学研究和教育理论研究，对我国教育体制、教育思想的改革颇有一番研究，还写过几本教育专著。他还有一个爱好，就是热衷于国际标准舞，对拉丁舞更是情有独钟，青春、活力、潇洒。因此在他的简历中特别写到自己业余对国标舞蹈的喜爱。主考官是一位年轻的高层行管，其实她是董事长的女儿。董事长希望她将来能全面接管学校的教育和管理工作。主考官希望招聘到一位既有教育思想又有行政管理经验的人来帮助自己管理好学校。那次应聘，面向全国招聘，强手如云，优秀者当然很多，这位女当家人左右权衡，难以取舍。要说，我那位同学在内地也就只做过县城某中学的校长，相比许多大学的高层管理者和拥有博士头衔的人来说，并不具备太大优势。但最后，他被录取。当他被录取后，询问女掌门人为何单单聘上他时，学校女掌门人羞涩地说："因为你有学识修养，因为你长得英俊，更因为你热爱拉丁舞、国标舞，因为我也是一个舞蹈的爱好者，所以我对你的教育水准有信心，我对你的舞蹈更有信心，我愿意欣赏你的舞姿和风采。"

应聘者应亮出自己的兴趣爱好来，把自己的特长、特点展示出来。任何一个主考官都有个人情感，都喜欢与自己有相同兴趣和爱好的人。因此，这个特长、爱好尤其重要。一是要填写好，也一定要真实，并且要写具体。

许多大学毕业生在求职简历的"特长"一栏中，往往只填写"擅长舞蹈"、"会乐器"、"会画画"、"善交际"等比较模糊和笼统的特征，没有说明到底"特在哪里"。这让主考官很难做出准确的判决，也容易产生怀疑。

所以，大学毕业生在填写自己的特长时，一定要尽可能详细，比如，会乐器，应该写清楚会什么乐器，萨克斯、钢琴还是笛子；擅长写作，应该写清楚，是擅长写新闻稿，还是调研报告，如果能将发表的重要作品复印件附在简历后面就更好了。

二、面试要打有准备之仗

一份令人满意的简历只是为了提高得到面试的机会，而面试环节的表现才直接决定着能否得到聘用，所以面试一定要更加予以重视，从容应对，要打有准备之仗。

1. 企业需要啥样大学毕业生

“知己知彼，百战不殆。”应聘就职要知道自己的长处和核心竞争力在哪里，也要知道企业到底需要什么样的人才，什么样的大学生。

“对于刚刚毕业的大学生，我们很少考察他们的经验，也不会简单地将他在某个公司三个月的实习经历作为他的工作经验，更重要的是考核他的能力和职业道德。”一位建筑企业老总说。

“毕业生是把眼下的职业来作为过渡，还是把其作为事业来追求，我们很容易通过面试看出。”某家企业的经理这样表示。也有一些企业老总表示：“只要能力与素质达到企业的要求，能为企业的长期发展作出努力，不论学历高低，我们都会考虑录用。”

中建五局党工部副部长帅兵向记者介绍该企业在选拔大学生过程中的标准，他们主要偏向于考察学生的综合素质以及学习能力，比如担任过学生干部，思想品质好，成绩优异、务实肯干，同时，来自条件比较艰苦的农村的生源，他们也比较欢迎。

部分学习成绩不是特别优异的学生以及部分来自非重点大学，甚至职业技术学院的大专毕业生，因为就业形势不好，十分珍惜来之不易的就业机会。例如，2006年毕业于湖南某职业技术学院的一名大专生，自走上工作岗位以来，勤学好问，扎实肯干，每天不辞辛苦，除本职工作以外，还把办公室卫生全部包揽了。他的勤劳和努力得到了领导和同事们的一致认可，老员工们都十分乐意给他传授工作经验及知识。由于自身努力和同事的帮助，他很快适应了岗位，并独当一面，经过三年的锻炼，他终于担任上了商务经营的重要职位。

中铁某工程公司人力资源部负责人介绍，认可企业文化，吃苦耐劳，是他们招聘的重要条件之一，但急于求成的大学生他们不欢迎。这家企业招聘的某本科生，2003年参加工作，一开始从事工程测量工作，由于工作出色，一年后就当了测量队长，没多长时间后，他认为自己不能一辈子从事测量工作，向项目部提出更换工作岗位的要求。随后他被调至项目部商务合同部，从事合同预算工作，一年后他干得不错，但他又认为自己不能一直做这项工作，随后又申请调换了工作。由于他太急于求成和过于频繁更换工作，导致领导认为他好高骛远不踏实、不安心。难道要把总经理位置给他干吗？最后领导驳回了他的申请，因此耽误了他的发展。

记者在采访中发现，很多国有企业特别希望新招聘来的大学毕业生能立刻胜任工作。“甚至超过自己的能力，希望他们敢想敢干，能力比我们强。”北京市科委下属某单位项目开发部门经理王静急切地说，“真是恨铁成钢，今年新招聘来的搞电脑硬件的名牌大学毕业生王新工作快一年了，工作中就像一个铜油灯，你找一下，他动一下，脑子根本不想工作当中的事儿。我连续招聘了三年，来的大学生都跟他一样，真让人愁。”记者随即问王新为什么会这样。他回答说：“我的计划是准备明年考研，考不上再考虑在这家企业扎根。”

王静对大学生毕业的期望很有普遍性。河南永煤集团人力资源部长申顺说得更明确，他说，永煤当前最需要的大学毕业生应该具备三个条件：有创业精神和创业能力，善于学习钻研，有良好的融合力和沟通能力。

企业更青睐能定心工作的人。一位通讯企业老总分析，中等能力的学生，其实很有培养潜力，有较大的发展空间，企业可以针对其自身特点，对其进行定向培养。而一些优秀的毕业生，往往会“这山望着那山高”，一看到好的企业和发展机遇，就会立马跳槽，对原来的企业没有“感恩”之心。那些频繁跳槽的大学生稳定性差，企业是不会留用的，因为他们对企业缺乏忠诚度。

与国有企业相比，民营企业招聘大学生的特点是：“不能带来效益的大学毕业生，不管多优秀，一律不招。我们愿意要那些对自己的专业很自豪，不提与自己专业工作不相干的要求的人。”北京某彩钢厂总经理气愤地向记者陈述最近陆续解聘的三名大学毕业生的工作能力，他说：“这三名大学毕业生都是全国重点大学毕业的，但没有用，整天端着架子空喊职业道德，工作快一年了，技术攻关攻不下，带团队营销打不开市场，吃不了苦，成不了事，跟与他们同一岗位的没学历的人比，能力太差。人家虽然没有学历，但能吃苦，会想法子，能带团队，能推销产品，有一个人半年给车间赚了15万元，你说，我应该留谁？”

民营企业更注重大学生的能力而不是学历。调查显示，许多应届本科毕业生在学习能力、沟通能力、实际工作能力等方面都达不到企业要求。

一家制造企业的老总介绍说，一些大学生往往对工资和待遇期望较高。据他们了解，不少刚工作的大学生将月薪定在1800元以上，尽管今年有所降低，但从实际情况来看，仍然偏高。在其他待遇上，不少大学生对企业要求多。比如，一个学财经的大学生，刚来一个月，安排他去陕西一个月谈一个项目，他拒绝，理由是女朋友在北京，他反而要求企业“人性化管理”，双方很难沟通。

“其实，企业选择什么样的大学生不是最重要的，最重要的是大学生能否清醒地给自己一个定位。”该老总说。

2. 不必紧张和害怕

对于没有多少面试经验的大学毕业生来说，面试的第一个障碍是心理紧张和怯场。这当然与学生平常的缺少锻炼有关。如果你还害怕陌生人，害怕陌生的环境，害怕权威人物，这说明你的心智还很不成熟，这本书你要从头至尾多读几遍，你怕什么就去做什么。你害怕面试、害怕主考官，你就多去应聘几家公司，你就会从一个没有见过世面的愣头小子变成一个老油条，不管去什么公司面试都应付自如了，见了豪华气派的大公司不惊讶，见了衣冠楚楚的董事长不怯场。

3. 多了解应聘单位的情况

许多应聘者参加面试之前都会犯同一个错误：不去了解应聘单位的情况。一个求职者在面试之前对应聘单位不够了解，这将被视为对公司对企业极不尊重的表现。多了解一个用人单位和企业的具体情况，会让面试官觉得前来应聘的人对自己的公司非常尊重。从心理学的角度来说，当对方觉得他自己在你心中非常重要，他便会获得一种被认同的满足感，而基于这样的一种满足感，你自然会得到对方更多的尊重。因此，我们对一些知名大企业的创始人、高层主管、企业文化要略知一二，要多赞扬，认同企业的传统和文化，对企业的产品质量及在人们心目中的口碑要予以肯定。目的只有一个，希望你的认同感，同时获得面试官对你的认同。

面试前了解企业、了解公司途径有三：一个是学习考察，跑到企业所在地看一看、瞧一瞧；二是从网上调阅相关资讯；三是向企业员工咨询调查。相关信息要总结十条以上，如企业负责人、企业文化、品牌影响力、主要经济指标、职工人数、主要职能部门、公司主打产品等。

4. 一定要重视面试的礼仪

面试官见到你，外表看你的形象气质，内在往往看你的礼仪。一个人是否成熟，一个人是否有修养，看他是否懂礼仪便一清二楚了。

面试的时候没必要太讲究外表，犯不着穿昂贵的西服，也大可不必在出门之前花一两个小时来化妆。但适当的讲究却是必要的：不要穿太休闲的衣服，而服装整洁，不要背一个学生气十足的包，男生胡须要刮干净，头发不宜留太长，头屑、指甲、袖口等要注意干净，人要精神，女生不要化浓妆，形象要端庄、秀丽、文雅，有狐臭的同学最好花几十块钱买瓶药水。

要仔细聆听面试官的讲话，不要随便插话，或打断其讲话。面试的时候，手机要设置成会议状态，不要接电话，否则很尴尬，说明你对面试官不礼貌、不尊重。

面试的时候最好不要主动与面试官握手。握手的礼仪是上级或女士主动，而一个应聘者显然不适合主动去握手的。面试过程中，应聘者不要太拘束，也不能太随和，如果说话油腔滑调，嬉皮笑脸，不屑一顾，狂妄自大、傲慢无礼，跷着二郎腿，面试官会认为你品性不修，不拘小节，对你的印象一定会是负面影响多。

面试完后，一定要表示感谢。感谢的话可以当面对面试官讲，也可以通过电子邮件发给面试自己的主考官。

5. 面试交谈“二十五忌”

面试，主要是主考官通过与你的语言互动，观察你的个人品行、专业技能、工作经验、应变能力、内在素养、理想抱负、价值取向，从而决定是否聘用你。面试交谈有“二十五忌”，大学毕业生应聘时要注意。

（1）忌心不在焉

面试交谈时眼睛四处张望，经常走神，注意力分散，问题听不清，说话听不懂，答非所问，胡乱应付。

（2）忌过于固执

对话要简洁明了，同时，要将言下之意充分表达，无论多么重要的事，也不要反复向主考提出。如果和主考官意见相左，可适当表达，决不可为争一时之胜，面红耳赤，固执地坚持自己的观点，使人感到厌烦。

（3）忌中途打岔

主试人一句话尚未说完，就中途打断；主试人语意未表达完整，就以下意识的动作使主试人中止讲话，这是非常不礼貌的行为。即使你认为有此必要，也应征得对方同意，否则应该避免。应该冷静地等待对方说话告一段落，然后再平静地把自己的观点表达出来，尽量让主考保持对你的好印象。

（4）忌喋喋不休

不管你有多少话题，口才多么好，如果不顾对方，打开话匣子后，口若悬河，担心遗漏一点细节，生怕主试人不清楚，很少注意主试人的各种微妙反应和不满情绪，是最要不得的。

（5）忌阿谀奉承

虽然多数人不会因听了奉承话而不高兴，但面试毕竟不是做生意，考核的是你的技能，一味违反本意对主考阿谀奉承会让人生厌，使对方鄙视你的品格。所以，除了礼貌上的客套话外，不受欢迎的奉承话最好少说。

（6）忌离题万里

问什么就答什么，与话题无关的话不说，与话题有关但不是非常重要的也要少说，决不可随心所欲，偏离主题，自说自话，使听者不知所云。

（7）忌自我吹嘘

应聘者为了使自己能被录用，面试时往往喜欢自我吹嘘，说“我有什么什么特长”，“我到公司后立刻带来什么什么变化”，“我保证怎么样怎么样”，等等．似乎自己是天才、奇才，如果单位没有了你，就玩不转了。一旦主试人较其懂得更多，反而会贻笑大方，感到反感。

（8）忌装模作样

面试时，最重要的是将自己原原本本地呈现在主试人的面前，无需装模作样．把自己隐藏起来，模仿他人的行为和动作，使人感到厌恶。更不要故作高雅，时不时地吐出几句洋文或时髦用语，让对方产生此人轻浮的感觉。

（9）忌拐弯抹角

回答问题应直截了当，不要铺垫过多，绕圈子过大，使主试人半天还不知所云；也不要吞吞吐吐，欲言又止，使主试人感到别扭，认为此人城府太深。

（10）忌强行推销

对主试人，不可像与商人谈生意一样，有意推销自己，试图让对方留下良好的评价；更不要说些毫无根据，或威胁、命令的话，强使对方以超越自己的评价来认同自己。事实上，面试主考人员是不会对这种推销买账的。

（11）忌言辞不当

面试时，声音太小或语速太快，别人听不清楚，声音太大或语速太慢，使人感到精神紧张；说话带上“啊”、“噢”、“嘛”、“呢”等尾音，给人以打官腔的印象；说话夹杂着“他妈的”、“娘的”等国骂，使听者感到不文明、不礼貌。

（12）忌用专业术语

大多数情况，招聘涉及的专业较多，主考人员并不一定是某一专业的专家．如面试时，对不懂财务的人谈会计术语，对不懂技术的人谈技术术语，会让对方感到难堪。

（13）忌勃然大怒

即使遭受主考人员的批评、挖苦，也不要当场发作。有时这恰恰是主试人考核你的一项内容，故意说些无礼的话，用讽刺的口吻刺激你，借以观察你的反应，看你是否具备一个高级管理人员的修养。

（14）忌抽烟喝酒

有的求职者为了显示潇洒，面试前特意买上两包好烟，敬奉主试人和其他招聘人员，自己也抽上一支，烟雾缭绕，令人很不舒服。如果主考是不吸烟者，还会为此感到反感。另外，面谈前切忌喝酒，如果酒气熏天，晕头晕脑，一则不利于面谈，二则使人误为酒鬼，会影响今后的工作。

（15）忌以上压下

面试时最有发言权的是主试人，除非确有必要，一般不要利用关系，借主试人上司之口或某单位领导之言替自己录用说话，以免引起主试人反感。即使主试人自己提及，你也不要过分热衷，而应主要表现自己的才能。

（16）忌横向攀比

不可随意乱说这个人如何好，那个单位如何实惠，什么企业和部门如何有发展前途。这容易给人带来误解：别人如何好，言下之意就是你主试人不行；某单位、某企业如何如何好，似乎本单位不太行，既然如此，你何不去那个单位求职呢?

（17）忌要求过高

对面试以外的问题别提太高的要求，尤其是涉及到“票子、房子、妻子”这“三子”的要求。盲目地要求工作单位收入高、待遇好，有充分的闲暇时间，自由自在，有优美的工作环境和良好的住房条件，实际上是一种好逸恶劳、不切实际的空想，任何招聘单位都难以马上答应。

（18）忌丧失自信

面试之前要对招聘的各种职位和工种作必要的了解，做到心中有数，知道自己能干什么。面试之时要充满信心，回答主试人的问题要坚决果断，切不可怕这怕那，关键时刻犹豫不决，举棋不定。

（19）忌唯唯诺诺

面试时不要忘了自我，说话毫无主见，唯唯诺诺，一味盲从主试人员，使人以为你无能，难以胜任此项工作。

（20）忌不拘小节

面试应严肃认真，不要做无用的小动作，如嚼口腔、啃指甲、玩钥匙、抓头发等；也不要和主试人耍贫嘴、开玩笑、套近乎，令人哭笑不得，不仅于事无补，而且可能获得相反的效果。

（21）忌过于谦虚

面试既要避免自我吹嘘，也要避免谦虚过度，尤其是谈到自己的业务专长，可以作详细的介绍，尽量让主考相信你是某方面难得的人才。而不要说自己这也不够，那也还要学习，使人听后认为你能力有限，难当大任。

（22）忌与人争辩

考场非赛场，面试不是辩论赛。当主试人观点与自己相左时，可以策略地提出。不可当面站起来争辩、反对。千万牢记：没有人愿意当面被人指责或受驳斥，尊重主考，回避争论是你求职的上策。

（23）忌惧担风险

风险与竞争同时并存，在任何行业都是如此。招聘中主试人常常会提醒应聘人，从事该职业有较大风险，请认真考虑一下。应聘人要充分估计到风险的大小和个人的承受能力，在可以承受的范围内冒一冒险。如果惧怕风险，害怕竞争，最好还是不要前去应聘。

（24）忌泛泛而论

如果主考要求你对某个问题、某项工作发表自己的见解。那么，切记不要照搬社会上流行的“大众观点”，要有自己的独特见解，即使不太成熟，但只要显示出自己的个性，就能获得好评。

（25）忌回答问题过于抽象

主考提问，总是希望了解求职者的具体情况，切不可以一两句空洞、抽象的话来搪塞。如：问“你的英语水平如何？”答：“还可以”、“一般”、“不错”等就过于简单。应具体回答：“曾在某大学外语培训中心强化学习一年”，“已通过大学英语四级考试”，“已通过托福考试”等，以使对方有一个直观的判断。

6. 面试时不可落入主试官设计的陷阱

无论主试官采用什么样的面试方式，如个人面谈面试、命题考试面试，过去事件的行为询问面试，假设情景模拟面试，他们对你的考察无外乎考察你的求职动机和欲望，个人道德观念，如诚信、责任感、公平、正直等，考察你的职业定位，是否安心工作，考察你的逻辑思维能力，考察你的专业素养，考察你的人际调处能力，考察你的性格特点，考察你的自我认知能力，考察你的工作经验和经历，考察你的创新思维和适应性。因此无论主试官怎么提问，你都要沉着冷静，万变不离其宗，把最优秀的自己展示给主试官。要听懂弦外之音，而不要落入主试官为你设置的陷阱。回答提问总的要求是真诚、自信、沉着、稳重、大方、开朗。尽量口语化，不要装斯文，要逻辑清楚，条理分明，适当轻松幽默，注重礼仪。

现将应聘官常提的问题及参考回答列举如下：

（1）请介绍一下自己。

这是外企主试官常问的问题，一般人回答这个问题过于平常，只说姓名、年龄、爱好、工作经验，这些在简历上都有，其实，外企最希望知道的是求职者能否胜任工作，回答时要突出自己的核心竞争力和优势，如最强的技能、最深入研究的知识领域、个性中最积极的部分、做过的最成功的事、主要的成就等。这些都可以和学习无关，也可以和学习有关，但要突出积极的个性和做事的能力，说得合情合理外企才会相信。作自我介绍时，外企很重视一个人的礼貌，求职者要尊重考官，在回答每个问题之后都说一句“谢谢”。外企喜欢有礼貌的求职者。

（2）在学校你最不喜欢的课程是什么？

这个问题外企不希望求职者直接回答“数学”、“体育”之类的具体课程，如果直接回答还说明了理由，不仅代表求职者对这个学科不感兴趣，可能还代表将来也会对要完成的某些工作没有兴趣。这个问题外企招聘者最想从求职者口里听到：我可能对个别科目不是特别感兴趣，但是正因为这样，我会花更多的时间去学习这门课程，通过学习对原本不感兴趣的科目也开始有了兴趣，对于本来就有兴趣的科目我自然学习得更认真，所以各门课的成绩较为平衡。通过这样的问题，外企可以找到对任何事情都很感兴趣的求职者。

（3）说说你最大的优缺点。

这个问题外企问的概率很大，通常不希望听到直接回答你的缺点是什么，如果求职者说自己小心眼、爱忌妒人、非常懒、脾气大、工作效率低，外企肯定不会录用你。外企喜欢求职者从自己的优点说起，中间加一些小缺点，缺点不能说自己专业方面不可饶恕的缺点。最后再把问题转回到优点上，突出优点的部分。外企喜欢聪明的求职者。

（4）谈谈你的缺点。

如果面试官只要你谈谈自己的缺点，那就要更加小心谨慎回答。一方面是真的想知道你有哪一些不足，另一方面是想知道你的自我认识能力。覃彪喜先生对这个问题作了一个较好的参考答案：

在面试的时候可千万不能自暴其短，否则就让面试官的“阳谋”得逞了。不过这不等于一口咬定自己没有缺点。

回答时，不可故意把明显的优点说成缺点，说自己工作太过认真，或者说是过于注重团队精神。这种答案看上去无可挑剔，但其实不过是在侮辱面试官的智商。

影响到自己的“核心竞争力”的缺点万万不可以说。如果你是面试程序员的职位，却说自己逻辑不够严谨，或者是面试企划专员，却说自己的创新能力较差。

可能令招聘人员不舒服、不放心的缺点也要尽量保密。感情比较花心当然跟工作能力没有什么联系，但如果你说自己大学四年换了五个女朋友，招聘人员就很有可能担心你会频繁地跳槽，而且面试你的女士很可能就是一个“怨女”。

比较明智的方法是说一两个不关痛痒无关紧要的缺点。譬如说自己爱钻牛角尖，或者是有午睡的习惯。如果能够说一些表面上看是缺点，但从工作的角度来看却是优点的缺点就再好不过了。比如喜欢胡思乱想异想天开，开会的时候总会提出一些非常奇特的方案。心地太善了，总是自己吃亏。太爱臭美了，有洁癖，太喜欢跳拉丁舞了，唱歌的时候，是“麦霸”，太喜欢唱了。

（5）谈一谈你的一次失败经历。

外企提这个问题并不是真正要知道你曾经有过的失败，而是要从你的失败中看到你的成长与进步。回答时，尽量不说出会严重影响你所应聘工作的失败经历。如果你去医院应聘医生，总不能说自己曾将一个患轻微感冒的人治得差点儿一命呜呼吧！自己过去失败的原因要尽量归结为客观方面的因素，如果主观方面有原因，要勇于承认、承担过错。并且要说明在失败以后经过了深刻的反省，吸取了宝贵的教训。并要强调自己非常坚持，在失败以后没有自暴自弃，而是很快就振作起来了，认真总结经验和教训，以更加饱满的热情面对以后的生活和工作。对未来充满信心。相信失败是成功之母。

（6）你认为你在学校属于好学生吗？

外企的招聘者很精明，问这个问题可以试探出很多问题，如果求职者学习成绩好，就会说："是的，我的成绩很好，所有的成绩都很优异。当然，判断一个学生是不是好学生有很多标准，在学校期间我认为成绩是重要的，其他方面包括思想道德、实践经验、团队精神、沟通能力也都是很重要的，我在这些方面也做得很好，应该说我是一个全面发展的学生。"如果求职者成绩不尽理想，便会说："我认为是不是一个好学生的标准是多元化的，我的学习成绩还可以，在其他方面我的表现也很突出，比如我去很多地方实习过，我很喜欢在快节奏和压力下工作，我在学生会组织过某某活动，锻炼了我的团队合作精神和组织能力。"有经验的招聘者一听就会明白，外企喜欢诚实的求职者。

（7）说说你的家庭。

外企面试时询问家庭问题不是非要知道求职者家庭的情况，探究隐私，而是要了解家庭背景对求职者的塑造和影响。外企希望听到的重点也在于家庭对求职者的积极影响，外企最喜欢听到的是：我很爱我的家庭！我的家庭一向很和睦，虽然我的父亲和母亲都是普通人，但是从小，我就看到我父亲起早贪黑，每天工作特别勤劳，他的行动无形中培养了我认真负责的态度和勤劳的精神。我母亲为人善良，对人热情，特别乐于助人，所以在单位人缘很好，她的一言一行也一直在教导我做人的道理。外企相信，和睦的家庭关系对一个人的成长有潜移默化的影响。

（8）说说你对行业、技术发展趋势的看法。

外企对这个问题很感兴趣，只有有备而来的求职者能够过关。求职者可以直接在网上查找对你所申请的行业部门的信息，只有深入了解才能产生独特的见解。外企认为最聪明的求职者是对所面试的公司预先了解很多，包括公司各个部门，发展情况，在面试回答问题的时候可以提到所了解的情况，外企欢迎进入企业的人是"知己"，而不是"盲人"。

（9）就你申请的这个职位，你认为你还欠缺什么？

外企喜欢问求职者弱点，但精明的求职者一般不直接回答，他们希望看到求职者继续重复自己的优势，然后说："对于这个职位和我的能力来说，我相信自己是可以胜任的，只是缺乏经验，这个问题我想我可以进入公司以后以最短的时间来解决，我的学习能力很强，我相信可以很快融入公司的企业文化，进入工作状态。"外企喜欢能够巧妙地躲过难题的求职者。

（10）你期望的工资是多少？

外企的工资水平是很灵活的，何种能力拿何种工资，外企喜欢直率的人，但这个问题却不能正面回答。外企希望听到："以我的能力和我的优势，我完全可以胜任这个职位，我相信我可以做得很好，但是贵公司对这个职位的描述不是很具体，我想还可以延后再讨论。"外企欢迎求职者给其定薪的自由度，而不是咬一个价码。

（11）你能给公司带来什么？

外企很想知道未来的员工能为企业做什么，求职者应再次重复自己的优势，然后说："就我的能力，我可以做一个优秀的员工在组织中发挥能力，给组织带来高效率和更多的收益。"外企喜欢求职者就申请的职位表明自己的能力，比如申请营销之类的职位，可以说："我可以开发大量的新客户，同时，对老客户做更全面周到的服务，开发老客户的新需求和消费。"等等。

(12)你在大学期间最喜欢的老师是谁？为什么？

我一向的回答都是（事实上也的确是）：教我们广告营销的教授，他能使课堂充满生机，通过实例让学生把知识和现实紧密结合，而不是死读书本。我想我从他身上得到的最多。

（13）最能概括你自己的三个词是什么？

我经常用的三个词是：适应能力强，有责任心和做事有始终。结合具体例子向主考官解释，使他们觉得你具有发展潜力。

（14）除了工资，还有什么福利最吸引你？

尽可能诚实，如果你做足了功课，你就知道他们会提供什么，回答尽可能和他们提供的相配。最好回答：相关课程培训、主题参观旅游。

（15）你心目中的英雄是谁？

最好的答案是你的朋友或者家人，尽量避免说及名人。如：她总是积极进取，永不服输，一个下岗女工，做出了不起的成绩。

（16）你过去的上级是个怎样的人？

别贬低过去的上司，提一下他的长处和不足。

（17）你的业余爱好是什么？

找一些富于团体合作精神的，如打排球、踢足球、演音乐剧等。这里有一个真实的故事：有人被否决掉，因为他的爱好是深海潜水。主考官说：因为这是一项单人活动，我很难判断他能否适应团体工作。

（18）我可以跟你的前任上司联系求证一下吗？

随便你怎么回答，但如果可以的话，最好答应，特别是你有前上司的推荐信，没有比“当然，我有他的推荐信，你可以打电话给……”更好的回答了。

（19）作为被面试者给我打一个分或作个评价。

借此机会多给主试官戴几顶高帽子，一定要戴得准。试着列出四个优点和一个非常非常非常小的缺点（您是个专业能力很强的负责人；您公平正直热忱，值得每一个部下信赖；您谈吐幽默，举止很有风度；您非常关心人、理解人、很有亲和力。缺点嘛，太儒雅了，女生都会被你迷倒的。）

（20）告诉我三件关于这公司的事情。

你应该知道十件与公司有关的事情，他问你三件你回答四件，他问你四件你回答他五件。如企业负责人、企业文化、品牌影响力、主要经济指标、职工人数、主要职能部门、公司主打产品等。

（21）与上司意见不一致时，你将怎么办？

绝大部分上司都不愿意招聘一名不听话的下属。好员工的首要标准是听话，其次才是办事能力。但是做任何事情都是有原则和技巧的。覃彪喜先生的回答是：

“我会反复比较、权衡我和上司两个人的观点。如果我意识到自己错了，自然会不遗余力地执行上司的决策；如果经过反复考虑之后，我仍然坚持自己的观点，我就会给上级以必要的解释和提醒。但是我一定选择只有我们两人在场时提出自己的看法。在这种情况下，如果上司仍然坚持他的观点，我会服从他的意见。”

“对于非原则性问题，我会无条件服从上级的意见；但是，对于涉及公司重大利益的重大问题，我希望能向更高层领导反映。”

（22）你希望与什么样的上司和同事共处？

主试人试图通过你评价他人，了解你的个人品德和做人原则以及沟通人际关系的能力，并试图了解你的团队合作意识。

“我喜欢和有责任、有担当、公平、正直、有团队精神、有人情味的领导和同事相处，彼此互相鼓励，共同珍惜共事的缘分。”

（23）请谈谈你的工作经历。

覃彪喜先生的回答是：谈论自己的工作经验的时候，一定要与个人简历上的描述相吻合。对每一份工作的描述都要点到为止，不应过于详细。主要是谈谈自己先后在什么公司担任什么职务，负责什么工作，有哪一些工作成果和职务作品。

需要强调一点的是：千万别以为工作经验越丰富就越受欢迎。有些人跳槽的时候为了显示自己有丰富的工作经验，在“工作经历”一栏填写很多个单位。这一招是最典型的弄巧成拙的做法。没有一家用人单位愿意录用频繁跳槽的员工，就如同没有谁愿意跟一个结了8次婚、生了10个小孩的人结婚。一般来说，每份工作的时间都要尽量在1年以上。6个月以下的“临时工”还是略去为妙。

（24）谈谈你最近一次离职的原因。

用人单位在面试别人的时候往往比较注重这个问题，因为求职者从原来的公司离职的原因可以让用人单位对他有进一步的了解，同时也能通过其回答来预测他是否愿意在自己公司长期发展。回答时，不能说原东家的坏话。

有些人回答这个问题的时候，往往会把原来的东家说得一文不值，说原来的老板是多么无能而且吝啬，说那家公司的管理又是多么的混乱。这样的回答是很不明智的。要避免把离职原因说得太详细、太具体。所谓“言多必失”，在这种非常敏感的话题上更是如此。但也不能闪闪躲躲、避而不答，这样的话，用人单位会觉得你对自己离职的原因都缺乏慎重的考虑，于是觉得你是一个非常轻浮的人。

无论如何，你都不应该涉及自己负面的人格特征，如工作能力有限、不诚实、懒惰、缺乏责任感、不随和等。就算你真是因为这些原因而被“炒鱿鱼”的，也一定要文过饰非。

如果能够解释的理由为应聘者个人形象添彩，那当然是最好不过的。比如：“我离职是因为这家公司倒闭。我在公司工作了三年多，有较深的感情。从去年始，由于市场形势突变，公司的局面急转直下。到眼下这一步我觉得遗憾，但还要面对现实，重新寻找能发挥我能力的舞台。”

（25）请问你怎样才能搬动富士山？

据说这个题目曾经是比尔·盖茨招聘员工时出的一个面试题。有人说富士山搬不动，但我可以向富士山走去，这样富士山就好像移动了一样。但最好的回答是：我不能改变世界，但我可以适应世界。我们不要寄望于改变别人，但我可以努力改变我自己。

（26）你还有什么问题吗？

外企的这个问题看上去可有可无，其实很关键，外企不喜欢说“没有问题”的人，因为其很注重员工的个性和创新能力。外企不喜欢求职者问个人福利之类的问题，如果有人这样问：贵公司对新入公司的员工有没有什么培训项目，我可以参加吗？或者说贵公司的晋升机制是什么？外企将很欢迎，因为体现出你对学习的热情和对公司的忠诚度以及你的上进心。

三、找工作不要有地域依赖，好男儿志在四方

成功学认为，成功在于选择。大学毕业后，你面临着许多选择。怎么选择？前面“定位：做自己想做的人”一节已经从“从政、学术、明星、经商”四个方面作了详细的论述，其实选择还有许许多多。以求职创业经商为例，我们要考虑的选择还有很多。比如，首先我们要考虑的是到什么区域去发展，是去大公司去工作，还是到小企业去发展？选择什么样的具体工作？技术？管理？市场开拓？教育培训？选择什么样的老板？德高望重型的？雄才大略型的？开拓进取型的？墨守成规型的？

1. 向毛泽东学习，四海为家闯天下

我认为，选择在哪儿工作，不要有地域依赖。我们许多同学，在寻找自己工作的时候，有一个不好的倾向，这就是有地域依赖和人际依赖思想。一个是留恋自己读大学的城市，二是留恋自己老家所在的地方。有人会说：“会捉鱼的，门前塘里有。”还有人说：“在家千日好，出外不由人。”两个地方，都是自己比较熟悉的地方，有老师、有同学、有父母、有亲朋，当然也可以是自己首选的工作之地。问题是，不能有过分的地域依赖和人际依赖思想。这种依赖、恋旧，实际上是人格不独立，害怕外出闯荡，害怕失去亲朋的帮助。你出生在哪里，出生在哪个家庭，我们自己不能选择，选择在哪儿读书，这种选择也有限，因为我们毕竟只有一次读大学的机会，就算

到别的城市读研读博，也只有两三次选择，但工作选择，特别是求职经商的选择，就不同了。东南西北中，甚至国外，我们都可以大胆选择。但是我们中的许多学生往往有地域依赖思想，这种思想一定要破除。好男儿志在四方。当年毛泽东由韶山到东山到长沙，由长沙到北京到广州到上海，最后转战全中国，你说毛泽东要是不走出韶山冲，闯荡全中国，还不是韶山冲地地道道农民一个？毛泽东要是就在长沙第一师范附小教书，不离开长沙一步，也不就是教书匠一个？那时许多革命志士都是“笼灯花鼓夜，仗剑走天涯”，今天我们也要有这种四海为家的精神。

但是，走出去？到底到哪里去？也不是漫无目的的，毛泽东北上南下是要去求真理干革命。因此他去了五四运动的发源地北京，见了李大钊、陈独秀，他去了广州这个中国革命的早期根据地，国共合作的大本营，见了孙中山、廖仲恺。因此，干什么事？到哪里去？谋事要先谋势，要看清世界潮流和事物发展的大趋势，要了解社会发展的大环境大背景，要了解今日中国发展的坐标系和时代背景。

2. 找准人生创业的区域坐标

中国顶尖战略策划师、中国民间智库负责人、中国城市区域规划战略顾问王志纲先生对中国经济发展、对中国经济的区域规划有着精辟的见解，对广大学生了解中国经济发展大势，开阔经济视野，找准人生创业区域坐标，很有帮助。

改革开放30年，王志纲总结中国的经济地图和经济坐标，概括如下：

一、中国从经济层面来看有三个层面的中国。第一个是沿海中国，即将带领整个中国纳入全球一体化；第二个是中部中国，从长沙到武汉到郑州；第三个是西部中国，现在国家已经制定了西部发展战略。称为三级中国。

二、中国经济发展有“四极”。第一极是以上海浦东为龙头的长江三角洲；第二极是以香港、深圳为龙头的珠江三角洲；第三极是以天津滨海西区为龙头的环渤海经济开发区；第四极是以成都、重庆为中心的成渝经济区。当然中国经济板块中还有第五极、第六极、第七级，比如辽东走廊经济区，是振兴东北老工业基地的希望之所在；山东的“青岛—烟台—威海”半岛城市群，辐射东北亚。湖南“长株潭的融城战略”，武汉提出“得中者得天下”等。随着海峡两岸的进一步由经济互信到政治互信的发展，以厦门、金门为中心的海峡西岸经济特区也将呼之欲出。

虽然我们常说，一方水土养活一方人，但我们也大可不必过分恋旧，有地方依赖心理，要敢闯敢干，敢于走出去，经济发达地区机会多，大西部地区潜力大。到底走到哪里去，也要根据自身情况和已有人际关系去决定。

当然，我们也应了解世界经济地图，可以出国留学打工创业。美国、欧盟、新加坡、印度尼西亚、澳大利亚、日本、韩国、俄罗斯等都是理想的去处。

四、放低身段，先进得门去

应聘就职，与老板打交道，有一个“黄金定律”，叫做“让人接受你，让人喜欢你，让人离不开你”，这十六字真经值得同学们时时想，天天想，年年想。要就业，就要放低身段，放低要求，先让他人接受你，进得门去，再图发展。

1. 放低姿态，让老板先接受你

当今时代，并不是没有工作可做，也并不是没有职位可就。问题是我们许多大学毕业生，面子观念太重，太看重自己的学问和本事了，就职应聘高不成低不变。我个人认为，大学毕业后，除有家庭背景的人可以直接自主创业外，一般的人还是先找工作后创业，打工就业既积累经验也积累金钱，为自己将来自主创业打好各方面的基础。自己看准的企业或公司，你要放低身段，先进入公司和企业为自己找到发挥能力的平台。一个人能否有所作为，首先要找到适合自己的舞台。如果你进不了公司或企业的门，你怎么去展示自己的能力，创造自己的事业？现在一些大学生应聘就要求是外资企业、国有大型企业、政府机关，小企业不愿去，私营企业更不愿进。上班每月工资要求动辄要上万、六七千、四五千，认为不这样，体现不了自己的身价。去月薪仅有一两千元的小企业简直是去要饭，是去当长工，打短工。

这些想法实在是太错误了。我说找工作要讲究，但不要太讲究。就职创业的总原则是：放低身段，先找到工作平台，再求发展。

2. 以退为进，渐进思维

李连杰初到好莱坞时，几乎没有导演看好他。好不容易，有一家电影公司愿意请他出演，但片酬很低，只有50万美元，而且是反派角色，但是李连杰还是决定出演。

其实李连杰是另有打算。50万美元，其中还包括律师、经纪人、宣传公司等各项费用，扣完税，已所剩无几。但他明白，在好莱坞，演员的票房号召力，就是检验实力的唯一标准。因此他需要机会，尽快展示实力。就这样，李连杰拍了他的第一部好莱坞影片——《致命武器》。影片上映时，市场调查同步进行。在各地，电影公司都会派车上街，四处拉人免费看电影，还请吃饭，然后每人发一张调查表。首映当晚，各项统计数据就出来了。李连杰获得7.5分，片中巨星云集，他获得第二高分。

第二天，电影公司老板就亲自上门，找到李连杰，毕恭毕敬地说："下一部片子我们想请您演主角，您看怎么样？"今非昔比，实力摆在那里，这次轮到李连杰发话了。李连杰的第四部好莱坞影片《尖峰时刻2》片酬已是1700万美元。

李连杰以退为进，成功敲开了好莱坞的大门。有一天，他在电视上谈起往事，依然感触颇多，并念了一首哲理诗："手把青秧插满田，低头便见水中天。六根清静方为道，退步原来是向前。"农人插秧时，是边插边退的，每插完一行就得后退一步。你说，这是后退，还是前进呢？

3. 要有本事让老板喜欢你

世界性金融危机导致许多工厂、企业、公司倒闭，一些企业纷纷裁员，因此要找到一份工作当真不易，要找到一份自己满意的工作更难。因此，我们要放低身段，先进公司进企业里去，找到施展才能的平台，并且好好表现表现，真正做出成绩来，只要是金子，放哪里都会发光。只要你有那位青年"煮石头"的本领，还怕老板不多发你工资，不重用你？

黄建国现在是广东中山市一家家具厂的厂长，身家已经几千万了。当初从同事处借500元钱南下广州，下海闯商海，钱用光了，便到建筑工地去做苦力做小工，帮人担砖送瓦，只图有饭吃有地方住，后来又到酒店当服务员，端茶送水擦桌子的活儿都干过。只要有饭吃，有地方住宿能安生就行，能积攒点钱就更好。后来在酒店偶然认识一位家具厂的老板，两人相谈甚欢，黄建国因为父亲是乡里木匠，小时候帮父亲捣鼓过家什，所以并不陌生。黄建国说："老板你人很义气，又有本事，我什么报酬也不要，只要管饭管住宿，我跟你打三年长工，行啵？""哪里哪里，我正缺人手，看你也是个机灵人，只要你干得好，不会亏待你。"老板说。到家具厂后黄建国学艺进步很快，得到老板的赏识，开始学管理、跑销售，对这一行的流水作业行情全摸透了。自己有了一定积蓄，然后自立门户，小打小闹自己做老板，通过多年的努力，才有了今天的局面。

黄建国认为打工创业的人，找工作要求不要那么高，先安身再发展，先工作，再跳槽，逐步找到真正适合自己的工作。但无论干什么都要干到最好，要把人家好的经验、好的技术学到手，这样就一定会有用武之地，发展之机。

4. 去大公司镀金，到小企业成长

这一节主要讨论，到什么样的企业和公司去工作。

初涉职场重在谋求发展。就职前几年的主要工作只有三件，一是积累经验（技术、管理、创意、思路、方法），二是积累人脉（结交方方面面的人际关系，上至董事长、总经理、中层骨干，下至员工、销售员、重要客户），三是积累创业资金。

许多人认为第一次工作的选择要慎之又慎，因为第一次工作对今后的发展有方向性作用。我个人认为，这倒不一定，只要牢记你求职工作的三件事就行。我有一个姨侄姑娘，打工七八年以后，已经在广州中山市有了自己的制衣企业了。她对应聘打工创业有自己独到的眼光。

她认为，第一次应聘工作，不要想那么多，初来乍到，人生地不熟，需要的是工作安定，有工资发，有饭吃，有地方住，企业环境过得去就行。第一份工作，就是她南下闯荡的根据地。在这里，她认识了几个本地的好姐妹，也积攒了一点点钱。

后来，她果断地跳槽换工作，但每次换工作她总有一个目的，那就是学技术、学管理，不断积累新的人脉。在这过程中，她学了计算机技术，学了服装设计和裁剪（她是美术设计专业的），做过管理，跑过销售。

她有一个重要的观点，大学生选择工作，不要只看到眼前的“钱”途，而要看到自己的前途。不要忘记自己的梦想和抱负，你找工作，去打工，要有一个目标，为自己创业做准备，你的工作可以变换，但每一次变换工作，应该离你的理想你的愿望更接近些。

一般要逐渐选择自己喜欢的工作，要选择适合自己专业和特长的公司和企业。

还有一个重要的选择，是选择到大公司去工作，还是到小企业去发展。是选择到大公司做员工，还是选择到小公司当头目。她的经验是，大公司做人，小公司做事。到大公司去镀金，学管理；到小公司去打拼，去发展。

从公司的规模来看，同一个行业的公司有大型公司，也有中小型公司。大型公司往往管理比较规范，工资报酬高，福利较好，而且积累了丰富的行业经验，公司的培训制度也比较完善，这对于没有工作经验的应届毕业生来说无疑是雪中送炭。一个在杉杉西服工作过的员工，如果再到制衣行业工作，肯定响当当。因此，如果有可能，打工者当然要想办法去大企业、知名企业去镀金，学习各种管理制度和行业经验，提高自己的各种素养和能力。但是大公司往往人才济济，你的晋升一般较慢。有时派系林立，做人费脑筋。

相对而言，中小型公司和企业管理往往不规范，工资福利待遇也差一些，培训制度也差一些，行业经验也不丰富，因此，这里更急需专业人才和管理人才。正因为缺少人才，而企业处于发展阶段，才有给人发挥才能的广阔空间。蜀中无大将，廖化作先锋。一个有心的打工者，当然更希望自己得到老板的重用，有发挥自己才能的舞台。到小企业来，这里需要有能力的、能做事的人才。相信，在这里也更有晋升的空间和可能。

因此较理想的选择是，先到大公司去镀金，学管理学经验，特别要做有心人，要把大公司的策划、创意、管理模式、培训制度、核心技术全盘掌握，然后到小企业去求发展，找到发挥自己才能的平台。

五、让老板喜欢你，离不开你

出去打工求职，你不可避免地要面对一个对你很重要的人物，这就是你的老板，当然也包括你的顶头上司。就职第一步是要让老板接受你，第二步就是要让老板喜欢你，离不开你。要做到这样，你就得研究老板，学会取悦老板，好好干几件漂亮的事情，让老板对你另眼相看。这样，你既学到了老板的真经，又得到了老板的重用。

1. 选择老板，研究老板，向老板学习

你要追求成功，就要跟成功人士交朋友，向成功人士学习。一个有心求发展的人，不光要选择企业和公司，也要选择老板，向老板学习。

老板有很多种类型。

德高望重型。这种老板，为人和善，品德高尚，和气生财，有很好的人际关系，也乐于帮助人，包括帮助他的员工。在他的公司里做事，他会比较关心你们的各种利益，不会克扣你们的工资，会把管理经验和有关技术倾囊告诉你们，并且鼓励你们自己创业发家致富，他不怕多了你这个“敌人”，他永远把你当朋友。在这种老板面前，你要特别珍惜，要多向老板请教，要跟他如父子如父女，成忘年交，这样的老板是你创业的良师益友。

雄才大略型。这种老板，思维敏捷，眼光独到，识大体，有主见，干的是大事业，动的是大手笔。这种老板一般个人能力较强，往往更注重员工的品质和才干，喜欢有创意、大胆干事的人才。在这种老板面前，你要学会不露痕迹，恰到好处地夸奖他，满足他的英雄气概和成就感。在这种老板面前，你要更多研究企业和公司的战略发展的策划方案及阶段性发展规划，你要向老板学创意和策划，也要更多地向老板提供有创意的工作思路和规划。对于许多工作要毛遂自荐，独当一面。这种老板，往往也是统帅型老板，难于接近。因此，你要想办法接近他身边的心腹之人，副职、人事部负责人等。渐渐接近他，渐渐获得老板的认可和赏识。

墨守成规型。这种老板一般开拓意识不是很强，满足于已经取得的成绩。但企业效益稳定，管理规范，员工与员工、员工与老板相处融洽。在这种老板手下任职，要谨言慎行，中规中矩，他不喜欢你自创新法，他喜欢制度管人，按章办事。老板交代

的每件事情都要办得妥帖利落。在这种老板面前做事，你不要过多提新建议，因为他求稳怕乱，认为现在已经做得很好。但是你要认真学学他好的规章制度和管理经验。

精明能干型。这种老板往往也具雄才大略，只是事无巨细，一概放在自己眼里。这种人聪明绝顶，最好不要在他面前耍花招，你犯了错违了规，不要以为他不知道。他是有心人，看到你在办公室电脑上玩游戏，他不会说你，但不说并不表示他不记得。老板出差去了，是不是你就可以上电脑玩游戏了呢？不可以。何谓精明能干型？他有自己的情报系统，他有自己的耳目。耳目是谁你当然不知道。当老板叫你卷铺盖走人的时候，你就不要有委屈，也不要争辩了，他一、二、三、四、五清清楚楚的。跟这种老板打工，你也得多一个心眼，他精明你要更精明。他是个有心人，你当然更要是个有心人。只管勤勤恳恳、老老实实地努力工作，老板会看到你、重视你、重用你的。

一个员工回忆起自己打工生涯时，碰到一个精明老板，老板鬼精鬼精的，许多同事因为违了上班纪律被老板炒了鱿鱼，所以这位员工决定以精明对精明。一次他写了一个公司开拓市场的调研报告，自觉方案和企划很好，但他就是不主动送到老板那儿。老板有个习惯，总喜欢吃完晚饭后到自己办公室工作一会儿，整理整理白天未干完的工作，或者就到办公室看看电视和自己喜欢看的录像片，而不愿呆在家里。知道这个细节后，这位同样精明的员工，也来上“晚班”，在自己办公室“写调研报告”，修改调研报告。老板偶然出门，看到一办公室的灯是亮的，就去瞧一瞧，门是虚掩的。老板进去了，职员装作不知道，修改越认真。老板把手伸过去拿起调研报告，职员装作吓一大跳，然后表示，报告还未修改好，正要送给老板，但唯恐水平不高，建议不成熟。老板说，没关系，没关系，有这份心思和这份干劲就不错了。结果，这位员工从此获得老板的赏识，升任部门主任，后任公司副经理，并负责公司的纪律监管。

2. 学会取悦老板

取悦老板的目的，当然很明确：给自己加薪，重用自己，送自己去参加重要的培训，与老板攀亲结故。

怎样取悦老板？当然做好业绩是前提，你不能给老板带来利润，只要老板多发钱，老板会高兴吗？除此之外就是投其所好。老板重用不重用，提拔不提拔一个人，并不一定完全与工作业绩挂钩，说不定你只是二流的业绩，但却可以是部门一把手；

一流的业绩，你也可能只是副职，是人家二流业绩者的助手。这是为什么？这就牵扯到个性和个人的兴趣爱好。人都有一个特点，喜欢同类同质的人。员工甲业务能力强，工作勤勉、认真，工作业绩突出，但不一定就提拔甲当部门一把手。因为甲跟老板兴趣爱好不同，老板喜欢唱歌跳舞，甲却不擅长或者不优秀。相反员工乙，只是二流的业绩，工作也没有甲勤勉，敬业精神不如甲，但他和老板有共同爱好，都好一口美酒，好唱唱歌跳跳舞，是老板不可少的“玩伴”，因为“喜欢”、“合得来”，所以重用。因此，工作嘛，我们一定要研究人性，投其所好。老板爱玩，你就得陪他玩高兴。高兴了，就重用你了。

老板对异性，总是有种特别的情怀。漂亮永远是美女的通行证。帅气也永远是帅哥的护身符。注意选择异性的老板，并且尽力施展性别的魅力，当然会为你的职业生涯加分不少。

当然，有的女性职员，主动投怀送抱，取悦老板，如果分寸掌握不好，那是很危险的事情。因为没有不透风的墙，纸终究包不住火。因此，取悦老板，还是应多从工作上想办法。

有的老板为人极其孝顺，你就要尊敬关心他的父母及其他长辈。老板慈爱，你就要关心他的儿女。

有一位老板为人孝顺，对父母执礼甚恭，平时回家，对两位老人问寒问暖，还要买很多老人的用品，保健药品啦，健身器材啦，等等。一次，其母不小心摔了跤，腿伤骨折，老板把母亲送到医院后，硬要留下来亲自照顾。奈何公司事情特别忙，有一个重要合同要签，一定得老板亲自到场。随同前往的一办公室秘书得知情况后，马上说：“老板，签合同的事没有我不要紧，照顾伯母的事，你就尽管放心交给我好了，伯母的病一天没好，我一天不离开伯母，有空你回来看望一下伯母就行了。”老板走后，这位秘书尽心尽责把老人照顾得周周到到，端茶送水，搬上挪下，不是亲人胜似亲人，老人连连说，仔崽啊，你跟我崽一样，是个孝顺的孩子，将来一定有好报，有个好出息。老人出院之日，指着服侍了她二十多天的秘书说，这个细仔崽心思好啊，你可要重用重用他，多照顾照顾他呀，他呀，是个孝顺懂事的好仔崽。秘书回公司不久，就被分到人事部负责公司人事管理工作。

六、老板喜欢会做事、能把小事做好的人

你要得到老板的欣赏吗？你一定要把老板交办的小事情做好。小事情都做不好，大事情怎么能交给你做？老板最不喜欢好大喜功，自以为是，大事做不来、小事又不做的员工。老板经常用交办的小事、枯燥简单的工作，来考察你的工作态度、办事能力。小事虽然人人都能办，但不见得人人都办得好，办得到位。你要获得老板欣赏，一定要会办事，注意细节，要细致、周密、认真，要在老板心目中形成会办事，办事认真，我办事他放心的印象。要让老板形成这孩子积极向上，沉着稳健，小事干得漂亮，一定能办大事的印象。

1. 把交办的事情做到位

一位老板招聘了两位女秘书试用，想留下其中一位。便在不同时机，交给她俩同一件事：老板出差，请她们给自己买出差的车票。

这看似很简单的一件事，却可以反映出不同的人对工作的不同态度及其工作的能力，也可以大概推测出今后工作的前途。

一位将车票买来，就那么杂乱无章地交上去，另一位却将车票装进一个大信封，并且在信封上写明列车车次、号位及启程、到达时刻。后一位秘书是个细心人，虽然她只是注意了几个细节处，只在信封上写上几个字，却使人省事不少。

按照命令去买车票，这只是“一个平常人”的工作，但是一个会工作的人，一定会想到该怎么做，要怎么做，才会令人更满意、更方便，这就是用心注意细节，把小事情做到位。当然，谁去谁留也就一目了然了。

2. 热爱本职工作，把小事做出成绩来

现在的年轻人刚迈出校门踏入社会，总对自己的期望很高，不屑于处理许多杂七杂八的细碎问题，总想一步登天。在他们眼里自己是天之骄子。殊不知，自己正是象牙塔上的那一点，永远看到的只是象牙塔的那一圈。没有想到山外有山，天外有天。所以他们常常认为自己一出校门就必定要成就一番大事业，找工作时总是挑最好的公

司，遇到工作任务时也“挑大弃小”。

不过常常听到很多公司的高级主管说，那些大学刚毕业的年轻人，往往是小事情不做，大事情又做不好。想想也的确是这样，生活中的天才毕竟是少数，大多数人都需要时间和经验的磨炼，没有哪一个在没有学会走之前就开始跑的，不会处理小事情就不会处理大事情。

如果你认为自己真的很有本事，更应从小事做起。能否热爱本职工作，做好小事情，是老板考察人的惯用和有用的招数。重用你之前，往往让你做小事，观察你的能力和态度。

乔恩大学毕业后导师推荐他到一家公司工作，但乔恩去应聘，并没有拿出导师的推荐信。结果乔恩凭自己的努力如愿以偿地进入了全美最大的现金出纳机公司，但是他被录取为该公司电话远端支持人员。简而言之，就是别人在买了现金出纳机后，遇到什么使用上的困难时就打他的电话以求帮助。这是这个公司中小得不能再小的工作了。

作为一个大学毕业生，很难确保乔恩会坚持这份工作。不过，几个月过去了，他愉快地告诉周围的人，现在他干得很起劲。

作为电话排障员，的确没有更多的机会现场接触仪器，但是要做一个优秀的排障员却必须对仪器有相当深入的了解，所以对于排障员的要求其实相当高。但是，其他很多排障员，因为一天八小时全坐在电话椅上等待电话，所以对于仪器的处理仅仅停留在学校所学的知识和公司发放的故障解除手册上的答案。当然，这也不能埋怨他们，一天的时间全耗在等电话上，哪有更多的时间来寻求别的答案呢？但是，这样一来，常常有很多问题并不能实际有效地解决，实际和理解差距往往是很大的。

很多人都发现了这个问题，但是却没有人想去改变它。是啊，薪水不多，职位不高，认真按照公司发放的手册工作就完全足够了。

乔恩也发现了这个问题。他看到很多用户遇到的困难在排障手上并没有现成的答案，那么，到底怎样才能帮助这些用户解决这些疑问呢？从此，每天下班后，乔恩就留下来细细地研读从其他技术生产部门借来的技术书籍，每一个细节中可能会出现什么样的问题，他都要弄得清清楚楚。几个月下来，乔恩对现金出纳机有了相当详细的了解。随着自己的进步，他又不断地要求自己，不断地学习新的东西。渐渐地，越来越多的用户愿意把电话打给他。因为他们的困难在乔恩这里总是能得到实际有效的解决。

很快，乔恩在用户中居然有了很大的名气。大家一传十、十传百，纷纷要求总机把电话转到乔恩的分机上。就这样，乔恩的分机每天都快打爆了，而很多排障员却一天也接不到几个电话。公司总经理发现了这件事，一天他装作一个客户打电话寻求乔恩的帮助。总经理的困难自然是难上加难，但是，毫不例外，在乔恩这里他得到了自己满意的答案，同时他发现，乔恩的服务态度非常好。令他惊讶的是，一个小小的电话排障员，居然懂得这么多技术上的知识，简直比那些做了多年的技术人员了解得还多、还全面。

年底，技术部经理离开了公司，这个大家垂涎已久的职位，老板到底会交给哪个人呢？总经理找到乔恩，询问他是否愿意调换到技术部工作，乔恩答应了。很快，他就在自己的电话桌上发现了调换工作部门的通知书。这时乔恩才拿出导师的推荐信。乔恩是位高才生，并且有着博士学位。总经理与他的恩师是老同学。你想乔恩的未来怎么样？当然前途光明。

其实，对于自己的工作永远有一个最明智的决策——那就是好好干。在同一个工作岗位上，有的人勤勤恳恳，付出的多，自然收获也多。有的人整天一门心思地想调换工作，想被老板委以重任，却不做好自己眼前的事情。所以，将来的被重用自然也轮不到这样的人。

大部分年轻人总是看不到自己将来的晋升是建立在目前忠实地履行日常琐碎工作的基础上。只有踏踏实实地做好自己的本职工作，才有可能自己创造新的机会。所以，对于自己目前的工作，虽然职位不高、分量不重，但是它却是别人发现你的能力的有效途径，如果你因为轻视这样的工作而没有做好它，别人会说什么？他们一定会异口同声地说，这个人连这么简单的工作都做不好，那他还能做什么呢？因而，其他可能的机会自然不会轮到你。相反，只要你把自己的工作做得比别人出色、完美、迅速、准确，也比别人更热爱你的工作，那么是没有任何人能比你获得更多机会的。

七、洞悉人心，圆融处世，把每一个同事当作援手

职场生涯中，有一个十分重要的问题，就是如何与同事相处融洽。从工作上、业务上来说，融洽的人际关系，互助的团队，对提升自己的工作业绩太重要了。另一方面，你要得到上司的重用，少不了有好的群众基础，你良好的工作能力，你优秀的品质，你美好的口碑，需要同事的真心认可。如果你能成为某个部门的头目，你就必须有自己坚强的团队，你更需要团结同事、笼络同事的本事和能力。那么怎么才能与同事相处好，团结同事、俘获同伴的心，让他们跟你一条心，做好老板交代的每一件事情，把工作干得卓有成效呢？

1. 每天向同事问声“早上好”

如果你认为早上向别人问好无关紧要，对熟人是这样，对同事是这样，对陌生人更是这样，那你就错了。问一声“早上好”是对人热忱友善的表示，它具有意想不到的神奇魅力。它不仅能让别人感到你对他的尊重，还会使你们都有一个好心情。

“早上好”要叫得亲切、大方、发自内心，富有激情和感染力。不能认为说“早上好”是很简单的事，就认为没有必要，甚至认为这是虚情假意。有些人向别人道“早上好”时连身边人都听不到，或蜻蜓点水似的一带而过。有的叫得很不情愿，有的说得毫无感情色彩。有的干脆不说，以点头微笑代之，有的连头都不点。怠于说“早上好”的人，往往会被人认为太高傲，瞧不起人，独来独往，我行我素，无精打采，给人的都是负面的坏印象。一个连“早上好”都不肯说的人，怎么会赢得好的人缘？

与周围同事互道早安，是新的一天的新开始。

为什么一定要有感情地说“早上好”？因为“早上好”是一句问候语，是亲善感、友好感的表示，更是一种信任和尊重。“早上好”一旦说出了口，双方都有了亲切、友好的愿望，彼此的距离缩短了，它增进信任，融通关系。

一句轻松愉快的“早上好”，等于向你周围的人宣布：“昨天是昨天，今天是今天，昨天已经过去了，今天又是愉快的一天。”一句早安往往在向对方暗示，你已忘记过去的不愉快，期待新的一天。每天早上用热情的声调给同事、领导打招呼道早

安，没有人会因此感到不愉快。不管对谁都一样。“早上好”，是一天工作好情绪的开始，是精神饱满的保证，更是融洽人际关系的催化剂。

坚持说出“早上好”。不要用“微笑”、“点头”来代替，因为有感情的语言，更具感染力。

有的人坚持说“早上好”，他成功了。

有的人放弃说“早上好”，他仍然在寻找成功的道路上。

2.尊重每一个同事的独立人格

与同事相处，最关键的一条是要尊重他人，要尊重每一个人的独立人格。具体来说，我们要从三个方面尊重人、关心人。

第一，尊重他人的选择。每个人因为教育背景、家庭背景的不同，因为性格性情的不同，对人对事有不同的看法，有不同的审美观，因此，在工作生活中会表现出自己独特的个性和做派，有的或许你不认同、不喜欢，但是他喜欢。这时你就要尊重人家的选择尊重人家的意见。比如，你有个女同事，买了一件她喜欢但穿着并不十分得体的新裙子，她兴高采烈地来上班，为的是得到同事的认可和表扬。这时怎么评价这裙子就能体现一个人的水平了。甲是一个不高明的人，她总会挑这裙子的毛病，说裙子不好看，又是颜色不行，又是裙摆太小，又是款式不新潮，又是面料质地太差，等等。乙也不怎么高明，稍稍圆融一点，会说，我们美女漂亮啦，什么裙子穿在她身上都好看。这句话，如果此女同事真的又漂亮、身材又好那还好，但这句话并没有说“裙子”好看。等于是没有尊重认同你的同事。丙是一个重视身边同事，尊重他人选择的，富有心机，善于处理人际关系的人。她会说，啊哎，这裙子真的有特色，有韵味，花色好，款式很新潮，摸起手感很好，风一吹，裙裾飘飘，不愧是名牌，这裙子太高档了，别人穿肯定穿不出这味道来，但你一穿，确实与众不同，好看好看。虽然听到丙的评价，主人肯定心花怒放，丙也并不完全认同同事买的这件裙子，但既然她已经买了，那就只能“赞扬”这裙子了。因为你的同事的审美观决定了她自己的选择。客观地说一个人穿什么衣服真的可以看出一个人的品位和修养。既然她选择了这裙，你就得认同她的选择，认同她的选择，其种程度上就是你认同了她的品味，她的审美观。认同，是同质同类人的一个基本特点。你认同她，产生的结果就是她也认同你。并且这种认同的内涵和外延还会不断地扩散，使你们成为无话不谈的好朋友。

第二，尊重有缺陷的人。某同事脑袋相比较而言较笨拙，做事想问题往往慢三拍，因此许多同事喜欢嘲笑他，有的甚至欺负他。但其中他的小组长却从来不这样看他，从来不批评他脑瓜子迟钝，而是经常表扬他，说他工作认真细致，想问题比较周全、细密，他并不比别人笨，他很聪明，他办事，令人放心。结果这位“笨”同事特别感激他的这位“小组长”，为小组长做事也特别卖力，凡交办的事情总是做得很好。这位小组长是一个难得的人才，他知道这同事脑筋稍慢一点是事实，但并不能怪他，才能智力总是有差异的嘛，要尊重他，鼓励他，点拨他。另一方面，这个小组长也知人善任，他脑子慢一点，不要紧，一些具体性的工作他可以做呀。许多工作只要勤劳并不要很多聪明。此外，要尊重你的竞争对手。在任何一个地方，都有同事之间的各种竞争，如职务晋升，如果在几个回合之后，他人晋升了，而你有些不服输，但你要有绅士的风度，要尊重他人，并真诚地表示庆贺，而不可以当他的对头。这样，下次有机会，别人才会推荐你。

3. 在同事面前要善于施点“小恩小惠”

以前老听到人议论谁坏话时，总说这个人喜欢小恩小惠，不要上了他的当。看来人们很容易上“小恩小惠”的当。“小恩小惠”是个好东西。什么是“小恩”？当你生活有困难，没钱吃饭，正着急，找谁借钱的时候，他像及时雨，说：“某某荷包又空落落，没钱吃饭了吧，来，兄弟还过得去，200元，先用着，记得还我哟。”

什么是“小惠”？小惠就是给同事一些好处。自己手头宽裕的时候，自己埋单，喊上同事吃上一顿，不见得要多高档，开心就行。同事的生日要记得，最好出面组织大家乐一乐，费用可以AA制，有的同事讲客气，要自己掏钱，最好不要让他出钱，免得造成借机宰他之嫌。如果你出差在外，要发信息，打电话祝生日愉快。同事的父母来了，主动请吃一餐便饭。如果你有机会外出出差，一定要记得买一些吃的东西或小纪念品给同事，要心里有他们。

当然，小恩小惠要施，大恩大惠更要施。一个人要在外面混得好，往往不见得要很大的能力，关键要有侠义精神肯帮人的忙，特别是关键时候要敢于两肋插刀，为朋友伸张正义，而不是明哲保身，做缩头乌龟。

4. 承担责任，代人受过

老板要发展自己的事业，很需要勇于承担责任，独当一面，开拓性打开工作局面的人才，这样的人才，一般勇于任事、敢于负责，对老板交办的事情，从创意策划、组织实施，他都必须周全考虑，适时调整，对执行过程中出现的失误，也敢于承担责任，并谋图改进。这是承担责任的一个方面，即对上司负责，对老板负责，主动工作，开拓进取，敢于担当。

承担责任的另一个意义，是指在工作中，对自己负责的工作，勇于负全责，对下属所犯的过错，也勇于承担，能代人受过。

承担责任，代人受过，既是有工作责任感的重要表现，也是带好工作团队，笼络人心，增进人际关系的不传奥秘。

有一位叫王必成的销售经理带领团队很有一套，他的团队人人服他，愿意跟随他，由于凝聚力强，他的团队在销售业务大竞赛中总是名列前茅。他带团队有一个秘诀：有了成绩是大家的，有了过错是我的。他总是承担责任，代人受过。他们团队有一个能力素质较强的职员，业务能力好，完成任务快，就一点不好，有点自以为是，不把一般人放在眼里，有时对王必成也不服气，结果在一次销售业务中出了大错，被人骗走了几万块钱的产品。

公司老板是一个管理严格，照章行事的人，按章程，要扣罚他的工资，并要求赔偿损失，还要开除。王必成知道情况后，马上对老板说："老板，这位员工不能走。出错首先是我的错，发货是我同意了的。要罚款，我出一半。这位员工是个人才，他对公司的贡献，远远不止这二三万块钱。人才难得，今后公司的发展，少不得这样人物。如果要他走人，你先炒我的鱿鱼好了。"王必成是老板的王牌销售经理，手下有一个团队，打开了一片天地，哪里舍得他走人？后来老板从轻处罚，留下了那位员工，无论那位职员怎么说，王必成自己硬向公司交了一半的罚款。那位职员从此对王必成打心眼里佩服，他对同事说："王经理我是心服口服了，王经理当我们团队的班长，不光是靠能力，主要是靠德行，我这事与他没有半点关系，是我没有调查清楚对方底细，自以为是，结果中了人家的套，被骗了货物。但王经理这样代我受过，还认了罚款，我生平第一次见到这样的经理。”

八、隐忍求成，绝对不能毫无保留

隐忍求成是职场生涯中与公司老板及同事相处时必须遵守的一个根本法则。隐忍求成是什么意思呢？隐是指在同事之间要隐藏自己做事的目的，做到藏锋不露、才美不外现，关键时刻再露一手。在职场中每一个员工都面临着一个职务晋升、工作调整、工资晋级的问题。应当说职场是一个讲团队精神讲合作双赢的地方，但同时也是一个充满竞争的地方。所有员工来自全国各地，四面八方。其构成成分异常复杂，派系林立，员工之间的各种明争暗斗也是不可避免的。

你只满足于做一般员工也就罢了，你如果有“野心”、有抱负，想晋升，那就要做到胸有城府，藏器于身，待机而动。

1. 藏锋不露，关键时刻显峥嵘

现在我们来看看张云山是怎样当上公司公关部长一职的。

张云山来到公司后，在办公室负责文秘一类工作，他的老板是一位女性，他为人非常低调，从来没有过慷慨激昂的大把抒情，他很冷静地观察着公司的各种工作及工作关系，各种人物及人际关系。

后来因工作关系，他与公司公关部长成了好朋友。工作之余，也与部长“哥俩好”地喝上几杯，后来公关部长缺人手的时候，也经常请张云山临时出马，参与一些公关活动。张云山从不轻易显山露水，无论酒桌上、歌厅里都让公关部长成为永远的主角，而自己甘当配角，有时干脆当部长的服务生和秘书，谦虚到了家，让部长很是高兴。张云山其实本身就是块搞公关的料，善于与人沟通，能言善辩，能歌善舞，性情豪爽，为人热忱，特别是酒量惊人，并且知轻知重，从不喧宾夺主，做人做事，很有分寸。因此公关部长几次想拉他合伙，想让他到公关部去．张云山其实早就瞄准了这个位置，但他几次婉拒了部长的好意，因为他知道，部长的其他几位同事，特别是那位副部长也瞄着公关部长这个位置。他想干的是部长一职。

一次，公关部长回家奔丧，公司有一重要的公关活动，老板要亲自去香港与一家跨国公司谈一项重要的业务。老板打电话问公关部长能不能推荐一位，部长说：“您办公室的秘书张云山，此人才堪大用。”“是吗？张云山还有公关的才能吗？我怎么不知道呀！”“老板呀，我说行，他就一定行啦。”“好的，张云山本来就跟随我去的，不过身份是秘书，这回我让他公关部长、秘书一身兼，看他到底怎样。”

香港一行谈判工作果然异常艰难，张云山既是老板秘书又是公关负责人，因此他能深刻领会老板意图，进退有据，策略灵活，许多项目谈判总体顺利。但其中关键性的一个项目，香港方面卡了壳，谈判陷入了僵局，说是要等到日方董事长亲自来谈。

女老板一听说日方董事长亲自出面谈，忙要求张云山请日语翻译，张文山连连摇头说：“老板，不用了，我在大学既学了英语，更兼修了日文，当时我觉得日本是世界经济强国，又是我中国的邻国，日资企业公司在中国很多，所以对日语下的功夫比英语还多，大学里有几个日本教授，对我很慷慨，所以我的日语很地道。我是您的秘书，我当您的翻译吧。”说完说了几句日语的问候语。女老板惊讶不已，大笑不止，连忙说：“这是真的吗？你说的是‘老板好吗？’记得聘你的时候，你说你的特长是日语，我也不怎么在意，看来今天真的派上用场了。”

得知日方董事长是位年轻的女士，是家族企业刚接董事长位置的女掌门人，张云山连忙向老板建议，谈判前，设晚宴为日方代表接风洗尘，并安排小型舞会。宴会上张云山与日方董事长用日语交流，相谈甚欢，一会日语一会中文，又把自己的女老板摇得很高，让日方女掌门人几次向女老板举起大拇指。晚上到了舞厅，张云山一曲日文版的《北国之春》获得日方宾客的热烈鼓掌。日方翻译走过来问张云山：“张先生，我们董事长是位舞林高手，会跳摩登舞，请问张部长能奉陪吗？”公司在座的女老板及公关部的同事都吃了一惊，跳舞的高手，同来的公关同事当然有，但她点名要张云山陪同呀。正在大家着急时，只见张云山站起来，微笑着说：“真想不到还能陪日方董事长跳一曲摩登舞，你们等着鼓掌吧。”这时张云山显出了绝对的自信，大学时他就是学生会歌舞王子，国标舞、拉丁舞、摩登舞是他的最爱，各种民族舞也略知一二。张云山大方地走过去，很绅士地请日方女掌人跳了一曲摩登舞，惊艳整个舞厅，倾倒在场各位宾客。不用说，后面的谈判非常顺利。在最后的签字仪式上，日方女掌门用标准的中国话说："中日两国人民交往历史悠久绵长，中日两国和平发展我们就大有希望，中国是一个广阔的市场，我们愿意让利，我们希望我们的合作互惠互赢。"

回内地不久，原来的公关部长升任副总，张云山任公司公关部长。

很显然，张云山是胸有城府，藏器于身，关键时刻挺身而出，显露锋芒的人物。有些人一到公司自恃有才就锋芒毕露，威胁到别人的地位，这种人往往到处树敌，得不到别人的真心帮助。反观张云山，平时为人低调，才华不外现，做事不张扬，做人不喧宾夺主，得到部长的青睐和推荐，关键时刻显露真本事，一举震慑同行，获得最高老板的赏识，很自然地登上了公关部长的宝座。

何谓忍呢？忍就是指在与同事相处时，要忍让要谦让，不要因小失大，争一时之气，失去一个甚至几个朋友，不要争一时之利，多树一个敌人。只要是有人的地方，就有矛盾，就有利益之争，但聪明的人，总是忍小谋大，忍一时之气，谋图大家的支持，争取做大的事情，获大的利益。

忍也指要有自制力，管住自己的口，不要与人争辩，不要与人吵嘴仗。不要乱说话，不要乱喝酒。有些人平时就喜欢对人家说三道四，好议论人的长短，喜欢散布小道消息。有些人，三杯下肚，酒话连篇，藏不了一点事受不了一点气。

2. 老板的坏话不能说

曹道明与张洪武是两位好同事。三杯酒下肚后，曹道明的牢骚怪话就来了："他妈的，一个小学未毕业的文盲，当什么老板，还教训起我堂堂研究生来了，他懂个屁，不是生的地方好，当年走私贩私发点横财，哪有今天？要不是我解决他那技术难题，他有今天？他奶奶的，替人打工真不是人做的事，堂堂七尺男儿，窝在一个文盲手下，真不甘心啦。"张洪武是个有城府的人，只是哼哼哈哈喝酒。

过了几天，老板要安排一个人去浙江一带任销售总监。曹道明想，自己应该是最恰当人选，一是技术过硬，二是有销售经验，三是自认与老板关系不错。谁知，去浙江全权代理总公司业务的是张洪武而不是曹道明。当曹道明去向老板自荐的时候，张洪武早已经踏上北上的飞机了。老板对曹道明说："你嘛，卷铺盖走人吧，我一个文盲，当不了你的老板。你呀，多向张洪武学着点。我也批评他，但他厚道，从不说三道四，你虽然是酒后泄愤，但修养并不到家。"曹道明还不服气，说："张洪武来阴的，告我的刁状，就是英雄行径？""前几天，我训了你几句，当时你脸色就不好看，平时你就自高自大，不把任何人放在眼里。我是读书少，但我阅人多，我最看不得自以为了不起的人。不要说你只是个研究生，你就是博士生，如果我看你不顺眼，你一样给我走人。相反，你就是没进过一天学校门，只要你上进好学，做出成绩来，我一样提拔你当部门经理，一样让你外出独当一面。你认了吧，到别处去，从头开始，你我已无共事缘分。"老板冷冷地说。

3. 自己的隐私不足为外人道

李丽是一个公司的职员，她与同事张媚是好朋友，两人无话不谈。有一次，李丽生病，张媚对她照顾得无微不至。李丽感动之余，告诉张媚多年来藏在心中的秘密：李丽上大学时，看中了一位女同学的手机，因为没钱买，鬼迷心窍趁人家充电时偷去了，虽然事后没有被人发现，可是这件事一直像一块石头压在她的心头。

张媚当时安慰他说，谁都有犯糊涂的时候。李丽也因为说出这个秘密，觉得格外轻松。

时值年底，公司效益不佳，并准备裁员。李丽和张媚从事同一工作，这个位置精简后只能留下一人，但论实力，李丽比张媚要略胜一筹。

不久，李丽偷手机的事在公司就传开了，大家对她的印象一落千丈。谁愿意和一个"小偷"共事呢？李丽也觉得颜面扫地，主动辞职离去了。

每个人都有自己的过去，都存在一些不为人知的秘密。朋友之间，感情再好也不要随便把你过去的事情、你的秘密告诉对方。

如果你是职场中人，你将秘密告诉了你的同事，在关键时刻，他很可能会跟张媚一样，拿出你的秘密作为武器回击你，使你在竞争中失败。他将你不光彩的事说出来，你的竞争力就会大大削弱了。

17世纪西班牙著名思想家葛拉西安曾经告诫人们：“千万不要让人了解你的全部。”他说：“深谋远虑的艺术，就是善用你的智慧清晰地洞察情势，衡量情势。此中最重要的就是让人们知道你，但不让他们全部了解你。”这位社会经验极其丰富的思想家还解释说：“看透别人就能主宰别人，被别人看透则会被别人主宰，胜利能因此易手。善于识破他人，可以号令全局；善于隐藏自己，就不必担心会落入圈套。要想受到别人的尊重，就不要让任何人了解你的全部。一旦被人识破你的才能局限，一旦让人知晓你并不光彩的隐私，你就很难获得别人的敬仰和尊重。”

自己的秘密不要轻易示人，守住自己的秘密是对自己的一种尊重，是对自己负责的一种行为。

与人相处，不要把自己过去的事全让人知道，特别是对那些不宜让他人知道的个人秘密，要做到有所保留。向他人过度公开自己秘密的人，往往会因此而吃大亏。因为世界上的事情没有固定不变的，人与人之间的关系也不例外。

今日为朋友、明日成敌人的事例屡见不鲜。你把自己过去的秘密完全告诉别人，一旦感情破裂、反目成仇，或者他根本不把你当作真正的朋友，你的秘密他还会替你保守吗？

也许，他不仅不为你保密，还会将所知的秘密作为把柄，对你进行攻击、要挟，弄得你声名狼藉、焦头烂额。那时的你，后悔也来不及了。

九、认清自己，大胆选择自主创业

如果你有野心，有强烈的企图心、进取心，你想做出轰轰烈烈的事业，你想建立自己的财富帝国，你想自己主宰自己的人生，你自己有了强烈的当老板、当富翁的积极心态，并且你有了头破血流也决不退缩的勇气和胆略，那么，你大胆地自主创业吧，勇敢地从按部就班的公务员系列、朝九晚五的职场生涯中退出、下海吧，以大无畏的意志步入一个高度危险，同时又拥有高额回报的社会——市场竞争的社会、创业发家的社会——去发家致富吧。

自主创业是有高度风险的，选择自主创业之前，我们还是要有足够的自我认识和认真准备。

你认清了自己吗？知人不易，自知更难。对自己的长处、优势、特长有清醒的认识，对自己的缺点、短处心知肚明，知道自己能做什么，不能做什么，确实不简单。人才其实有两种，一种叫自用之才。这种人能够自己搭建舞台自己唱戏，并且能组织大家一起唱戏。这种人一般见多识广、思维敏捷，能把握历史潮流，有全局观念、大局观念。这种人一般有较强凝聚力和整合人际关系的能力，有组织才能、领导才能。这种人一般头脑灵活，能审时度势，进退有据。这种人一般志坚意毅，有胆识，有气魄，有强烈的企图心、进取心。这种人比较适合做老板，比较适合自主创业。另一种叫被用之才。这种人一般没主见，性格懦弱，做事瞻前顾后，畏手畏脚，不肯思考问题，不会主动思考该怎么做，习惯等候他人吩咐该怎样做。这种人也不善于进行有效的人际沟通，得不到他人的帮助和支持。这种人依赖心较强，他需要借助别人的舞台来唱戏，他适宜当配角，跑龙套，所以他是否成功取决于有没有适合他的舞台，取决于是否有赏识他的老板，知人善任的老板。这种人往往不是出色的老板，也不适宜自主创业，但可以是优秀的员工，甚至是出色的管理工作者，优秀的职业经理人。

《曾国藩》的作者唐浩明先生，总结人生的形态，归纳为三种人生：平顺人生、传奇人生和成功人生。一般人要求不高，能够平平顺顺、稳稳当当过一生就可以，所以人们非常害怕兵荒马乱，都希望躬逢盛世，生在和谐社会，端上铁饭碗，平平安安过上小康的日子。政府机关、公务员系列、较稳定的企业上班一族（国有大企业、实力雄厚的合资企业、知名企业）一般习惯于这种平顺人生。呆在家乡、不外出闯荡，老死泉林的种田汉，也属平顺人生。事实上拥有这种人生的人占了80%。

第二种人生叫传奇人生。这种人生可遇不可求。比如毛泽东，那绝对是传奇人生。还有那些十几岁就跟随红军打天下的开国元勋、将军也都属传奇人生。他们不愿躺着生，宁愿站着死，追求轰轰烈烈的人生。什么叫传奇啊？就是你一个人拿着一块钱去赌一个国家，这个成功的概率太低了。正是这个不可能变成可能了，所以叫传奇。香港首富李嘉诚也算是传奇人物。李嘉诚有句名言“小富由勤，大富由天”。唐浩明认为，拥有传奇人生的只有万分之一左右。

第三种人生叫做成功人生。所谓成功人生，一是自己的价值能够充分实现，二是自己能始终掌握自己的命运，三是觉得自己在心灵上是充实的、愉悦的。一般地说，成功的自主创业者大都拥有成功的人生。而公司、企业的高管白领因为充分发挥了自己的才能，实现了自身价值，有较好的物质回报，也算是成功人生。

因此，认清自己是自用之才，还是被用之才很重要。你是想过平顺人生，还是想追求成功人生，你想清楚了吗？

不过，我总觉得人要有敢闯敢干的拼命精神，爱拼才会赢，读书会改变人，社会实践更会改变人。谁说你天生就是被用之人，只有打工的份，当配角的份？要有自主创业的勇气和胆略，大学生最大的优势是年轻，摔几跤，跌得鼻青脸肿没关系。实在不行，还是可以回头就职当你的职员呀，当你的高管呀。

再说创业就是自己做老板，自己给自己打工。你魄力不足，见识有限，你可以跟有能力的人合作创业。当老板的一个重要前提是有资本，企业到一定规模时，你可以当董事长，聘能人做执行总裁。

但是，我倒认为，选择自主创业之前的各种准备倒是值得同学们认真思考。你准备好了吗？你志坚意毅下定了自主创业的决心了吗？你拥有创业的核心竞争力吗？你有拳头产品吗？你有过硬的技术吗？你学到了他人的企业管理经验吗？你打工几年拥有一定的积蓄吗？创业的资金筹备好了吗？借贷有门吗？你对创业的项目熟悉吗？你拥有创业的核心团队吗？你掌握了创业项目的销售网络吗？你对创业项目作过细致的市场调查吗？

要准备，不是唯准备是问。要条件，不是唯条件是问。只要有50%的把握，没条件要学会创造条件。自主创业，才是真正的精彩人生。

不过我要慎重地告诉大家，做任何事情都要循序渐进，不要好高骛远，想一口吃成一个胖子，一锹挖成一口井。经商创业，我们要从小生意、小买卖做起。我们不妨从商业、服务业做起，小商小贩、小老板做起——卖服装，低价进高价出，价廉物美，谁都会；开个小发廊，5元、10元理个发，优质服务，都会做。以时间换空间，积小胜为大胜，有了一定数量的原始积累了，有了较好的机会，再办企业、制造业也不迟。

1. 正确看待金钱——金钱就是力量

我们要树立正确的金钱观念。“金钱观”是指人们对金钱的看法和态度。正象社会变革和经济发展一样，建国以来，人们的“金钱观”也在迅速变化。20世纪50年代的人们很少谈钱，他们关心的是“建设祖国”，祖国繁荣了他们的生活自然会好些。60年代、70年代的人们更少谈钱，他们关注的是“继续革命”，而革命的对象之一就是金钱，因为在那时金钱是卑鄙的象征、罪恶的根源。进入80年代以后，金钱作为一种目标，开始在人们的头脑中出现，人们是在私下里谈钱，继而是羞羞答答地谈钱，最后是较少顾虑地谈钱。到了90年代，钱则转而带上了某种“合理”的、“正义的”色彩，“谁有钱，谁光荣，谁无钱谁狗熊”。在人们的生活中，从价值标准方面看，金钱已成为人的生活理想和奋斗目标，成为衡量个人社会地位高低的标志，成为评价个人在社会上成功与否的标准，成为个人人生价值是否实现，实现多少的尺度；从生活需要方面看，金钱又成为个人在社会上影响他人的资本和达到其他目的的必要工具，成为个人生活、生存、发展必不可少的依赖物，成为人生幸福感的重要来源。因此金钱成为个人的重要崇拜物。相反，缺少金钱则成为人们烦恼痛苦的重要原因。如果有人说“我不追求金钱”，他很可能被视为“说假话”，是“伪君子”或者被认为“跟不上潮流”。这可以称为90年代人们的“金钱观”，在这种“金钱观”的支配下，青年学生的价值取向也发生了很大变化，从注重理想和追求，到注重现实和功利，把理想追求和现实功利结合起来；从注重奉献的理想主义，转向注重实惠、实用和物质享受的现实生活，倾向于奉献与索取并生；从注重知识的价值、理性的追求，到注重金钱和物质享受，这种“合理利己主义”已经成为青年学生比较普遍的价值取向。应当看到，合理利己主义与拜金主义、享乐主义和极端个人主义有着相当大的区别。社会主义社会经济时代，建设有中国特色的社会主义，宪法保护个体生命和财产安全，致富光荣。只要用合理合法的途径赚钱，那就是新时代的英雄人物。

…… ……

赚钱并不是罪恶，赚钱的人并不丑陋。战争年代，拿枪杆子、把脑袋拴在裤带上打天下的人是英雄；和平年代、市场经济时代，纵身商海，通过正当、合法的途径赚钱，赚大钱，建立了自己财富帝国的人是英雄。新的时代，需要许许多多投身一线的农民、工人、小生意人、小私营业主、中型企业主、企业大亨、资本精英、知识精英投身商海，他们是真正的纳税人，是他们创造了社会，推动了社会的进步。

贫穷不是社会主义，贫穷不是善良的人们所能真正忍受的。从某种意义上说，贫穷意味着愚昧，贫穷意味着绝望。

1979年的某一天，一个叫徐家坳的偏僻乡村发生了令人悲痛而哀伤的一幕：徐爱艳等五位年轻的姑娘因为贫穷而集体自杀。

那是一个晚霞将逝的傍晚，徐爱艳等五位年轻姑娘一起到山下村子里看了日本影片《华丽家族》，看完后，影片中豪华的陈设和阔气的生活，一时使五人目瞪口呆，联想到自己瓜菜代粮，穷得叮当响。回家的路上，她们千番叹息，万般感想。

山路弯弯，负载着沉默的脚步。不知是谁叹了口气："哎，看看人家过的日子，我们真投错了胎。"一石激起心头浪，黑暗中姑娘们杂然话起："要再投胎，我投日本去。""我投香港去！""我投美国去。"夜幕低垂，星斗错乱，五个姑娘同时神乱情迷。这时，她们已走到水库边。黑暗中的水库幽静，水阔如镜，几声蛙鸣。清凉的夜气逶迤一片诡谲，又弥漫种种神秘诱惑。

徐爱艳先说："要是现在死去多好，早死早投胎。"没有人表示惊诧，黑暗中只有瞳孔里鬼火般的幽蓝。

说着，五人就手挽着手向水里走去，没有半点踌躇，没有半点惊慌，苍穹俯视着她们头也不回的身影。

水浸到了她们的胸部，水淹没了她们的头顶，水面翻起了几个泡泡，天地无语，一切沉寂……这只是许许多多悲哀中的一幕。在中国，传统鼓吹的是"安贫乐道"和"穷且益坚"，事实是，穷毕竟是脆弱的，穷是人生最残酷的虐待和打击。我们有许多学生考不上大学焦急，考上了大学忧愁，为什么？缴不起学费，付不起生活费，穿着俭朴，受人歧视、受人蔑视、受人嘲讽。

事实上，人类社会发展的历史证明：金钱对任何社会，任何人都是重要的；金钱是有益的，它使人们能够从事许多有意义的活动；个人在创造财富的同时，也在对他人和社会做着贡献。

随着现代社会的不断发展，人们对生活水平的要求不断提高，我们每一个人都承认，现实生活中金钱不是万能的，但没有金钱是万万不行的。在现代社会中，金钱是交换的手段，金钱就是力量，金钱虽然可以被坏人用于干坏事，但是更可以用于干好事。美国著名成功学家拿破仑·希尔的著作《思考致富》中提到的亨利·福特、威廉·里格莱、约翰·洛克菲勒、托马斯·阿尔瓦·爱迪生、爱德华·菲伦、朱利法斯·罗森瓦尔德、爱德华·包克、安德鲁·卡耐基等著名企业家，建立了一些基金会，直到今天，这些基金会还有总计10亿美元以上的基金。基金会拨出的金额专用于慈善、宗教和教育，这些基金会为上述事业捐助的金额每年超过2亿美元。而我们知道美国微软总裁比尔·盖茨捐出的钱在200亿美元以上。

钱，它本身不是坏东西。把崇尚金钱变成一种崇高的信念，怀着关爱自己、关爱家庭、关爱人类的博爱去赚钱，怀着富足自己并为社会创造财富的愿望去经商、去赚钱，怀着实现健康的人生价值去赚钱，是十分必要的。

2. 每天都做发财梦：富裕让你宾客盈门

人类因为梦想而伟大。没有本钱而又想谋求发家致富的人，应当每天都认真仔细地想象一下：发财之后，你将给自己和家人带来什么呢？应当仔细认真地想象一下：一旦发财之后，你和家人将会从中得到何等的幸福？因此我建议在你的日记本扉页上或"梦想板"上写上：

发财之后——

我可以拥有自己的大笔财产：雅致宽敞富丽堂皇的房屋或别墅，做工考究精美绝伦的各式家具，制作精美、工艺出色的各式华美服饰，精美华贵的轿车、香车另加美人，或香车另加帅哥……我可以拥有世界上绝代无双的东西。所有这一切和其他东西，可以使我生活惬意、充实、自信，觉得生活更有意思。

发财之后——

我可以不再为生计而发愁，我可以用财富让我所有的愿望得到满足，财富可以帮助我充分地享受人生，更充分地表现自我。财富好比我的第六感官，有了它，我可以更充分地利用其他五种器官，享受我美妙的人生。

发财之后——

我可以放开手脚，去认真做自己想做的事情。把爸妈接到海边别墅来，在老家门前修条新公路。能做自己想做的事情是多么美妙啊！能做我想做的可以使我在生活中更潇洒自如，创造出更有价值的成就来。

发财之后——

我可以更好地娱乐，更安心地旅游，更可以增强自信心，交更多的朋友，请朋友陪我娱乐、旅游，为自己的朋友埋单，我是多么的开心。

发财之后——

我可以使我的子女接受更好的教育，我可以让他学习各种乐器舞蹈，我可以带他到北京听高级教授的各种演讲，我可以送他出国留学，增长更多的见识，学到更多的本领，让他没有任何的压力，干他喜欢的事情。想从政好好干，不会让他为金钱而费神，他不会当贪官；想当演艺明星，我以雄厚财力支持他、包装他，让他比父母更耀眼。

发财之后真是美妙。《圣经》上说："富裕让我宾客盈门。"真是一点也没错啊！

亲爱的大学生们，天天都做你的发财致富梦吧。

用你的想象。用你的意念。

你必须天天想发财之后的种种好处，你必须天天叨念上面的"发财之后"，你必须把你的意念化为好的构想，把你的想象诉诸实践。这样，你就可能拥有自己的存折，自己的股票，自己的财富帝国，你自己想要的一切东西。

人类因为梦想而伟大。别以为这种发财梦很可笑，它决不是白日做梦。对于白发创业的人来说，"有野心"、"有梦想"、"天天都做发财梦"相当重要。发财梦可以成真的心理学基础就是"积极的自我暗示"带来的"积极的心态"、"无与伦比的自信心"。许多身无分文白手起家的富豪的历史可以证明，正是这种发财梦的驱使，才使他们踏上了艰苦创业的致富道路，找到了自己进入人生新境界的大门。只要你勇敢地走下去，总会有一天，你会拥有连自己也意想不到的那么多财富，你会自豪地宣称：幸亏那时我每天都做发财梦。

3. 商战有奇谋——但并非不能掌握

商战有谋略，谋略并非神乎其神，不可掌握。

1981年6月的一天，一枚中国古币震动了伦敦，随着扶摇直上的报价和一声锣响，它被拍卖为210万美元。它是一枚罕见的古币，是一枚刀币，出生在先秦的齐国，即以临淄为中心的古黄河繁荣地带。按照伦敦有关行家评述，这枚古刀币甚至透露了一个民族的性格密码，因为它呈刀形，具有世界货币独一无二的奇特形态，刻铸着中国人对流通手段的深刻理解。

在伦敦人眼里，这种理解就是“商战”。它说明，早在20个世纪前，中国就出现了繁荣的商业和激烈的商战。强烈而自觉的竞争意识，由此而选择最富有搏击意义的刀形作为自己的徽号。商场即战场，商场也需要兵家的战略、战士的勇敢、斗士的坚毅、侠客的重义轻利和一诺千金。

中国人早就有一位“商战之神”，它的名字叫范蠡。范蠡正是“刀币”同时代的人。先秦时期，范蠡贵为越王勾践的重臣。越王卧薪尝胆的国策，正是他确定的。为消融吴王的意志，他又把绝代美女西施送入吴王之宫。他很明智，勾践复国，他功成告退，隐逸江湖，做起了生意。几年后，他室垒万金，成为中国商家的开山鼻祖，百代香火供奉的尊神。他因为经商易名“陶朱公”，这个名字就成了中国财富和金钱的代称，重臣转变为财神，中国人选定的就这么一人。

中国为什么要选范蠡做财神，日本汉学家有一段绝妙的考评。他们认为，范蠡致富，主要不在于个人才干，而得力于他多年军机磨砺的经历。那是一种强烈的求生欲和求胜欲，它与时时刻刻的风险共存。为战胜风险，他学会聪明、刻苦，必要时忍辱负重，适时跃然而起，纵横捭阖，拼死搏杀。这是一种“高明”，一种“韧性”，一种勇敢，一种随机应变的精神。日本人认为，就这一点来说，中国人胜过犹太人。犹太人会赚钱世界著名，但他们主要的手法是谨慎吝啬，他们操弄的武器更多的是盾。中国得范蠡真传，进取心更强，操弄的武器是刀。

商场如战场，商战如兵战。对于一位家境贫寒、四处流浪、一穷二白的年轻人来说，你想出人头地、发财致富，除了胸怀大志、目光远大、勤劳苦干以外，你怎么能不效仿你祖先的做法汲取他们无穷无尽的商业智慧呢？只有掌握了白手发家的奇谋和策略，才能事半功倍，早日达到你心中的宏图伟业。

商场如战场，商战如兵战。乍一听，我们一些同学就吓昏了头。我怕。我不敢经商。我不敢自主创业。

其实，赚钱不容易，赚钱也并非你想象的那样难。经商并不难。古人说：“为之，则难者亦易矣；不为，则易者亦难矣。”

在经商、创富问题上，特别是对白手创业者来说，要学毛泽东“战略上要藐视敌人，战术上要重视敌人”，“要慎重初战，集中优势兵力，各个歼灭敌人”。只要我们打好学识基础，学有专长，掌握了核心竞争力，又有舍得一身剐的拼搏精神，勇敢地踏进商海，一定能杀开一条血路。

那么，在新的一轮创业竞赛中，到底什么样的人会勇立潮头？我说只有武装了头脑、掌握了本事，轻装上阵、义无反顾、背水一战的人才有希望。

在新一轮创业竞赛中，到底什么样的人会起好步，掘取创业的第一桶金呢？我认为下海者、下岗者、自主择业的大学生，要创大业、赚大钱有九道关要过：第一，心态关。要敢想、敢干、敢于创大富。第二，面子关。要从打工做起，要从端盘子做起，当理发师做起，捡破烂做起。第三，资金关。要有积钱、借钱、筹钱的本领。第四，起步关。到底从打工开始，还是从自己熟悉的行业做起，要根据自身实际出发，起好步，开好局。第五，战略关。事业终极目标是什么，阶段目标是什么，要审时度势，全局在胸。第六，自身形象关。人脉即钱脉。能否政通人和，有善缘有人缘，把一切人都当成自己的援手，需要有一个良好的自我形象，并不只是从政者需要仪表堂堂、风流儒雅，从商者更要风度翩翩、气宇不凡、方圆有度，人情练达。第七，专业技术关。一般地说，掌握了核心竞争力，有一技之长的人更容易在商战中站稳脚跟。第八，与人合作关。刘备、关羽、张飞为什么要桃园三结义？就是因为一个人成不了大事，众人拾柴火焰高。第九，领导关。创业到了一定程度和规模，有了自己的企业、团队时，你的领袖气质、你的组织才能、你的激励手段、你的凝聚力和号召力就能帮你大忙。真正的企业家应该是一个思想家、政治家和管理家。我个人认为，只有心态积极的人，胆大敢为的人，用心赚钱的人，善于化废为宝、做无本生意的人，善于借助他人的人，拥有一技之长的人，能从小事做起的人才会真正成功。

4. 放下脸面，从小生意做起

这里要向各位学子特别强调的是，欲在商界发展做成大事，首先必须放下脸面。中国人历来讲的是“文不经商”、“士不理财”、“君子不言利”；又说要赚就赚大钱，贩菜、开店、做服务那是小儿科，会招人笑话。要做就像马云、张朝阳一样搞IT、开网站，赚大钱；要做就像黄光裕一样开电器连锁店，做营销大王。这些人，往往志大才疏、心雄手拙、眼高手低，小事不屑做、大事做不来。现在我们一些大学生找工作也是挑三拣四，嫌这嫌那，说是找不到工作，其实是许多工作他们不愿去，嫌“失面子”，嫌钱太少，认为读了大学就应该坐在机关里。创业呢，想一锹挖成井，要办公司，办企业，也是不屑从小事做起。说穿了还是面子观念在作怪。

中国人有不要“面子”的人，那是韩信能受胯下之辱，那是张良能下桥受“拾鞋之辱”。但中国人真正能忍的是极少数。日本人更善忍。

日本江户末期，有人请教佐父间象山如何从一无所有的穷光蛋摇身一变，成为家财百万的富翁。

象山回答说：“别人认为有失面子，感到害羞而不愿做、不敢做、不屑做的工作，如果你能高高兴兴地去做，而且胜任愉快，你就会无本发财，发大财。”

这位请教象山的年轻人就是后来日本的航运大王河村瑞贤。

河村瑞贤出身于贫苦家庭，年轻的时候，生活拮据，大学毕业后在好长一段时间内无所事事，呆在家中赋闲，靠父母那点微薄的收入过日子。有一天，他忽然有所悟，他大声对自己说：“我再也不能这样贫穷下去了，我应该干出一番事业来。”但他没有本钱，几乎一个子儿也没有，他能做什么呢？他想到了前去请教大军事家、大教育家佐父间象山。在象山的指点下，他决定选择一种只需脸皮厚而无需本钱的行业。于是， 他选择了到菜市场收捡黄菜烂菜叶子。

收拾菜市上菜农以及各个家庭丢弃的黄菜烂菜，在喜好面子的人看是最丢脸不过的事情了，然而河村瑞贤一点也不这样认为。他先去收捡些人家丢掉不要的生菜，洗净之后，加点盐腌成酱生菜，或者挑选较好的，洗净晒干，做成干咸菜，卖给工厂里那些贫苦的劳工。一段时间后，他有了一点小积蓄。

于是他决定扩大收捡规模，花钱雇人去捡生菜，但没有多少人愿意干这种被认为有失面子的事情。没有办法，只好请来乞丐，给他们少许钱，叫他们到外地去，收拾更多的生菜。这样一连干上好几年，他已拥有一笔数目相当大的资本。这时候，河村瑞贤已经俨然一个小商人了。

当初，河村瑞贤开始操作这种无本生意的时候，许多朋友、同学甚至连自己的亲戚都瞧不起他，冷嘲热讽一个接着一个：

“河村那小子是十足的一个二流子！”

“那家伙是个土人杂种加乞丐！”

“那河村小子注定要断子绝孙啰！”

面对这种不堪入耳的风言冷语，河村瑞贤丝毫也不在意。甚至连最要好的朋友也发出了最后通牒，限期让他停止收拾生菜，停不停？不然就绝交。绝交就绝交，河村也不在乎。

“等着瞧吧！别小看我！”

河村大声地回敬他们。

“管别人怎么说，我走我的路。等我发了财，他们准会惊讶的！”

河村瑞贤的决心越来越坚定了，愈是被别人鄙视，他越狂人发疯似的干得更起劲。他的脑瓜子也越聪明了。他的耐心，他的才智，他的艰苦奋斗的创业精神，全投入到这酱菜生意上了。他的努力终于有了回报：他的酱菜格外便宜，而且随时改进味道，适合不同客户的需要，没出几年工夫，河村变成了规模很大的酱菜批发商。他的酱菜生意兴旺发达，如日中天！

又过了两年，从前身无分文的河村瑞贤赚够了足量的本钱，便购买了船只，转行到航运业上来。

各位年轻的学子，你听明白了吗？

要赚钱，尤其是要能无本创业而赚钱，那才是真人才、真英雄。要赚钱，顾全面子是最要不得的。不要认为拾人家丢掉的废物是一件有损面子见不得人的事。要不然，你就注定一辈子穷光蛋，一辈子发不了财。反观河村瑞贤，还有日本那位靠卖水发家的水泥大王浅野总一郎，他们都是财富的梦想家、野心家。正因为他们怀着比一般人更远大的目标，所以他们能不计较眼前的一时荣辱。那不是没人格，而是一种大人格。正如德国哲学家泡尔在《伦理学原理》中所说：“最高尚之道德非际遇至大之艰苦殆未有能完成者。”这正合了中国古代先哲孟老夫子：“天将降大任于斯人也，必先苦其心志，饿其体肤，劳其筋骨，行拂乱其所为。”

再举个例子与大家分享。

我们这些人大学毕业后，赶上了统招统分的“好政策”．一个个当公务员、当人民教师、当武警干事，吃皇粮当皇差，饿不死，富不了，比上不足比下有余。

我有一个学生叫胡拥军，高中毕业后，没考上大学。实话说，他没有一点读书天分，真不是块读书的料，虽然努力、刻苦，眼睛读坏了，但长进不大。家长尽了心，家里又实在穷得叮当响，要复读家长不同意。胡拥军只好前来向我咨询，到底怎么办？

胡：“杨老师，您是我最尊敬的老师，我读了这多么年的书，印象最深的就是听您班会课的演讲‘生当作人杰，死亦为鬼雄’，‘不怕慢，只怕停，只怕站’等，至今记忆犹新。”

我说：“胡拥军，不要恭维我了。你这书不要读了，因为你确实不是读书的料。你别生气。但你肯定能发家致富，将来过得比我杨老师好。”

“那可能吗？您在政府机关做事，前途无量，我怎能跟您比？”

我说：“是真的。我端着这铁饭碗，就要属别人管，我没有自由了啊，今生卖给政府了。从政很复杂，并不一定有能力就上的。你就不同，虽然没有皇粮吃，但碰上了发家致富的好时代，现在搞的是市场经济，只要勤劳肯干，你一定能够成为大富翁。”

“杨老师，这是真的吗？”

“千真万确，你脑瓜子不怎么灵光，但你勤奋能干。发家致富没问题。”

“这当官从政要读点书，因为要会讲话，要思想领先，比别人会想会说嘛。这当科学家、当教育家（教师）搞教育科研要认真读书，要不然这原子弹怎么爆炸，这卫星怎么上天？但唯独这经商赚钱，不需要读很多书，小学毕业会写自己名字会算百以内加减法就行了。不要把名字写错，不要把钱数错。”

“不可能吧，杨老师，您不是说，知识就是力量，只有读了大学才能办成大事吗？”

“那当然没有错，但我从没有说过赚钱致富，养家糊口一定要读大学的。你睁开眼睛看着，你周围那些小富翁、百万富翁、千万富翁哪个是大学毕业的？香港首富李嘉诚，小学还没毕业呢！这么多大学生、这么多博士生，哪一个赚了那么多钱？你呀，只要放下脸面，从小事情干起，从拾破烂、卖冰棍做起，你一定成。”

那时我也搬出日本思想家、军事家佐父间象山的话告诫他：“别人认为有失面子，感到害羞而不愿做不敢做不屑做的工作，如果你能高高兴兴地去做，而且愉快地去做，你就会无本发财，发大财。”说完，我还将河村瑞贤收拾菜叶子的故事告诉了他。

胡拥军很受感动很受启发。当即表示：“我听杨老师的。我不怕丑，我不怕失面子。因为我本来就长得丑。我本来就是穷光蛋，没面子。您说，具体做什么事情好？”我想起平时晚上带着小女儿上上街，好喜欢吃烧烤牛肉串，便说：“上街烤牛肉串，怎么样？不要什么成本做个小烤箱，串点牛肉烧烤出来，价钱翻了好几倍。做生意呀，就是低价进，高价出。但一定要记住，一定要价廉物美，不要想着赚大钱，一口吃个胖子。金钱的规律有一条，叫做无价值规律，你看这100元钱，这钱本身是一张纸，这一张纸本身是无价值的。它暗含了一个金钱的规律：无价值规律，也就是说，越价廉的东西，越赚钱，越价廉的东西越有人要。比如说，娃哈哈矿泉水1元钱、1.5元钱一瓶，如果5元钱一瓶，还会有这么畅销吗？因此，你的烧烤要价廉，味好，别人1元钱5串，你只管1元钱6串，这样，你的回头客就会越来越多，你不要小看了这多一串，你只便宜一点，但回头客多了，你赚的肯定越来越多。”

胡：“真心谢谢杨老师指点迷津。我卖烧烤了，您天天来吃，带着女儿来吃，全部免费，想吃多少就吃多少。”

后来，胡拥军真的卖起烧烤来，生意很红火，后来，他又发展了其他夜宵等项目。三年下来，积攒了一笔数目不小的钱，在新火车站一带起了三层楼房。再后来，因为一个老乡的介绍，他进入销售电线电缆这个行当，跟浙江的厂家和许多大建筑商拉上了关系，做起了建材生意。如今在大型批发市场买了四个大门面，高档车子也有两三台，还在开发区征地三十多亩，正准备建房办厂了。

在一次我学生举办的十周年同学聚会上，学生们一定要请我去给他们作演讲。胡拥军给会议室挂的横幅标语就是“再听杨老师一堂课”，我很感动，给他们作了一次“每天都做发财梦”的演讲。结束时我说：“同学们一定都会很有出息。你们不要怕自己学问少，不要怕自己出身低。你们碰到了发家致富的好时机。只要放弃一夜暴富的妄想，强化你成为百万富翁的梦想，天天都做发财梦，只要勤奋肯干，只要勤于思考，只要勇于行动，遍地是黄金，到处可发财，干什么都可发财。胡拥军就是你们的榜样。要不怕苦，要不怕累，要不怕失面子，要敢闯敢干敢拼命，你们一定可以用时间换空间，你们一定可以积小富为大富。你们一定可以建立自己的财富帝国，创造你们美好的明天。”

在这里，我还要慎重告诉大家，从小生意做起，不仅仅是放下面子的问题，更是创业成事的方法问题。

5. 合作双赢，自主创业起好步

自主创业，不像读书，没有人教。读书从小学到大学，有老师，有教授，有博导。当老板，自主创业，全靠你打工时向老板学习，有悟性。但老板一般不会对你言传身教，他怕你抢了他的饭碗。现在一些高等院校，有高级总裁班的培训课程，但可惜社会上至今还真没有人站出来教你怎样自主创业、怎样做小老板的初级课程。我想这个培训将来一定会有的，因为有市场啊，大学毕业生，职校毕业生，还有下岗职工、下海干部都自觉不自觉地要走向自主创业的历史大潮中来。

自主创业首先要向成功的老板学习经验，所以说打工就职的时候，我们要眼观六路、耳听八方，要研究老板总结老板的成功经验，也要吸收老板失误的教训。

自主创业还得在实践中不断摸索。在自己资金有限，条件准备不充分时，应该灵活变通，学会借助他人的平台、借助他人的人力、物力为我所用，要坚持“合作双赢”的原则，学会与他人合作创业，借以积累经验，打开市场，壮大力量，然后自立门户，真正走向自主创业的阳关大道。

请看王君是怎样创建自己的婚庆公司，做好婚礼主持，打造“浪漫事业”的。她的事业分为三阶段：

一是捕捉商机，毅然下海当起婚礼主持人。王君是永州市冷水滩人，身材高挑，穿着得体，一看就是一位知性、气质女性。1997年，王君从学校毕业后顺利分配到永州市一家国有企业从事出纳，因外貌清秀加上能歌善舞，她很快就成了单位的文艺骨干。当时，为了提升企业形象的宣传效果，单位成立了内部电视台，在数千职工竞聘中，王君主持的试镜脱颖而出，成为企业电视台的专栏主持人。1998年的一天，王君的一位同学结婚，请她客串一下主持人。由于很熟悉同学的恋爱史，因此王君在婚庆主持过程中发挥非常出色，受到亲朋一致赞扬，同学也因此塞给王君一个红包，并且对她的主持赞不绝口，说：“我们全家都非常满意，你给我们的婚礼留下了温馨浪漫的难忘记忆，同事也说结婚时要你当他们的婚庆主持！”

一次偶然的婚礼主持，让王君知道了自己主持的潜力，并且敏锐地捕捉了婚庆主持及婚庆服务这个崭新的创业商机。从此王君开始研究婚庆礼仪及婚庆策划等方面的学问，并寻找各种机会来学习婚庆主持。2004年，王君毅然辞掉铁饭碗，来到长沙寻找婚庆行业新的商机。那时长沙婚庆市场还不成熟，尤其是女性婚庆主持人更是凤毛麟角。2006年，长沙举办了第一届婚庆博览会，看到琳琅满目的婚庆用品和大大小小的婚庆机构，王君大开眼界，更坚定了在婚庆行业自主创业的决心和信心。

二是无店铺创业，借助他人平台孵自己的小鸡。要自己组建婚庆公司谈何容易，没有创业启动资金，难倒所有英雄汉。王君决定与他人合作，借助他人平台，打好自己的事业基础。王君找了多家婚庆公司，但洽谈不理想。2007年4月，王君来到长沙理工学院附近进行市场调查时，一个出售、租赁婚纱的老板告诉他，很多新人前来购买或租赁婚纱时，都诉苦说找不到理想的婚礼主持人，有的新人甚至跑遍了长沙各地都找不到女性婚礼主持人。王君灵机一动，马上对婚纱店老板说，我跟您合作成立婚庆公司吧，我做专业婚礼主持人，您卖婚庆用品，我们双方合作，您每推荐我主持一次婚礼，我给您一定提成。这何乐而不为呢，人才加盟，还有提成，老板笑得合不拢嘴。王君马上把自己曾主持过的婚庆照片挂在婚纱用品店，并打出了专业婚庆公司的招牌。这样王君在自己没有任何场地的情况下，走上了“合作双赢、自主创业”的道路。

2007年4月2日，王君接到了长沙创业以来第一单业务。王君慎重初战，与这对新人聊了五个多小时，对他们的爱情故事和文化背景作了深入的了解，并对当天的来宾年龄及文化层次作了深入的分析。最终王君以个性化的婚礼策划、稳健的台风和幽默的语言圆满完成了整场婚礼。婚礼结束时，新人塞给她一个鼓鼓囊囊的红包，万分感激王君的主持，说以前婚礼主持都是男的，想不到女主持人居然主持得更加出彩，温情浪漫，典雅华美，效果远远超过他们的预期。更令王君兴奋的是，现场有几位宾客都要了她的电话，预约了婚庆服务。她甜美清新的嗓音，稳重得体、浪漫温馨的主持风格，通过人们的口碑相传，名气很快就在婚礼庆典行业打响了。特别是婚庆场景被制成了光碟后，王君和她的婚庆公司誉满长沙，各种婚庆预约，应接不暇，从早忙到晚，婚庆、寿庆、满月、晚会、开业、会议等各种形式的主持在不到半年时间里做了50多场。

后来，通过朋友介绍，王君认识了一位从事酒水销售的女老总，她与对方协商，进行资源合作。她借助对方的场地，自己正式开了一家正规的婚典企划公司，作为回报，她负责引导新人购买婚庆酒水，同时帮助对方扩大客户资源。

2008年6月1日，王君在长沙正式投资成立了婚典企划公司。除了发挥自己的特长做婚礼主持人之外，王君还将婚庆中关联紧密的相关业务纳入了公司的业务范畴：婚庆寿庆策划、创意场景布置、化妆礼服租售、司仪摄像婚车、糖果酒水代购、道具配送租赁、企业庆典宣传、礼仪舞蹈歌手，等等。同时，她建立了专门的婚典企划网站。

三是强强联手，开创婚庆事业新局面。公司成立后，王君渐渐调整了努力方向，将主要精力放在公司经营管理上。由于业务迅猛发展，订单增多，王君招聘了一批志同道合的优秀员工。不到半年，公司就为上百对新人提供了优质的婚庆服务，为公司的发展奠定了良好的基础，扩大了影响力，提高了知名度。

2008年，北京打来一长途电话，对方称自己是中央某部门工作人员，长沙籍人氏，儿子刚从英国留学回国，儿媳在北京工作，儿子将回湖南举行婚礼，点名要王君主持，说是从网站上得到她的联系方式的。对方提出，包括婚纱、化妆、车队、鲜花等，整个婚礼的配套服务全部由她公司张罗负责。王君通过完善的咨询、独到的策划、精美的布置、贴心的服务、专业团队的配合，使婚礼在湖南宾馆如期举行，整个婚礼个性简约，但不失神圣和隆重。这一役让王君在全国婚庆行业扬名立万。

不久，王君在上海认识了中国婚庆行业联盟的负责人樊金福。两人决定，由上海方面提供专业的师资力量、实用影像培训教材和得天独厚的平台，由王君在湖南、湖北等中南地区组织招募学员，开设“婚礼主持”、“婚庆策划”、“婚庆经营管理”等培训课程，进一步推动行业的规范发展。学员经过培训考试、成绩合格者可以获得中国婚庆联盟颁发的主持人证，获得国家劳动部门颁发的中级职业资格证书或高级职业资格证书。三证全国通用，在婚庆行业具有很高的权威性。

王君从客串婚庆主持，到借人平台成立婚庆公司，再到强强联手开展婚庆培训，事业越做越大，影响越来越广，她自主创业的经验可以概括为一句话：“借助他人平台，共创合作双赢。”要走好创业第一步，各位青年学生，要多向王君同志学习。

揭秘卓越人生的内功心法　解码突破逆境的大成奥秘

邹少峰老师创业专题讲座

嘉宾简介：邹少峰，1972年出生，湖南省岳阳人。从打工仔到连锁企业的董事长。湖南省安普瑞商务餐饮连锁有限公司董事长、总经理。湖南省第十一届五·四青年奖章获得者，湖南省全民创业导师团导师。

演讲主题一：心态决定命运，创业改变人生

演讲主题二：思考致富：不怕做不到，就怕想不到

演讲主题三：魔鬼成在于细节之中

杨成钢老师成功素质教育专题讲座

嘉宾简介：杨成钢，中共党员，大学文化。北京天纵创作室主任。北京人人成功培训中心成功素质教育首席讲师。湖南安普瑞商务餐饮连锁有限公司文化产业开发部总经理，安普瑞文化培训成功素质教育首席讲师。

演讲主题一：成功在于觉醒，心态决定命运

演讲主题二：定位决定人生

演讲主题三：思考一切，成功一切

演讲主题四：读大学，究竟读什么

演讲主题五：叩开成功大门的行动“十要”

演讲主题六：成功人生的“十大方法”

演讲主题七：人际关系的十五大不传奥秘

演讲主题八：大学毕业生就职、创业的九大“心机”

演讲主题九：要改变孩子，先改变家长

演讲主题十：要改变孩子，先改变老师

欢迎全国有关教育实体、各大学团支部、学生会、各处系及其他社会团体联系有关演讲事宜。

通讯地址：湖南省岳阳市岳阳楼区文化体育局机关大院（求索西路）

邮政编码：414000

联系电话：0730-8234128/8358333　13237301060/13681385767

网　　址：www.anpurui.com　　　　　　邮　　箱：ycg6532@163.com